法國料理與糕點
百科圖鑑／終極版

大森由紀子
Yukiko Omori

前 言

第一次到法國是在23歲的夏天。我通過了法國政府提供的兩週招待考試，並搭乘法國航空的班機前往巴黎。在巴黎，導遊帶我們遊覽了兩天，然後晚上搭夜車前往蒙彼利埃（Montpellier）。那是我第一次看到艾菲爾鐵塔和漫步在香榭麗舍大道上，但只過了短短的兩天，我就來到陽光普照的南法地區了。

在南法，我帶著夾有火腿和乳酪的法國長棍麵包外出野餐、體驗了生蠔養殖場和蔬菜農家，還有遺跡巡禮等等。觸目所及，都是我從高中時所嚮往，有著傲人知識及深刻歷史的法國。更讓我期待的是飲食體驗。除了法國家庭料理外，在地的美食也讓人垂涎欲滴，烤羔羊腿、蔬菜填餡（櫛瓜花的填餡）等等，讓我第一次看到食物的豐富和色彩，以及料理人的熱情，令人讚嘆不已。

這趟旅程，毫無疑問地成爲決定我人生方向的關鍵。我再次來到法國深入學習法式料理，回國後每年都會前往法國，品嚐當地產品、料理和甜點，或者聆聽當地人的故事，把這些魅力傳達給大家。這些片斷的經歷，現在終於得以統整成一本百科圖鑑。隨著文章筆觸，諾曼第的青青茂密牧草、奧弗涅遊晃在山邊斜坡的山羊、因海水中微生物而被染成粉紅色的蓋朗德鹽田等，孕育各種食材的景色情境又一一浮現我腦海。法國的飲食，由無法簡單一句話帶過的各項要素所構成。本書從各種多樣化角度來介紹法國的美食，包括相關的歷史背景，當然也少不了製作、飲食、旅遊 ...。眞心期盼這本書能常伴大家左右、時時翻閱，就是我最大的目標。

大森由紀子

Contents

Provence-Alpes-Côte d'Azur

Corse

閱讀本書時

關於農產品的認證名稱

為保證食材或酒類的品質及產地使其規格化，而制定以下的認證名稱。

A.O.C.和A.O.P.

在法國為保證食材或酒類的品質及產地，使其規格化地制定了A.O.C.(Appellation d'Origine Contrôlée＝法定產區命名認證)的認證，是在1935年。而其前身A.O.(Appellation d'Origine)雖然是在1905年所制定，但制度上與A.O.C.有相當的差異。1992年，歐洲採納了法國的A.O.P.(Appellation d'Origine Protégée＝原產地保護標籤)系統，因此法國的A.O.C也在2009年後開始依序地轉移成A.O.P.，現在以A.O.C.標示的僅剩葡萄酒的標籤。為能取得A.O.P.，在氣候條件、土壤、飼料、飼育方式、生產方法等，這些條件也與A.O.C.同樣地被嚴格要求。

但在法國，在制定A.O.P.之前，就有A.O.C.的存在，本書中記載的是取得的年份，因此全部以A.O.C.標記。

I.G.P.(Indication Géographique Protégée)

I.G.P.：地理標誌保護

著眼於產地，證明食品的品質和聲譽等，證明出自特定地區，並受到此地區的影響。

Label Rouge：紅色標章

這是一個在1960年代推出的法國食品品質保證標誌。適用於傳統製作方法製造的食品，經過風味檢查後標示。

開始製作之前

- 奶油沒有特別標記時，使用的是無鹽奶油。
- 1大匙是15ml、1小匙是5ml。
- 液態油，請使用自己喜好沒有特殊氣味的油類。
- 肉高湯塊(Bouillon cube)是市售品。顆粒狀，請適度使用。
- 香草束(Bouquet garni)是為增添燉煮料理的香氣。雖然也有袋裝的市售品，但用棉繩將巴西利莖、月桂葉和芹菜等綑綁成束也可以。
- 會因瓦斯或電烤箱，或因機器而有不同的火力。溫度及烘烤時間請視為參考標準。本書烹調時使用的是電烤箱。
- 烤箱要先以指定溫度進行預熱。
- 雞蛋使用的是M尺寸(＝內容物50g)。
- 糕點麵團基本上是降溫後脫模，於網架上放置冷卻。
- 用擀麵棍擀壓麵團時，使用高筋麵粉(材料表外)作為手粉。
- 打發鮮奶油時，下方墊放冰水進行。

法國地圖

關於法國的省份區分

法國的省份(區域)至2015年為止都是22個，但在2016年除去海外之外，整合成13個。在本書當中，重視深植於各地方、鄉鎮、村落的農產品等傳統，因此以過去細分的區域為準(但「上諾曼第 Haute-Normandie」和「下諾曼第 Basse-Normandie」統合後，成為「諾曼第 Normandie」。此外，對於單憑這些地區名稱無法完全說明的事情，使用了以前的地區名稱，例如都蘭(Touraine)、多菲內(Dauphiné)等，使用的是舊地名。

2016年重新編制的13個地區

- 大東部(統合了阿爾薩斯、香檳 - 阿登、洛林的3個舊地區)
- 新阿基坦大區(統合了阿基坦、利穆贊、普瓦圖 - 夏朗德的3個舊地區)
- 奧克西塔尼大區(統合了朗多克 - 魯西永、南部 - 庇里牛斯的2個舊地區)
- 上法蘭西大區(統合了北部 - 加萊海峽、皮卡第的2個舊地區)
- 諾曼第(統合了上諾曼第、下諾曼第的2個舊地區)
- 奧弗涅 - 隆河 - 阿爾卑斯(統合了奧弗涅隆河 - 阿爾卑斯的2個舊地區)
- 勃艮第 - 法蘭琪 - 康堤大區(統合了勃艮第、法蘭琪 - 康堤的2個舊地區)
- 布列塔尼
- 法蘭西島
- 普羅旺斯 - 阿爾卑斯 - 蔚藍海岸
- 羅亞爾河
- 中央 - 羅亞爾河谷
- 科西嘉島

法國料理與糕點
百科圖鑑／終極版

L'encyclopédie du goût de France

Normandie

諾曼第

法國首屈一指酪農地帶的諾曼第，是乳製品最美味的省份。以帶著黑的斑駁花色、被稱為諾曼第牛（Normande）擠出的牛乳為原料，製作出優質的鮮奶油、奶油和乳酪。出身諾曼第的法國糕點大師－雷諾特（Lenôtre）先生，使用新鮮的鮮奶油，將沉重、過時的巴黎糕點，改變成輕盈、新穎的美味。這些乳製品的製作，據說是在十世紀時，由法國國王手中取得這片土地的北歐維京人所傳入。

諾曼第也是蘋果的產地，以此為原料的蘋果酒（cidre）、卡爾瓦多斯蘋果白蘭地（Calvados）都是料理及糕點製作時不可或缺的。此外，上諾曼第（Haute-Normandie）的首都盧昂（Rouen）是法國哥德建築的代表，以莫內系列作品而聞名的聖母大教堂（Cathédrale Notre-Dame）、聖女貞德（Jeanne d'Arc）受火刑的舊市場廣場也很廣為人知。

英吉利海峽那一側的海邊有翁夫勒（Honfleur）多維爾（Deauville）等高級避暑勝地，同時也因為是諾曼第登陸之處而令人印象深刻。

Normandie

Basse-Normandie
下諾曼第
Haute-Normandie
上諾曼第
La Manche
英吉利海峽（拉芒什海峽）
芒什省
Manche
濱海塞納省
Seine-Maritime
盧昂
Rouen
卡爾瓦多斯省
Calvados
Pays d'Auge
歐日地區
聖洛
Saint-Lô
康城
Caen
厄爾省
Eure
塞納河
埃夫勒
Évreux
Île-de-France
法蘭西島
奧恩省
Orne
阿朗松
Alençon
Bretagne
布列塔尼
Centre-Val de Loire
中央－羅亞爾河谷
Pays de la Loire
羅亞爾河地區

奧日河谷風味雞 Poulet vallée d'Auge

奧日河谷風味料理，就是諾曼第的代表料理。奧日週邊是以蘋果製造蘋果酒（cidre）和卡爾瓦多斯蘋果白蘭地（Calvados）的著名產地，使用這些產品的料理就稱之為奧日河谷風味。這道料理中，不可或缺的還有諾曼第的美味鮮奶油，使用的是在當地稱為 crème épaisse的濃稠鮮奶油。

材料（4人份）

雞肉	600g
洋蔥	1大匙（切碎）
洋菇	1盒（切碎）
蘋果白蘭地（calvados）	2大匙
蘋果酒（cidre）	100ml
濃稠鮮奶油（crème épaisse）	100ml
月桂葉	1/2片
蘋果	1～2個
奶油	3大匙
液態油	1大匙
鹽、胡椒	適量
砂糖	1大匙
巴西利	適量（切碎）

製作方法

準備

- 除去洋菇蒂，用廚房紙巾等拭去髒污（菇類都不用水洗。一旦水洗會使其含水而影響風味）。
- 雞肉切成方便食用的大小，撒上鹽、胡椒備用。

製作方法

1. 在平底鍋中加熱1大匙奶油，拌炒洋菇，用鹽、胡椒調味。

2. 將**1**取出，放入奶油和液態油各1大匙加熱，拌炒雞肉表面，再放入洋蔥持續拌炒。

3. 以廚房紙巾拭去**2**的多餘油脂，倒入蘋果白蘭地以揮發酒精。倒入蘋果酒和濃稠鮮奶油，放進月桂葉，烹煮至雞肉熟透。

4. 將**1**放入**3**，用鹽、胡椒調味。

5. 在另一個平底鍋中放入1大匙奶油加熱，加進砂糖混拌，用中火將去皮切成8等分的月牙狀蘋果拌炒至變軟。

6. 雞肉盛盤後，澆淋上**4**的醬汁佐以香煎蘋果，撒上巴西利碎。

海流的影響下，溫暖的諾曼第牧草地區。

蘋果酒扇貝 Coquilles Saint-Jacques au cidre

在法國不食用扇貝內紅色部分以及繫帶等內臟，僅使用貝柱的部分。醬汁使用了蘋果酒和鮮奶油，是諾曼第最經典的搭配。順道一提，扇貝不僅是朝聖者的象徵，同時也象徵著被供奉在西班牙聖雅各之路（El Camino de Santiago）的聖雅各。

材料（4人份）

醬汁

低筋麵粉	9g
奶油	9g
蘋果酒（cidre）	150ml
鮮奶油	70ml
蘋果	1/2個 （去皮切成1cm的丁）
鹽、胡椒	少許

食材

扇貝貝柱	12個 （兩面都劃切格狀切紋）
奶油	適量
液態油	適量

製作方法

1. 奶油融於鍋中，加入低筋麵粉製成油糊（roux）。

2. 在另外的鍋中放入蘋果酒（cidre）和鮮奶油加熱至沸騰，加進蘋果丁熬煮至鍋內液體減半。

3. 在**1**中少量逐次加入**2**混拌，一旦加熱後就成為濃稠狀。用鹽、胡椒調味。

4. 將奶油和液態油放入平底鍋中加熱，待奶油融化後加進扇貝貝柱，煎至兩面熟，中央保持半熟狀態。

5. 在盤中鋪放**3**的醬汁，每盤3顆，各別均勻擺放煎好的扇貝貝柱。

6. 用蘋果皮和香草（都是材料表外）裝飾。

諾曼第的扇貝，特徵是下方貝殼略帶圓形，上方扁平。

蘋果球 Douillon

使用整顆蘋果的點心。諾曼第蘋果個頭較小，因此使用折疊派皮包覆整顆蘋果烘焙而成。以麵團包覆燜烤完成的狀態，所以可充分品嚐到蘋果的風味，也被稱為 Bourdelot，有時候也會用洋梨取代整顆的蘋果。

材料（2個的分量）

折疊派皮麵團（feuilletée）	380g
蘋果（小型）	2個
細砂糖	適量
香草莢（已經用過的）	適量

製作方法

1. 將折疊派皮麵團擀壓成可切成2片2mm厚、18cm正方型的大小，置於冷藏室靜置約2小時。

2. 蘋果去皮挖除果核。此時要由下方挖除，避免挖除上方地除去果核。

3. 將**1**的麵團切成2片18cm的正方形。

4. 其餘的麵團切成4片葉片形狀。

5. 在正方形的麵團上，倒扣地擺放蘋果，在挖除果核處填入細砂糖。

6. 用麵團包覆蘋果，貼合處朝下地反面擺放。用蛋液（材料表外）刷塗全體。

7. 葉片麵團也刷塗蛋液，描繪葉脈地貼在**6**上，在中央處插入香草莢，放入200℃的烤箱烘烤25分鐘。

採收的蘋果，大多製成蘋果酒（cidre）等加工品。

諾曼地米布丁 Teurgoule

以日語標示時，是發音相當困難的點心。以專用的大陶器，放入烤箱烘烤好幾個小時，或許曾經是利用麵包店大窯的餘溫製作而成的吧。表面形成薄膜般，中間呈現焦糖色澤，即使是簡單的食材，卻有著無可取代的奢侈滋味。

材料（800ml容量的耐熱容器1個）

米	25g
細砂糖	30g
牛奶	400ml
肉桂	2小撮

製作方法

1. 材料全部放入鍋中加熱，沸騰後轉為小火，烹煮約10分鐘。

2. 將**1**倒入耐熱容器內，用100°C的烤箱烘烤約2小時，烘烤至表面呈現深濃咖啡色的薄膜為止。

也有餐廳將此作為甜點供餐，帶著牛奶和焦糖風味。

諾曼第地區

Normandie La Découverte

諾曼第

1.【砂布列酥餅 Sablé】

懷舊卻新穎
極致而
簡約

香酥鬆脆的餅乾、酥餅(sablé)就發源於諾曼第。誕生於1850年代的卡爾瓦多斯省(Calvados)的利雪(Lisieux)，被稱為 Sablés de Lisuex。之後還增加了 Sablés de Trouville、Sablés de Caen、Sablé d'Uzès、Sablés à la mode 等變化。自安東尼·卡漢姆(Marie Antoine Carême)之後，由卓越的師傅 Pierre Lacam出版的『Mémorial historique et géographique de la pâtisserie』書中也記載了利雪的砂布列酥餅。

以諾曼第沿海鬆散乾淨的砂土 = sablé為印象，命名為sablé，應該也不難想像。諾曼第小村落的糕餅店中，砂布列酥餅秤重出售，購買時裝進會透出油脂的薄紙袋內。這就是含有大量奶油的證據，也是諾曼第特有的餅乾。

奶油香氣與香酥鬆脆口感，令人欲罷不能的酥餅。

2.【蘋果酒 Cidre】【卡爾瓦多斯蘋果白蘭地 Calvados】

兩大蘋果酒
擄獲
美食家的心

最初，在修道院栽植的法國蘋果，在十六世紀時廣泛栽植於法國西部，特別是在諾曼第，因氣候適宜而成為當地特產。其中大都被加工製作成蘋果酒(cidre)和卡爾瓦多斯蘋果白蘭地(Calvados)。

蘋果酒(cidre)雖然是由蘋果汁發酵製作而成，但分為甜口doux和辛口 brut二種。甜口的酒精濃度是1.5～3度，搭配蕎麥可麗餅、魚貝類沙拉、塔餅或布里歐(Brioche)，十分美味。辛口是4～8度，相較於甜口的氣泡感較弱，風味更札實，適合搭配魚、肉類料理。蘋果蒸餾酒 Calvados的名字，是以作為原料的蘋果產地，卡爾瓦多斯省(Calvados)而來。蒸餾蘋果酒(cidre)，在酒樽內使其熟成，但 A.O.C.限定卡爾瓦多斯省(Calvados)，以及幾處與其相鄰的地區。順道一提，其他地區的名字稱為"蘋果白蘭地 Apple Brandy"。

蘋果酒街道的釀酒廠介紹。

白蘭地一向給人餐後酒的印象，但在諾曼第，清早咖啡店就有常客開始飲用，或是在宴客時的餐間飲用幫功消化，具有再度喚醒食慾的作用。這樣的習慣會用「Trou Normand = 諾曼第空隙」獨特的說法，也就是為了能吃下更多美味佳餚，打開腸胃空隙的意思。

3.【布里麵包 Pain brié】

名稱、長相都融入
當地食物的
質樸滋味

所謂 brié，是來自諾曼第方言"brier"中的動詞 broyer，意思是「破碎」、「壓碎」。由此衍生出的"brié"，指的是用於糕點製作、麵包製作的擀麵棍。用這個 brié 製作出來的麵包，就是布里麵包（Pain brié）。而大家所熟知的“布里歐（Brioche）”，據說就是由此衍生而來。根據這樣的推論，布里歐（Brioche）的發源地應該就是諾曼第吧，似乎也與維京人傳入的奶油有關。

市場的布里麵包（Pain brié）採秤重出售。

4. 【聖米歇爾山 Mont-Saint-Michel】

莊嚴而熱鬧的
世界遺產
以特大的歐姆蛋而聞名

聖米歇爾山（Le Mont-Saint-Michel）是法國具代表性的世界遺產之一，因其宏偉神秘的風格而吸引了許多人。它看起來像一座城堡，實際上是一座修道院。

據說在公元708年，居住在附近村莊阿夫朗什（Avranches）的主教奧貝爾（Aubert），在他的夢中，大天使米迦勒（Archange Michel）現身，說「在那座島上建造以我名字命名的教堂」，因此而建立。最初只是個小禮拜堂，自966年起，就著手建築成修道院。建在海拔80m的岩山上，屋頂上閃耀著天使長米迦勒的雕像。

巨型但口感輕盈的知名歐姆蛋。

當你踏上這座島時，會看到排列的紀念品店、絡繹不絕的觀光客，宛如日本的江之島一般。往前走一點就會在左邊看到一家名為『La Mère Poulard拉普嬤嬤』的餐廳。舒芙蕾形狀的歐姆蛋就是著名菜色，許多訪客都為此而來。打發雞蛋的節奏聲，長柄平底鍋架在火上烘煎歐姆蛋的樣子，更引人食慾。餐廳牆上掛滿了曾來此用餐世界著名人士的簽名，此外，以店名命名的餅乾也很有名，甚至被輸入到日本。

1979年世界教科文組織登錄為世界遺產的聖米歇爾山（Mont-Saint-Michel）。因潮汐、晝夜而變化不同的風貌，令人讚歎。

防止外形崩壞的香蒲莖(Laîches)是利瓦羅(Livarot)的特徵。
© Ikuo Yamashita

5.【乳製品】
廣受全世界喜愛的星級乳酪「卡門貝爾乳酪」的故鄉

諾曼第氣候溫和穩定,即使是冬季綠意也不枯竭,因此產出保證優質的牛乳。鮮奶油、奶油和乳酪也都獲得極高的評價,源於豐沛綠意而成。

擁有A.O.C.認證,製作奶油和鮮奶油的Isigny-Sainte-Mère公司最為有名。

再者,最能代表諾曼第的乳酪,包括卡門貝爾(Camembert)、利瓦羅(Livarot)、蓬萊韋克(Pont-l'Évêque)。著名的乳酪散步路線連接在卡爾瓦多斯省。

卡門貝爾乳酪日本也能生產,但受A.O.C. 認證的只有諾曼第的卡門貝爾乳酪(Camembert de Normandie),以非滅菌牛乳製作,放入木箱中出售。

卡門貝爾村瑪麗·阿雷爾(Marie Harel)的塑像。

風味獨特的蓬萊韋克乳酪(Pont-l'Évêque)。
© Ikuo Yamashita

卡門貝爾乳酪的製造,據說是1791年法國革命之後,一位酪農接受了從巴黎逃出來,藏匿在自家穀倉神父的建議而誕生。卡門貝爾乳酪在1850年之前一直是地方性的乳酪,但隨著巴黎到奧茲之間的鐵路通車,它開始風靡巴黎,甚至受到拿破崙三世的喜愛,成為巴黎市場上的主流。

將表面因時間變暗沉的老化白色黴菌削去,然後浸入卡爾瓦多斯蘋果白蘭地(calvados)

從巴黎的聖拉扎爾車站(Gare de Paris-Saint-Lazare)急行約2小時的多維爾(Deauville),因為電影『男歡女愛 Un homme et une femme』在此拍攝,而成為世界著名的避暑勝地。

Normandie
L'historiette column 01

諾曼第飼育的牛隻是Normande(諾曼第種),據說傳自曾征服過此地的維京人。雖然生產乳製品的印象十分強烈,但此品種的肉質柔軟美味,是乳牛也是肉牛。特徵是頭上有白色短角、鼻低且大,白色身體上有黑的斑駁花紋。

以心形著稱，紐沙特乳酪(Neuchâtel)。

並在細麵包屑中進行熟成再銷售。卡芒貝爾浸泡在蘋果酒(cidre)中的產品也非常受歡迎。

洗浸式的蓬萊韋克乳酪(Pont-l'Évêque)風味很溫和，易入口。具有洗浸式特殊風味的利瓦羅(Livarot)，特徵是以樺樹葉包起，再用香蒲莖綁起來防止形狀崩坍。

覆蓋鬆軟白黴菌的紐沙特乳酪(Neuchâtel)，誕生於布雷(Bray)。紐沙特雖然也有圓筒狀或四角形，但最著名的是心形。

6.【加斯東・雷諾特 Gaston Lenôtre】糕餅界巨匠 豐功偉業的背景 有著豐碩的鄉土飲食文化

諾曼第出生的名人之一，就是提到法國糕點界絕不能少的近代糕點之父－加斯東・雷諾特(Gaston Lenôtre)(1920～2009)。他誕生於厄爾省(Eure)聖尼古拉-迪博斯克(Saint-Nicolas-du-Bosc)，雙親皆為廚師的家庭。母親曾服務於羅斯柴爾德家族(Rothschild)，

現代糕點之父－加斯東・雷諾特。

是實力派女性廚師先驅。雷諾特大師從糕點師開始，最初在厄爾省(Eure)蓬托德梅爾(Pont-Audemer)開設了店鋪，熱心於糕點研究，只要有機會就會前往巴黎品嚐糕點，因感歎於巴黎的糕點口感沈重、不夠美味而進行革新，思考並製作出使用優質食材、口感更輕盈的成品。

此外，他創造性、勇敢的行動力和卓越的先見之明，在1971年於巴黎近郊的普萊西爾(Plaisir)設立了職人專修的糕點製作學校。培養超過3,000名以上的專業人才，其中包括了艾倫・杜卡斯(Alain Ducasse)和皮耶・艾曼(Pierre Hermé)。

7.【海中珍味】甘甜、芳香又美味 具備三大要素 海邊村落的樂趣

造訪諾曼第的沿海城鎮時，海鮮拼盤必不可少。淡菜、蝦、生蠔等，結集了只有在此才能品嚐

豐富的海產美味，是當地的寶藏。

到的美味。聖米歇爾山(Mont-Saint-Michel)灣岸養殖的淡菜，是最早取得法國 A.O.C.認證的優質海產，個頭小但貝肉柔軟，入口即化般的美妙滋味。2月～7月是產期。

同樣產於聖米歇爾山灣岸的小蝦、褐蝦(Crevette gris)也務必一試。它富含鮮美的滋味，回味無窮，即使是小小的一隻，也是不能忽略的美味。還有在巴黎也獲得很高評價的諾曼第生蠔，依思尼(Isigny)產的質地特別緊實，特徵是含碘以及堅果香氣。年產量約有3萬噸。較多是扁平的貝隆(Belon)品種和葡萄牙品種(Crassostrea angulata)。

在海邊放牧與大自然共生飼育出的鹽草羔羊(pré-salé)。果真是獨一無二的風味。

8.【鹽草羔羊 Pré-salé】
沿海才可能
飼育出的
優質羔羊

從聖米歇爾山(Mont-Saint-Michel)灣至內陸飼育的羔羊，食用的是周期性被海水浸透，海灣沿岸的牧草，因此也被稱為 Agneau de pré-salé，Pré是牧草，salé是鹹味的意思。在這樣環境下飼育的鹽草羔羊，擁有其他羔羊所沒有的香氣及風味，鹽草羔羊也產於布洛塔尼，但聖米歇爾山位於布洛塔尼和諾曼第之間，在行政區分上屬於諾曼第地區。

最初，諾曼第地區飼育鹽草羔羊是為了生產羊毛。但其肉質美味，由造訪聖米歇爾山的人們口耳相傳開來，在二次世界大戰後，受到法國美食家們的矚目。

話雖如此，羊隻們也並非全年都食用鹹味青草。冬天是在羊舍中吃乾草和雜糧穀類、甜菜、玉米等。緊實的肉質以及隱約帶著粉紅的油脂，就是最頂級的羔羊肉，熟成3天後就會出貨。

鹽草羔羊特別會在復活節食用。基督教聖經提及上帝的羔羊帶走了世人的罪惡，因此在法國復活節不僅要吃羊肉，有些地區也會食用做成羔羊形狀的糕點。

> *Normandie*
> **L'historiette column 02**
>
> 喜歡鹽草羔羊(pré-salé)的人，特別喜愛腿肉。腿肉會搭配白腎豆，依據傳統食譜來烹調。這裡也是洋蔥的產地，會將洋蔥與切開的羊肩肉一起烹煮。帶骨背肉(côtelette)則是網烤後佐以油炸馬鈴薯，在奶油中混入巴西利澆淋在烤肉上的“Vert-Pre”也是非常有名的一道菜。由於出現很多偽鹽草羔羊，至1999年時，取得A.O.C.認證。

分成Haute(上部)、(Basse下部)的廣闊諾曼第，因其多采多姿的環境而衍生出多樣的美味。

9.【康城 Caen】
殘留世界大戰痕跡的城鎮
保留著柔和溫暖的
傳統風味

仍保留著諾曼第公爵征服者威廉(Williame)(舊名為紀堯姆 Guillaume)，在1060年時

康城(Caen)著名料理,蘋果酒燉煮牛肚。

巴約河(Bayeux)與諾曼第獨特的石造房屋。

所建立城堡遺跡的康城,是下諾曼第(Basse-Normandie)的首都,也是第二次世界大戰時登陸作戰之處。在成為盟軍據點之一的阿羅芒什萊班(Arromanches-les-Bains)還有登陸博物館,清楚地展示著當時戰爭的情況。在海岸附近有著當時犧牲的美軍墓地,白色十字架整齊排列的景像令人震懾。

這個城鎮最特別的(Spécialité＝名產),是稱為康城牛肚(Tripes à la mode de Caen)的料理,或許也能稱為"康城風味燉煮內臟",以牛的四個胃和紅蘿蔔為主要食材,加入蘋果酒燉煮完成。因為需要長時間的燉煮,因此當地人也會購買已完成烹調的瓶裝成品。另外,甜點類,一定要品嚐當地傳統,以牛奶熬煮米製成的米布丁(Riz au lait)。

70公頃的土地有9378位美國士兵長眠於此。

10.【諾曼第公國】

歷史上有征服和侵略的紀錄 文化的融合 也隨之而生

歐洲古代時期,經歷了三次民族入侵的困擾。首先是日耳曼人、其次是維京人,最後是中世紀的阿拉伯人。諾曼第的前身諾曼國與維京人有關。維京人居住在現今北歐,夏天會乘坐開放式的船隻移動,甚至入侵到西西里島。在十世紀初,以諾曼第和羅瓦爾附近為據點的法國,感受到維京人威脅,將領地交給了維京人代表人物羅洛(Rollo),就成了諾曼王國。

其後代表維京人的後裔威廉征服了英格蘭,同時也統治諾曼國,擁有了非凡的地位。因此,據說英語是由維京人所講的法語和凱爾特語(Celtiques)融合而來的。威廉征服英格蘭的故事,可以在諾曼第的巴耶烏(Bayeux)博物館中,觀賞長約70米的《巴耶烏掛毯 Tapisserie de Bayeux》。在文字尚未普及的年代,歷史就以這樣的形式留存下來。

博物館中保存的維京船隻。

11.【翁夫勒 Honfleur】
誕生出繪畫、音樂、文學創作的典雅港都

從前，北歐的維京人入侵了諾曼第的港口城市翁夫勒（Honfleur），這裡的居民有著金色頭髮和藍色的眼睛，被認為是維京人的後代。而翁夫勒的名字也源自北歐語，意為“注入海洋的河流”。

保留著中世紀氣息的舊港，舊鹽倉訴說著這個城鎮昔日的繁華。海邊的餐廳供應著出名的依思尼（Isigny）生蠔，這個地方也是法國 A.O.C.奶油的產地。諾曼第的新鮮生蠔，是巴黎人在耶誕節及除夕夜（Réveillon）所不可或缺的。此外，翁夫勒（Honfleur）也是印象派畫家歐仁・布丹（Eugène Boudin）的故鄉，據說音樂家德布西（Debussy）和拉威爾（Ravel）也受到了影響。它也是十九～二十世紀藝術和文學代表人物的誕生地，如艾瑞克・薩提（Erik Satie）和作家阿方斯・阿萊（Alphonse Allais）。

作曲家艾瑞克・薩提（Erik Satie）的出生地

航海時攜帶的堅硬餅乾。

我在這個城鎮發現了一家鋪子賣著咬起來牙齒都快斷的硬餅乾，它是一種像硬麵包一樣的點心，曾經是為了海上航行的男人們而做成的保存食品。

從翁夫勒（Honfleur）向西沿海線上還有一字排開的著名避暑勝地－特魯維爾（Trouville）和多維爾（Deauville）。此外作家普魯斯特（Proust）曾居住過的卡堡（Cabourg）也是熱門的休憩勝地。因長篇小說『追憶似水年華』中有曾將瑪德蓮浸泡紅茶的描寫，因而這個城鎮中常可見到出售瑪德蓮的糕餅店。

充斥著遊艇、餐廳，熱鬧的翁夫勒舊港口，也吸引了許多藝術家。

12.【盧昂 Rouen】
景色沈靜、古樸的美麗城鎮還有個性化的當地糕點

諾曼第分成「上諾曼第 Haute-Normandie」和「下諾曼第 Basse-Normandie」。盧昂（Rouen）是上諾曼第的首都，在中世紀以諾曼第王國中心而繁榮。這個城鎮在十五世紀時，作為聖女貞德（Jeanne d'Arc）的火刑場而聞名，除此之外，古老的木造建築及後期的哥德式教堂、莫內系列作品的盧昂大教堂（Rouen Cathedral）、還有最具代表性的十四世紀鐘樓等，隨處都是景點。

我曾經去盧昂（Rouen）尋找一個稱為蜜盧頓杏仁塔（Mirliton）自古流傳的當地糕點，但當地只有一間店舖販售。據說這不是一種在店裡買的點心，而是一種家庭甜點。只需要混合蛋、糖和鮮奶油，然後放進模具裡即可，非常簡單。但在糕餅店內會

盧昂大教堂(Rouen Cathedral)。因莫內筆下由凌晨至入夜的畫作而聞名。

放在塔皮上，就成為較精緻的糕點了。

說到諾曼第的家庭糕點，就必須提到用砂糖和牛奶一起烹煮米製成的米布丁(Riz au lait)，再加入肉桂等混拌，放入烤箱烘烤幾個小時後，就成了很受歡迎的諾曼地米布丁(Teurgoule)。曼地米布丁會放入專用的大陶器中烘烤，也可以在市集上看到，呈現濃郁的口感，在冬天非常受歡迎。

盧昂(Rouen)的港口，有段在十六世紀時輸入砂糖的歷史。雖然砂糖在當時仍十分貴重，但這是將諾曼第特產的蘋果變成糖果的方法之一。特別是沒有太多裝飾，圓柱狀的蘋果糖(Sucre de pomme)，對當時的人們而言，已經是夢幻般的美食了。

市集中的諾曼地米布丁。

Normandie
L'historiette column 03

法國經常將米用於甜點製作。米布丁樣式的產品，幾乎是超市乳製品販售區必定陳列的庶民點心。在諾曼第除了諾曼地米布丁(Teurgoule)之外，也有稱為「米布丁 Riz au lait」的米製點心。這是一種由米、牛奶和砂糖一起烹煮再冷卻享用的糕點，但不似諾曼地米布丁需要長時間烘烤，在家中就能簡單完成。盛放在玻璃杯中，澆淋上糖漿，飾以冰淇淋或水果，就是一道豪華漂亮的糕點了。

現在也很少見的傳統糕點－蜜盧頓杏仁塔。在糕餅店以塔餅形式完成。

十四世紀的大時鐘，在城鎮探索時也是很大的指標。

Bretagne
布列塔尼

Bretagne

布列塔尼

蝦料理等經常會搭配「亞美利凱努醬 Sauce Américaine」，源自於將布列塔尼稱為"Armorique"的凱爾特語（Celtiques）。布列塔尼在西元四～五世紀左右，被現在的英格蘭盎格魯-撒克遜（Anglo-Saxon）人驅逐的凱爾特人（後來即成為布列塔尼人）所建立的國家。在當地，可以看到布列塔尼語（Breton）的標誌和商店名稱，還有穿著獨特的民族服飾的節日和被稱為卡爾維爾（Calvaire）的宗教建築等，都是布列塔尼特有的文化和風俗。

布列塔尼曾經被稱為不毛之地，但十字軍帶來的蕎麥可以製作成可麗餅，此外新鮮的魚貝類、優質的奶油等，都大大地提升了布列塔尼的美食水準。這片土地特有的含鹽奶油，創造出布列塔尼酥餅 Gâteau Breton、布列塔尼薄餅 Galette Bretonne、焦糖奶油酥 Kouign amann 等甜鹹後韻的糕點。並且，布列塔尼果乾布丁（Far Breton）與以蔬菜高湯燉煮蕎麥粉、豬五花的基克爾鹹布丁（Kig-Ha-Farz）當中的"Far"一詞，其根源可以追溯到英國的布丁，凱爾特（Celtiques）文化在此得到驗證。

Bretagne

La Manche
英吉利海峽(拉芒什海峽)
Normandie
諾曼第
菲尼斯泰爾省
Finistère
聖布里厄
Saint-Brieuc
阿摩爾濱海省
Côtes d'Armor
坎佩爾
Quimper
伊勒-維萊訥省
Île-et-Vilaine
雷恩
Rennes
莫爾比昂省
Morbihan
瓦訥
Vannes
Océan Atlantique
大西洋
Pays de la Loire
羅亞爾河地區

基克爾鹹布丁 Kig-Ha-Farz

布列塔尼地區，菲尼斯泰爾省（Finistère）北部的地方料理。是將蕎麥粉與其他材料一起混合，裝入布袋內與肉類及蔬菜一起燉煮的一種燉肉鍋（pot-au-feu）。燉煮出各種滋味的高湯，也可以作為前菜，在食用肉類或蔬菜之前上桌。

材料（6～8人）

紅蘿蔔	2條（對半分切）
洋蔥	1個（去皮刺入丁香）
丁香	1個
青蔥	1根（切成4等分）
高麗菜	1/4個（切成2等分）
香草束 (Bouquet garni)	1束
豬腱肉	1條※
豬肩胛肉	400g※
培根	200g
臘腸	適量
水	適量
粗鹽、胡椒粒	各適量
融化奶油（含鹽）	適量

※ 前一天先揉入鹽，翌日連同大量水份一起加熱，至沸騰後熄火，原狀靜置約7分鐘。

鹹布丁（Farz）

全蛋	10g
鮮奶油	50ml
融化奶油	25g
蕎麥粉	150g
低筋麵粉	10g（過篩）
鹽	少許
水	125ml

奶油洋蔥（Lipig）

洋蔥	1個
水	適量
胡椒	適量
奶油（含鹽）	40g

製作方法

1. 在缽盆中放入鹹布丁的材料，依序混拌，放入布袋內，以綿線等確實縛緊開口處。

2. 在燉煮用的鍋內放入除了**1**和臘腸以外的全部材料，倒入足以淹沒食材的水份。加入粗鹽、胡椒粒煮至沸騰。

3. 除去浮渣蓋上鍋蓋，以小火燉煮約1小時。待蔬菜煮至變軟後，先取出備用。

4. 將**1**鹹布丁的袋子放入鍋中，再燉煮約2小時至肉類變軟為止（若燉煮過程中水份變少時，可適當補足）。

5. 燉煮至最後再加入臘腸煮熟。

6. 待肉類變軟後，再將取出的蔬菜放回鍋中溫熱。

7. 鹹布丁由袋中取出，切成1cm厚與肉類、蔬菜一同盛盤。搭配奶油洋蔥一同供餐。

奶油洋蔥

1. 洋蔥放入小鍋中，撒上胡椒，取用量中的奶油1小匙和水加至足以完全淹沒食材，蓋上鍋蓋，以小火煮約30分鐘。

2. 同時將其餘的奶油切成1cm左右的小塊備用，待**1**煮沸離火後，再少量逐次地加入混拌。

鮮魚燉鍋 Cotriade

在法國內陸地區，有一種名為燉肉鍋（Pot-au-feu）般的燉煮料理，以當地產品和肉類為材料製作而成。而在海岸地區，漁民們吃的魚料理就像是馬賽魚湯（Bouilla-baisse），而Cotriade也是其中之一。這是一種由在布列塔尼海域捕撈的幾種魚類，製成的快速燉煮料理，也可以澆淋醬汁食用。

材料（4人份）

魚	混合鯖魚、鯛魚、沙丁魚、鱈魚、小銀綠鰭魚等3～4條
淡菜	8個
白酒	150ml
洋蔥	1/2個（切成粗粒）
青蔥	1根（切成4cm段）
奶油	略多於1大匙
馬鈴薯	2個（切成8mm厚的半圓形、小的可以切半）
大蒜	2瓣（拍碎）
低筋麵粉	略多於1大匙
香草束（Bouquet garni）	1束
水	400ml
鹽、胡椒	各少許

醬汁（dressing）

白酒醋	40ml
黃芥末	1/2小匙
鹽	1/2小匙
胡椒	少許
液態油	120ml（橄欖油、沙拉油等）
巴西利	適量（切碎）

製作方法

1. 魚類切去頭部、除去內臟，帶骨切成大塊。將魚頭洗淨後放入高湯袋內。

2. 預先處理淡菜。在缽盆中放入淡菜和水，待髒污浮出後換水重覆清洗2～3次。貝殼尖端朝下，拉掉伸出貝殼外的足絲。用刷子在流動的水中刷洗表面。

3. 將**2**放入鍋中，倒入白酒（50ml）蓋上鍋蓋，以大火加熱至貝殼張開。

4. 在另外的鍋中放進奶油加熱，拌炒洋蔥。至洋蔥軟化後放入馬鈴薯和青蔥，迅速拌炒，撒上低筋麵粉使其沾裹（因馬鈴薯有時會不容易煮透，可以用微波爐先加熱使其略微軟化再使用）。

5. 添加白酒（100ml）轉為大火，揮發酒精。加進水、大蒜、裝入高湯袋的魚頭、香草束，再次加熱至沸騰後轉為中火，蓋上鍋蓋，再煮約5分鐘。

6. 放入魚，邊撈除浮渣烹煮至魚熟透約5～10分鐘。將**3**的淡菜連同湯汁一起加入溫熱，以鹽、胡椒調味。

7. 製作醬汁。在缽盆中放入從白酒醋至胡椒等材料，用攪拌器混拌。少量逐次地以細絲狀倒入液態油並且不斷混拌，使其乳化。加入巴西利。

8. 將**6**盛盤，附上醬汁享用。

布列塔尼果乾布丁 Far Breton

人類最早烹煮的食物是麥片粥，而布列塔尼果乾布丁（Far Breton）則是延伸自麥片粥的一種點心。布列塔尼地區的粥類食物有兩種，一種是基克爾鹹布丁（Kig-Ha-Farz）裡的蕎麥粉鹹布丁，另一種是麵粉製的布丁。曾經是復活節或懺悔星期二（Mardi Gras）（狂歡節的最終日）時食用。

材料（22cm×13cm的耐熱容器1個）

洋李乾	10～15顆
全蛋	2個
細砂糖	100g
低筋麵粉	100g
牛奶	300ml
香草精	少許
融化奶油	30g(降溫)

製作方法

準備

・在模型內側薄薄地刷塗奶油（材料表外）
・過篩低筋麵粉

1. 在缽盆中攪散雞蛋，加入細砂糖，摩擦般充分混拌。
2. 加入低筋麵粉，粗略混拌。
3. 依序加入牛奶、香草精、融化奶油混拌。
4. 在模型中排放洋李乾，將**3**輕巧地倒入。
5. 以180°C的烤箱烘烤約30分鐘。

布列塔尼的麥田。因鐵路的發達，使肥料能運至此地而開展了小麥的栽種。

布列塔尼酥餅 Gâteau Breton

加入了大量奶油不愧是布列塔尼才有的糕點。使用當地特產的含鹽奶油，是只要曾經吃過就會難以忘懷的一道糕點。在布列塔尼也有稱為「Galette Bretonne布列塔尼蕎麥餅」的酥脆薄餅，但與布列塔尼酥餅不同，布列塔尼酥餅中芯，帶有潤澤口感的優雅風味。

材料（直徑15cm的塔餅模1個）

蛋黃	3個
細砂糖	120g
奶油（含鹽）	150g
低筋麵粉	100g
高筋麵粉	80g
蘭姆酒	1大匙

製作方法

準備

- 奶油和蛋黃放置回復室溫。
- 混合低筋麵粉和高筋麵粉過篩。
- 在模型中刷塗奶油，撒上高筋麵粉（皆為材料表外）。

1. 在缽盆中放入蛋黃和細砂糖，用木杓等充分混拌。

2. 分3、4次加入柔軟的奶油混拌，倒入蘭姆酒混拌。

3. 加進粉類，粗略混合。

4. 將**3**填入模型中，於冷藏室至少靜置2小時。

5. 在烘烤前先由冷藏室取出，在表面刷塗全蛋蛋液（材料表外），用小刀刀背劃出斜向菱形格紋。

6. 用180°C的烤箱烘烤約40分鐘。

在當地放入鋁製容器烘烤也很常見，這是添加了蕎麥粉的。

Bretagne La Découverte

布列塔尼

1.【蕎麥粉】

貧瘠土地的救星
布列塔尼的食物
始於一粒蕎麥種子

雖然布列塔尼現在是避暑勝地，成為一個充滿美食魅力且受歡迎的地方，但在過去卻沒有這些物產，是連小麥都無法栽種的貧瘠土地。

此時，蕎麥的種子宛如救星般傳至此地。十五世紀時為了傳播伊斯蘭教，將勢力擴展到亞洲、歐洲，由撒拉森人（Saracen）（阿拉伯民族）從亞洲傳至此地，並在布列塔尼貧瘠的土地上培育。法語的蕎麥粉稱為Farine de sarrasin，「Sarrasin」就是撒拉森人的意思。

在一向以粗磨野燕麥製作「糊粥 Bouillie」作為主食的布列塔尼，一樣以蕎麥製作糊粥（Bouillie）、或是減少添加的水份，煎烤成像可麗餅（Crêpe）般地食用。

用麵粉製作的甜味可麗餅。

蕎麥粉取代小麥成為主食。

此外，蕎麥粉在不同的地區還會被製成布丁（Far）。在布列塔尼有以雞蛋、砂糖、麵粉、牛奶等製作，稱為布列塔尼果乾布丁（Far Breton）的甜點。在布列塔尼蕎麥粉做的布丁，主要在菲尼斯泰爾省（Finistère）的料理－基克爾鹹布丁（Kig-Ha-Farz）。將蕎麥粉和水混合放入布袋中，連同布袋和蔬菜、肉一起燉煮像燉肉鍋（Pot-au-feu）般。

另外，用蕎麥粉製作的薄餅並不稱為Crêpe而是叫作「Galette」，也是餐桌上的一道餐食。被稱為「Crêpe」的是以麵粉製作的可麗餅，會撒上砂糖或搭配果醬作為甜點或點心食用。在法國最早被食用的Crêpe，據說是在十三世紀左右。巴黎蒙帕納斯（Montparnasse）火車站周圍有很多可麗餅店，這是因為這個火車站是布列塔尼地區的火車終點站。

漂亮的白色花朵，一整片廣闊的蕎麥田。

蕎麥粉的薄餅 Galette。

2.【含鹽奶油】

鹹味是決定味道的關鍵
含鹽奶油傳遞出
“Terroir風土”的滋味

巴黎一直以來都有許多來自布列塔尼的廚師。這些菜餚常常鹹味濃郁，而料理人也會自信滿滿地說：“怎麼樣，夠鹹吧！”現在出於健康考慮，鹽份減少的趨勢正在興起，但為什麼布列塔尼的菜餚會這麼鹹呢？因為在布列塔尼，無論是料理還是甜點，都會使用加了鹽的奶油。

在法國，一般使用的是稱為「Beurre doux」的無鹽奶油，但是在布列塔尼幾乎所有的人都喜歡含鹽奶油。含鹽奶油分為2種，分別為鹽含量3%以上的「Beurre salé含鹽奶油」、含0.5～3%的鹽，則稱為「Beurre demi-sel半鹽奶油」。

布列塔尼的奶油自中世紀以來就開始生產，品質也非常優秀。產量方面，布列塔尼生產的

2種以前的 baratte(奶油攪拌器 butter churn)。

奶油超出了當地消費需求，甚至供應到鄰近的諾曼第(Normandie)和普瓦圖-夏朗特(Poitou-Charentes)等地區。

製作5公斤奶油需要120公斤的牛奶。將這些牛奶中的奶油倒入一台稱為巴拉特(Baratte à beurre)的遠心分離機中分離成液體的乳清和固體的奶油。巴拉特的材質從木質轉變為不鏽鋼，但這個遠心分離機的轉速、奶油的溫度和外部環境等因素都會影響奶油的品質。

布列塔尼傳統的布列塔尼酥餅(Galette Bretonne)、焦糖奶油酥(Kouign-amann)、布列塔尼果乾布丁(Far Breton)的美味，若沒有此地的奶油就無法誕生。

含鹽是最基本的，布列塔尼的奶油。

多彩具民族風格的坎佩爾(Quimper)陶瓷。

3.【坎佩爾 Quimper陶瓷】以簡樸的圖案呈現大自然與人們的生活

在Crêperie(可麗餅專賣店)一起點蕎麥餅和蘋果酒的話，通常會以小咖啡碗的形式供應，這是布列塔尼獨特的陶瓷－坎佩爾陶瓷，多數是用來盛裝咖啡。坎佩爾陶瓷是在菲尼斯泰爾省(Finistère)坎佩爾(Quimper)製作的簡樸陶瓷，在路易十四的保護下發展起來，從當時設立的皇家工坊到1690年代更進一步發展成為布列塔尼的一項文化遺產。以柔和溫暖的筆觸描繪出穿著民族服裝的人們、花或鳥等自然風景。

當地還有一個名為「亨裡奧-坎佩爾」(Henriot-Quimper)的陶瓷製造公司，除了總部之外還有銷售點，陶器的種類和數量令人驚嘆。

4.【蜂蜜酒 Chouchen】世界最古老的酒是凱爾特文明的世界遺產

在酒的歷史中，最古老的被認為是稱為「Mead蜜酒(※英文)」的蜂蜜酒。傳說在開始農耕前的14000年前，獵人在熊破壞了蜂巢後，發現了積聚的雨水中的蜂蜜酒。蜂蜜酒的法語是Hydromel，但在布列塔尼特別稱為Chouchen。布列塔尼人的祖先是凱爾特人(Celtes)，在古代的凱爾特認為Chouchen是不死的飲料，與凱爾特神話有很強的連結。在布列塔尼，這種傳統代代相傳。

另外，蜂蜜和蜂蜜酒，與“蜜月 Honey Moon”有關。從古代到中世紀歐洲時代，崇尚多產的蜜蜂，新娘在一個月內給新郎喝蜂蜜酒，以此鼓勵生孩子，並且結婚慶祝宴會也持續了一個月，因此形成了“蜂蜜的一個月”，也就是“蜜月”，而Honey Moon一詞也因此而誕生。

布列塔尼特有的稱呼「Chouchen蜂蜜酒」。

與飲食文化的發展息息相關的蜂蜜。

也是非常有名的度假勝地－基伯龍（Quiberon）。以產沙丁魚聞名。

5.【油漬沙丁魚】牛奶糖和另一個海濱城鎮－基伯龍（Quiberon）的名產

布列塔尼地區是一塊幾乎被海洋所包圍的土地。岩石和沙子混合的海底，生存著許多大自然的寶藏，包括浮游生物。這裡孕育的海產，不僅是布列塔尼的餐桌上不可或缺，該地區的加工產業也得到了發展。

基布隆（Quiberon）是一個以沙丁魚漁業盛行的港口城鎮，這裏有世界著名的「Le Roux」巧克力製造商C.B.S.(Caramel Beurre Salé)的總店。此外，還有一家名為「La Belle-Iloise」的油漬魚罐頭生產商。

雖然是罐頭食品，但味道卻具有多種風味，包括檸檬、辣椒、大蒜和番茄等。生產過程首先是去除沙丁魚的頭和尾，然後沖洗並浸泡在鹽水中。將其排放在網子上，用水清洗多餘的鹽份，然後經過乾燥、蒸煮和手工裝罐。最後注入橄欖油。當地居民會在含鹽奶油塗抹的麵包上放沙丁魚，作為開胃菜食用。而在月底荷包緊張的時刻，罐頭食品就成為了可靠的後盾。

人氣爆紅的『Le Roux』總店。

以顏色區分口味的沙丁魚罐頭。

包裝多彩有趣的糖果 Niniche。

另外，品牌名「Belle-Iloise」是來自布列塔尼地區最大的島嶼之一「Belle Ile」（美麗的島）的形容詞。該島周圍也可以捕獲到許多魚類。此外，在基布隆，除了「Le Roux」的焦糖和巧克力外，還有一種棒狀糖果「Niniche」也非常有名。

6.【基克爾鹹布丁 Kig-Ha-Farz】不可思議的料理由農民的節儉而誕生

基克爾鹹布丁（Kig-Ha-Farz），是菲尼斯泰爾省（Finistère）北部的地方料理。簡單來說，它是一種添加蕎麥粉的燉肉鍋（Pot-au-feu）。現在“Far”這個詞已經被用於甜點等其他食品，但最初它是指在基克爾鹹布丁（Kig-Ha-Farz）中添加蕎麥粉做成類似湯圓的食品。

那麼，基克爾鹹布丁（Kig-Ha-Farz）要如何製作？首先將鮮奶油、鹽等加入蕎麥粉中混合，裝入布袋內。這種袋子的大小大致相當於鹹豬肉的大小。將布袋和牛肉、醃豬肉、培根、蔬

基克爾鹹布丁（Kig-Ha-Farz）添加了蕎麥麵團。

將鹹布丁的材料放入布袋後燉煮。

菜等一起放入鍋中燉煮。在食用時，將食材和湯汁分開，取出凝固成塊的鹹布丁，切成薄片或適當大小的塊狀食用。

這道菜的誕生原因讓人有點沈痛。在法國大革命以前，農民們家裡沒有爐竈，而是共同租用爐竈使用。貧窮的農民們為了節省租借費用，而想出了不使用爐竈也能製作的料理。像布列塔尼果乾布丁（Far Breton）那種用烤箱烤出的點心，當然是這個制度消失後的事了。

7.【比古登文化】
在最西端的
比古登（Bigouden）
看見引以為傲的文化

位於菲尼斯泰爾省（Finistère）最西端的比古登（Bigouden）地區，坐落在布列塔尼半島最西端的拉角（Point du Raz），那裡有突出的岩石和拍打海岸的波浪。這是一個受歡迎的旅遊勝地，每年有100萬遊客到訪，但常常受到強風的侵襲，需要相當的毅力才能到達懸崖峭壁。只有克服這些困難的人才能享受布列塔尼充滿活力的自然景觀。

這個地區的特色是比古登文化，其歷史可以追溯到十八世紀。有些說法認為這是從凱爾特人或東方傳來的，但在布列塔尼半島上，比古登文化被視為一種特別重視民族風格和精神的獨特傳統和文化。

每家不同紋樣的蕾絲帽 La Coiffe。
© Musée Bigouden

比古登文化的特點之一是女性的精細刺繡衣服和高帽子「La Coiffe科瓦夫」。這種蕾絲圖案有著不同的風格和歷史，因儀式與場合而有所不同，而不同的城鎮和村莊也有其獨特之處。這些都可以在蓬拉貝（Pont-l'Abbé）的比古登博物館中找到。在這個博物館裡，可以看到獨特風俗和法國文化混合時期的女性們，以及他們的生活等，非常有趣。

在比古登博物館中接觸到獨特的文化。

8.【洋蓟 Artichaut】
有趣又好吃
是派對晚宴的主角
也是當地的蔬菜

高級法國料理中不可欠缺的洋蓟。在餐廳所使用的，雖然只有芯的部份，但是烹調上是相當花時間的。切除周圍的硬葉，只取有厚度的芯，在未變色之前加入少許檸檬汁和麵粉，以熱水汆燙後使用是標準做法。但是布列塔尼的洋蓟卻不同。它比在法國其他地方栽培的洋蓟都要大，而且葉子也可以食用。將整個洋蓟煮熟，淋上醬汁，然後一片片地剝下葉子，吃起來格外美味。

洋蓟，是一種食用蓟科植物，最初生長在地中海沿岸，據說羅馬時代的貴族們喜歡把它作為配菜，搭配用雞舌或魚肝製作的餡餅食用。另外，蘆筍也有類似的吃法。

大顆、葉片厚實是布列塔尼產的特徵。

據說是凱薩琳·德·麥地奇(Catherine de Médicis)於1533年嫁給亨利二世時，從義大利傳入法國。起初在巴黎近郊生產，但在十八世紀傳入布列塔尼，特別是菲尼斯泰爾省(Finistère)的氣候非常適合，因此得以大量種植。現在，布列塔尼產的洋薊佔市場的80%，圓潤閉合的形狀和超大尺寸是特徵。栽種時期為5～11月。

聽說洋薊，對布列塔尼人而言是兒時的回憶之一。桌上擺放各種醬汁及貝夏美醬(Sauce béchamel)，一片一片地剝下葉子，蘸取不同醬汁食用，宛如洋薊派對一般。

9.【當地糕點】自豪的奶油潛力 布列塔尼糕點的四大天王

有美味的奶油，如同做出好吃糕點的保證。特別是在生產優質含鹽奶油的布列塔尼，有四款代表性的糕點使用這種奶油。

第一種是「焦糖奶油酥 Kouign-amann」。「Kouign」是糕點、「Amann」是奶油的意思，因此這個名字意思就是“奶油的糕點”。這款甜點是在1865年左右，偶然在在菲尼斯泰爾省(Finistère)的杜瓦訥內(Douarnenez)市，一家名為Scordia的麵包店裡誕生的。據說當時，店主因為沒有東西在傍晚販售而不得不用麵粉、糖和店裡有的所有食材隨意做了個糕點應急。沒想到大受好評，就成了現今的焦糖奶油酥。因為使用大量奶油，因此享用時稍微加熱，會更香酥美味。

滿溢奶油的樣子，焦糖奶油酥。

第二種是「Galette bretonne」。是布列塔尼蕎麥餅。“Galette”一詞指的是使用蕎麥粉製成的煎餅，但稍厚的餅乾也被稱為「Galette」。這款餅乾也含有大量的奶油，奶油讓它擁有酥脆的口感，令人回味無窮。而Galette bretonne大型的版本，就是稍微有潤澤口感的布列塔尼酥餅(Gâteau Breton)。屬於半烘焙糕點的種類，口感介於奶油蛋糕和餅乾之間。外側烘烤得硬脆，中間無損奶油風味地烘烤成潤澤口感，就是重點。

趁溫熱時分切的大型焦糖奶油酥。

鬆軟誘人的布列塔尼酥餅。

最後，不容錯過布列塔尼美食歷史中的「布列塔尼果乾布丁Far Breton」。Far原本是源自於蕎麥粥，衍生成用麵粉製作的糕點。在布列塔尼，大都加入洋李烘烤，但在菲尼斯泰爾省(Finistère)也會添加葡萄乾。

加入洋李的布列塔尼果乾布丁。

10.【酪乳 Lait Ribot】【凝乳 Gros lait】

優質產品就是雙倍美味？
副產品也是主角等級的
傳統發酵食品

在菲尼斯泰爾省(Finistère)的薄餅店內，菜單上會看到搭配或澆淋在蕎麥粉薄餅 Galette 上的「Gros lait」或「Lait ribot」。這二種是伴隨牛奶、奶油製造而產生的副產品。

Gros lait是凝乳，又稱為caillé，英文是curd，是牛奶中酵素作用後，浮在表面上像豆腐般的部分。曾經是這片土地的乳牛 Breton Pieds Noirs品種自然生成的物質，但隨著現在牛乳殺菌，這種自然菌種及其風味就消失了，現在則是以人工方式延續這樣的牛奶菌種來生產凝乳。製作方法是先將牛奶溫熱至85～90℃殺菌後，冷卻到25～30℃加入菌種，並保持溫度使其發酵完成。如果直接作為點心食用，就如同優格般的風味。

酪乳 Lait ribot是製作奶油時產生的液體部分，就是乳清Buttermilk。法國以發酵奶油為主流，因此這種酪乳也成為發酵食品。滑順容易飲用，當地人會在早餐或吃蕎麥餅、酥餅時一起飲用。喝起來像是酸味略強的優酪乳飲料，富含維生素、礦物

製作奶油的副產品酪乳。

質、乳糖、還有蛋白質，是營養豐富的飲品。據說也能運用在冰淇淋、糕點的製作上。此外，酪乳或凝乳也非常適合搭配馬鈴薯料理。

11.【赦免祭典 Pardon rites】

訴說著歷史
布列塔尼獨有的
宗教與祭典

大約在四～五世紀時，居住在英國的凱爾特人為了躲避盎格魯-撒克遜人的追擊，逃往布列塔尼半島並在那裡建立了今天的布列塔尼。由於英國被稱為“大不列顛 Great Britain”，所以布列塔尼就被稱為“小不列顛”。

布列塔尼擁有獨特的凱爾特文化，參與了與撒克遜人的戰爭，也是亞瑟王傳說中的潘蓬森林(Paimpont Forest距離雷恩40公里)和卡爾納克(Carnac)巨石等神秘風景的所在地。

另外，還有獨特的基督教風格，深植於布列塔尼。相較於平常有更多數量的聖人，就更能實現人們的希望，這就是多神教。教會正前面有守護聖人的石

多神教的教堂圍地之一，十字架受難像。

像、被石牆包圍的納骨堂、墓地、凱旋門、十字架受難像(Calvaire)(基督的十字架及相關受難的各人物石像)，都總稱為「教堂圍地」。

布列塔尼的宗教節日也非常有趣。自中世紀以來，當地城鎮和村莊一直舉行名為基督教赦免祭典(Pardon rites)，主要在5月至9月期間舉行。Pardon意味著“原諒”，因為參加者在這一天可以懺悔自己所犯的罪，並得到寬恕。節日當天，身穿民族服裝的人們在參加完教堂的彌撒後，手持名為 Yell的旗幟、十字架和聖人雕像，唱著歌曲遊行。這個基督教赦免祭典(Pardon rites)在布列塔尼的城鎮和村莊都會舉行，但特別有名的是留存有中世紀風情的美麗小村莊洛克羅南(Locronan)。據說是聖人羅南的村莊，每年除了舉辦赦免祭典之外，還會進行一次名為「大巡禮」的盛大赦免祭典，每六年一次，全村居民會繞行12公里的路程，稱之為 La Grande Troménie的大規模赦免祭典。

面對英倫海峽的康卡勒(Cancale)。晴天時可以從岬角眺望聖米歇爾山。

12.【香料】港口散發著東西貿易的氣息講述著繁榮的故事

目前在巴黎經營香料店(Épicier)的 Olivier Roellinger先生,曾在布列塔尼北部海邊小鎮康卡勒(Cancale)經營一家名為『Maison de Bricourt』,吸引著全世界美食家的米其林三星餐廳(很可惜在2008年結束營業)。在那裡,每張桌子都放有香料罐,給人留下了深刻的印象。中世紀時,康卡勒已經是一個貿易港口,從外國引進了許多香料並繁榮發展。他承襲了這段歷史,將這樣的表現作為象徵放在桌子上。

娓娓道出城鎮歷史的香料。

之後,Roellinger先生在開設香料店時做了合理的決定。他利用自己的烹飪經驗,配製出可與肉類、魚類和甜點搭配的原創調味料和40多種國家的胡椒等。他還帶來了很多種類的香草,令人印象深刻。

另外,布列塔尼還有一個以經營香料聞名的城鎮洛里昂(Lorient),與康卡勒正好相反。洛里昂(Lorient)這個名稱是東方(Orient),即與東方貿易有關。這是因為在十八世紀,這個城鎮擁有東印度公司的造船廠,從事與亞洲的貿易。

13.【草莓】在法國備受喜愛的二大草莓都是來自這片土地

受到法國人喜愛的兩種草莓,都來自這片土地。在日本,草莓蛋糕可以全年享用,但在法國,露天種植的草莓只在五月左右出貨。法語的草莓(fraise)稱作草莓蛋糕是 Fraisier,但是將草莓帶到布列塔尼的是一位十八世紀從智利來的航海家,名叫阿梅德-弗朗索瓦‧弗雷吉耶(Amédée-François Frézier),他碰巧和這個蛋糕有同樣的發音。

在此之前,歐洲只有野莓的品種,人們肯定對從美洲來的這種草莓的大小感到驚訝。在氣候相對溫和的菲尼斯特爾省普魯加

草莓季節才有的糕點,Fraisier。

受歡迎的Gariguette品種草莓。

特雷馬洛聖母小堂(Chapelle de Trémalo)擁有高更描繪的耶穌基督像原型。

斯特爾開始栽培，第二次世界大戰前後，它成為法國第二大草莓生產地，緊追洛林(Lorraine)地區的梅斯(Metz)。

現在，市場上販售的草莓超過一半來自西班牙進口。儘管外觀鮮紅豐富，但由於果肉較硬，法國人更喜歡品嚐本國草莓的風味。據稱，全球有2500種草莓品種，但現在在法國最受歡迎的品種是 Gariguette，這實際上是與普盧加斯泰勒(Plougastel)品種競爭生產量的布列塔尼品種，並在菲尼斯特爾省(Finistère)北部生產。

Gariguette品種於1970年代由Belrubi品種和Favette品種結合而成，是在南法亞維農(Aignon)誕生的品種。據說，它多汁酸甜的美味很快就抓住了人們的心。順道一提，在法國販售的草莓容器底部都會打洞，方便可以直接清洗。現在市面上也有西班牙產的進口草莓，但是品質和味道，還是法國產的拔得頭籌。

14.【蓬塔旺 Pont-Aven】

品嚐酥餅的風味
聆聽水車的轆轆聲
回憶起畫家們的夢想

坐落在孔卡爾諾(Concarneau)和坎佩萊(Quimperlé)之間的蓬塔旺(Pont-Aven)，原本只是個僅有14座水車和15棟房屋的安靜村落，但自從高更(Paul Gauguin)等被稱為蓬塔旺派(École de Pont-Aven)的畫家在1880年代開始居住，它就成為著名之地。河邊排列著

保留了過去共同洗衣場的酥餅專賣店。

酥餅罐的設計呈現出當地特色。

白色的房屋，曾經的磨坊和洗衣場仍留存，這是一個季節花朵盛開的美麗村莊。在距離市中心約1公里的小山上，還可以參觀到特雷馬洛聖母小堂(Chapelle de Trémalo)，那裡有一尊木製耶穌基督雕像，是高更《黃色基督》的原型。

據說這個村莊的水車在十九世紀也用於磨粉，從1890年左右，就開始製作用布列塔尼奶油製成的豐富美味酥餅(galette)。它們的口感樸素而溫和，就像是這個村莊，還有香濃的奶油味和淡淡的鹽味，回味無窮。還值得注意的是，包裝上的圖案描繪了當地的風景。

Hauts-de-France

上法蘭西

Nord-Pas-de-Calais

北部－加萊海峽

曾經是豐富的鐵和煤炭地下資源的地區，煤礦業繁榮一時。現在，該地區的首府里爾（Lille）已經現代化成為一個學生城市，人口已發展到法國的第10位。與此同時，這個地區常常有濃密的雲層籠罩，似乎有許多沉靜而認真的人。這個地方的廚師和糕點師出身都十分勤奮、踏實。能確實安排好工作是大家公認的。

北部是生產馬鈴薯、小麥、甜菜等農作物的地區。由於拿破崙造成的鎖國，甘蔗不能進口到法國，因此發展了利用甜菜製糖的技術。此後，法國北部地區大量生產甜菜，並開始製作獨特的紅砂糖，初階細紅糖（Vergeoises）。此外，蔬菜如韭蔥（Poireau）、苦苣（Endive）和青豆（Petits pois）等也是這個地區的特產。韭蔥通常被用於福萊米鹹派（Flamiche）中，苦苣則是與火腿或可麗餅等焗烤。此外，像鄰近的比利時一樣，這裡也製造啤酒，非常適合這些料理。在名為康布雷（Cambrai）的城鎮中製作的伴手禮《康布雷薄荷糖 Bêtise de Cambrai》，裝在畫著眼鏡老婆婆的可愛瓶罐內最受歡迎。

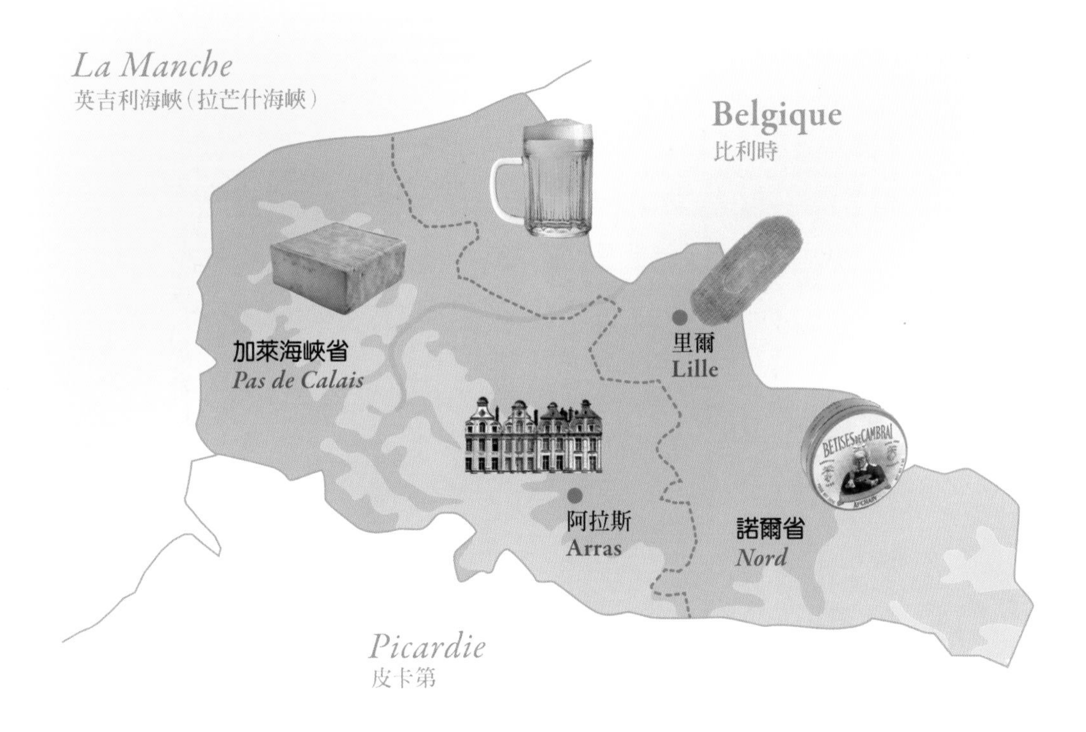
La Manche
英吉利海峽（拉芒什海峽）
Belgique
比利時
加萊海峽省
Pas de Calais
里爾
Lille
阿拉斯
Arras
諾爾省
Nord
Picardie
皮卡第

啤酒烤牛肉 Carbonade

受到比利時飲食文化影響的法國北部代表料理之一。烹煮後的微苦和濃郁提引出美味的後韻。可以只用啤酒和牛肉、蔬菜燉煮，若加入香料麵包（Pain d'épices）可增添香料的風味和甘甜，味道會更佳豐富。搭配馬鈴薯或香料飯（Pilaf），是當地的享用方式。

材料（4～6人份）

牛肉（燉煮用）	600g（切成5cm塊狀、鹽、胡椒）
培根	60g（切成骰子大小）
奶油	1大匙
液態油	1大匙
洋蔥	1個（切丁）
紅酒醋	2大匙
黑啤酒（北法或比利時的 Ale啤酒）	200ml
水	200ml
肉高湯塊（Bouillon cube）	1個
初階細紅糖	1大匙
香草束	1束
香料麵包（請參照 p.254，若無則用低筋麵粉1大匙）	2～3片
黃芥末	適量
鹽、黑胡椒	各適量
巴西利	適量（切碎）

製作方法

1. 在鍋中放入奶油和液態油加熱，放入培根拌炒，再加入洋蔥拌炒。
2. 放進牛肉，煎至兩面呈現烤色。若無香料麵包，可在此加入低筋麵粉使食材沾裹。
3. 加入紅酒醋，融出鍋底精華（déglacer），加入黑啤酒、肉高湯塊、初階細紅糖、香草束，蓋上鍋蓋。
4. 煮至沸騰後，撈除浮渣，轉成小火，擺放上塗抹黃芥末的香料麵包，蓋上鍋蓋，約煮2小時至牛肉變軟為止。用鹽、黑胡椒調味。
5. 盛盤，依個人喜好撒上巴西利。

塗抹黃芥末的香料麵包，擺放在牛肉上。

瓦特佐伊 Waterzooi

據說是發源於比利時根特（Gent）的料理。原本是用魚類製作的平民菜餚。所謂的 Waterzooi，「Water」是水，「zooi」是燉煮。簡而言之就是燉煮料理的意思。除了使用魚類之外，雞肉也很受歡迎。也能以兔肉來製作。切成絲的蔬菜，留下口感地煮至熟透，非常美味。

材料（4～6人份）

雞腿肉	600g
（切成略大的塊狀，撒上鹽、胡椒備用）	
或帶骨雞腿肉	2隻
水	180ml
肉高湯塊（Bouillon cube）	1個
洋蔥	小型1/2個（切成薄片）
芹菜	1/3根（切成5cm長的粗絲）
紅蘿蔔	1/2根（同上）
青蔥	10cm（同上）
月桂葉	1片
鮮奶油	80ml
蛋黃	1個
奶油	1大匙
液態油	1大匙
鹽、白胡椒	各適量

製作方法

1. 在燉煮用的鍋中放入奶油，略略拌炒蔬菜類，取出。放入雞肉，加進水和肉高湯塊、月桂葉，煮至沸騰後改為小火。

2. 撈除浮渣，燉煮雞肉15～20分鐘。

3. 混合蛋黃和鮮奶油，加進少許**2**的湯汁混拌後，再度倒回鍋中，用小火煮至產生稠濃。

4. 放回蔬菜和汁液，煮至濃稠。

5. 以鹽、白胡椒調整味道。

週末高朋滿座里爾的餐廳。瓦特佐伊最受歡迎。

糖塔 Tarte au sucre

直接使用法國北部名產，初階細紅糖（Vergeoises）製成。儘管這是一種甜點，但在缺乏食材的時代，人們通常會使用周圍可用的材料來製作日常飲食。使用發酵麵團，只需把麵團放在窗邊膨脹兩倍即可，能輕鬆製作。此外，我們還嘗試了使用砂糖作的版本。

材料（直徑23cm的圓形2個）

麵團

高筋麵粉	240g
全蛋	2個
細砂糖	30g
牛奶	40～50ml
奶油	70g
乾燥酵母	4g
鹽	3g

表層

初階細紅糖	30g
奶油	20g

※細砂糖的版本，是將蛋奶液中的初階細紅糖部分改用細砂糖。

在北法國涼爽的土地上，廣闊的甜菜田。人們將甜菜的根部搾取汁液並煮沸。

製作方法

準備

・奶油放置回復室溫。

1. 高筋麵粉中混入鹽，在工作檯上攤成環狀，中央放入乾燥酵母、細砂糖、全蛋、牛奶（留下少量）。

2. 用刮板等，從內側慢慢將粉類推入並混拌。若水份不足時，再用剩餘的牛奶補足。

3. 揉合成團後，用摔打般的方式在工作檯上揉和。

4. 待表面呈現光滑狀後，壓平麵團並將1/3用量的奶油縱向橫向地包覆起來，揉和。待奶油融合後，再將其餘的奶油份二次相同地揉入。

5. 整合麵團放入缽盆中，包覆保鮮膜靜置於室溫中發酵約1小時。

6. 壓平排氣，使其有餘裕空間地放入塑膠袋等，在冷藏室內靜置20分鐘以上，儘可能靜置一夜。

7. 完成靜置的麵團放在烤盤紙上，擀壓成厚3mm、直徑20cm左右的圓形。

8. 將**7**放在溫暖之處，覆蓋保鮮膜，使其略發酵成2倍厚的程度。

9. 移至烤盤，並撒上初階細紅糖，奶油撕小塊放置在表面各處。

10. 以180℃的烤箱烘烤20分鐘。

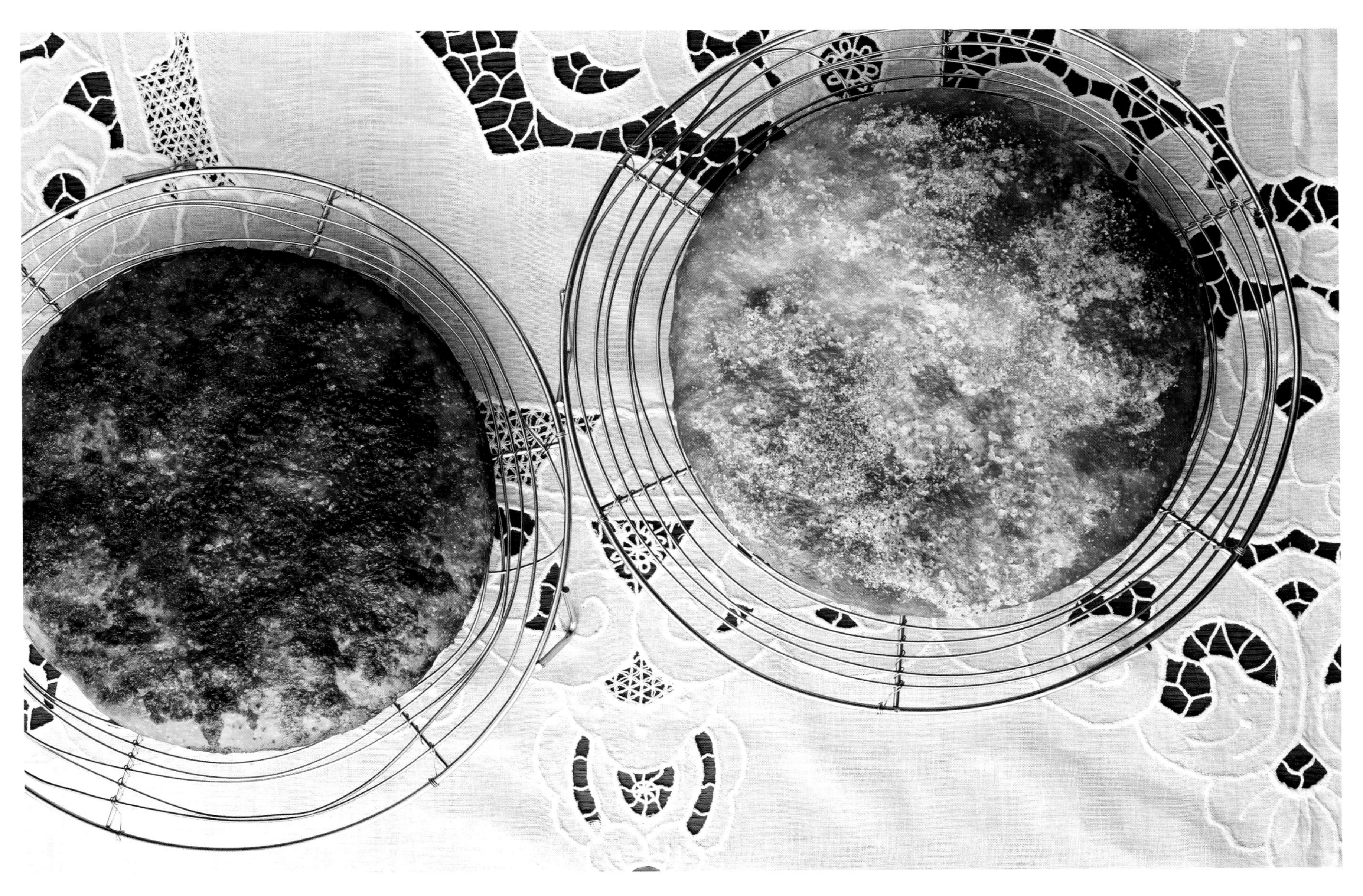

法蘭德斯鬆餅 Gaufres flamandes

在日本稱為 Waffle，鬆餅（Gaufre）一詞有多種不同成分和口感，而這種是利用發酵的麵團，做成法蘭德斯風味（Flamandes）的鬆餅。將麵團放在模具內壓烤，當它膨脹時，迅速將上下兩片切開，塗上奶油。之後還會使用專門的橢圓形切割器切出形狀。在當地，人們也常常看到這種鬆餅。

材料（約12人份）

鬆餅麵團

高筋麵粉	125g
鹽	1g
細砂糖	20g
乾燥酵母	2g
全蛋	1個
牛奶	20ml
奶油	40g

奶油餡

奶油	30g
初階細紅糖或紅糖	20g

製作方法

準備

・奶油放置回復室溫。

1. 高筋麵粉中混入鹽，在工作檯上攤成環狀，中央處放入乾燥酵母、細砂糖、全蛋、牛奶（留下少量）。

2. 用刮板等，從環狀內側慢慢將粉類推入並混拌。若水份不足時，再用剩餘的牛奶補足。

3. 揉合成團後，用摔打般的方式在工作檯上揉和。

4. 待表面呈現光滑狀後，壓平麵團並將1/3用量的奶油縱向橫向地包覆起來，揉和。待奶油融合後，再將其餘的奶油份二次相同地進行。

5. 整合麵團放至缽盆中，包覆保鮮膜靜置於室溫中發酵約1小時。

6. 壓平排氣，使其有餘裕空間地放入塑膠袋等，在冷藏室內靜置20分鐘以上，儘可能靜置一夜。

7. 完成靜置的麵團分成各20g的大小，滾圓壓平備用。

8. 充分加熱鬆餅模，將模型兩面塗抹融化奶油（材料表外），放入1個麵團，閉合鬆餅模2面烘烤。完成後，立刻分切成上下2片，置於網架上冷卻。

9. 在缽盆中放入軟化的奶油和初階細紅糖（或紅糖）摩擦般混拌，塗抹夾入2片鬆餅之間。

Nord-Pas-de-Calais La Découverte

北部 - 加萊海峽

家紋般各種不同的鬆餅模型。

1.【鬆餅 Gaufres】糕點的先驅 各城鎮而有不同特徵

Gaufre是鬆餅 Waffle的法語名稱。據說是從中世紀製作，一種名為Oublie的點心發展而來。

Oublie是一種薄薄的餅乾，由兩塊鐵板夾在一起烤製，但之後開始使用帶有格子花紋的鐵板來烤，變成了鬆餅（Waffle），在比利時和北法等地風行起來。鬆餅的形狀也有各種各樣，如長方形、圓形等，每個家庭都會訂製自己的獨特形狀，甚至有些人還會為了給女兒嫁妝而在鐵板上雕刻家紋。

在比利時和北法地區，通常製作三種不同的鬆餅。其中，列日鬆餅（Gaufres liégeoises）是一種具有扎實口感的鬆餅，上面帶有珍珠糖，因比利時列日（Liège）市的名字而得名，曾經在日本非常流行。另一種是布魯塞爾鬆餅（Gaufres Bruxelles），是在比利時布魯塞爾地區製作，相對較柔軟的麵團，通常會加上水果或奶油等食用。第三種是來自法國北部地區的鬆餅（Gaufres fourrées），在首府里爾（Lille）製作。Fourrées是“填充”之意，正如字面上的意思，就是填入奶油餡的鬆餅，將發酵麵團製成球形後放入鐵製模具中夾緊烘烤而成，然後將餅體分成上下兩部分，在下方鬆餅塗上奶油，最後再覆蓋上層鬆餅夾起。

奶油常以當地的甜菜和稱為初階糖（vergeoise）的紅糖混合製成，並與濕潤的麵團搭配，融化的奶油和砂糖的顆粒質地，味道令人無法忘懷。

在里爾有間名為Méert的鬆餅店十分著名。雖說能保存10天，但還是趁早在奶油未氧化前享用完畢為宜。

承襲自中世紀歷史的鬆餅。

北法最大的都市里爾（Lille），也是法國第3的大學城。

Gaufre fourrée的模型。

依鬆餅種類不同，模型形狀也各異。

完成烘烤後上下分開並塗抹奶油餡。

奶油和砂糖渾然天成，不朽的滋味。

苦苣入口即化的微苦口感，搭配火腿製作的焗烤。

2.【苦苣 Endive】
適合搭配白醬
醬油也可以？
深植人心的冬季食材

一到冬季巴黎的市場就會出現苦苣(Endive)又稱吉康菜。可以做沙拉、焗烤，是種非常多變化的蔬菜，但在日本似乎價格還是很高。

在法國稱為Endive，但在日本販售時稱為Chicory。Endive的意思是“野生的Chicory”。另外皺葉萵苣和闊葉菊苣(Scarole)也是苦苣的親戚，因此也可稱為Endive。另外，皺葉萵苣在日本也稱為「エンダイブ (Endivia)」。苦苣因為栽種在地下室所以是白色。播種在5月，生根在9～11月左右，就移植至地下室中培養。

將苦苣汆燙後用火腿包捲，以貝夏美醬(Sauce béchamel)和乳酪覆蓋焗烤，是當地的著名菜色。另外一個趣味的吃法是，將苦苣切碎後澆淋上醬油和柴魚片也是極佳的好滋味。

Nord-Pas-de-Calais
L'historiette column 01

焗烤苦苣火腿的製作方法如下。首先，製作好貝夏美醬(Sauce béchamel)備用。接著在大量水中加入鹽、放入防止變黑的檸檬汁煮至沸騰，放入整顆苦苣汆燙，瀝乾水份後縱向對半分切，用火腿包捲後排放在焗烤盤中。將貝夏美醬圈狀澆淋、撒上乳酪，以烤箱烘烤至呈現美味的金黃色澤。

支撐著北法經濟的甜菜栽種及砂糖生產。

超市都買得到的初階細紅糖。

3.【砂糖】
從甘蔗到甜菜 由風土氣候孕育的 必備食材

糖，這種美味的調味料，自從在歐洲普及以來，人們的飲食生活變得更加豐富。目前，它的主要原料是甘蔗和甜菜，但在法國，曾經完全依賴進口的甘蔗。但是，從某個時期開始，不得不在本國生產糖。

甘蔗最初在東南亞種植，但嘗試將伊斯蘭教傳播到亞洲的阿拉伯人把種植和糖的製造方法帶回了自己的國家。這是公元八世紀的事情。隨後，十字軍東征於十一世紀開始將其傳播到歐洲。之後，甘蔗在葡萄牙、荷蘭、英國、法國等殖民地中成為主要種植作物。

法國在糖的技術和生產量方面一度在歐洲名列前茅，但1806年拿破崙在耶拿戰役(Bataille d'Iéna)中征服了歐洲，情況急轉直下。為了使唯一剩下的英國屈服，他發布了大陸封鎖令，但這招失敗了，法國陷入了糖不足的困境。

當時有位企業家挺身而出，成功地由甜菜製作出砂糖。因為這個契機，開始了法國國內的砂糖生產。1828年在法國雖然登記有585處製糖所，但至今仍持續發展的，據說只有北部－加萊海峽(Nord-Pas-Calés)的製糖所而已。甜菜的種植適合該地區的輪作制度，並且潮濕的氣

Blonde(金色)和Brunhes(褐色)。清爽和濃郁，滋味各不相同。

簡單卻滋味深刻，糖塔。

Nord-Pas-de-Calais
L'historiette column 02

左側的照片是一種典型的北法鄉土點心，名為「糖塔」。是把麵團放入塔模後撒上甜菜糖，稍微使其發酵再烘烤。雖說是塔，但其實是將添加了酵母的麵團放置在有日照的窗邊等使其發酵，輕鬆簡單就能完成。此外，還有一種將麵團滾圓塞入方糖烘烤的「砂糖布里歐(Brioche)」，切開後會有融化的糖漿從中流出，非常美味。

候有助於保持糖度。

這裡所生產的砂糖，除了細砂糖和糖粉等之外，還有這個地方特有的產物，那就是初階細紅糖(vergeoise)，在日本稱為紅糖。初階細紅糖是在製糖階段，取出砂糖結晶後利用殘餘的蜜糖製成，有blonde(金色)和brunhes(褐色)2種。

Blonde(金色)是取出第一次結晶後的糖蜜，brunhes(褐色)則是第二次的糖蜜。兩種都濕潤略帶焦糖味，brunhes(褐色)還混合了若干苦味。它們是當地點心－糖塔(Tarte au sucre＝砂糖的塔餅)、鬆餅(Waffle)、可麗餅(Crêpe)等不可或缺的材料。另外當地美食，啤酒燉牛肉、諾爾省(Nord)阿維諾瓦(Avesnois)的名產，甜豬血腸(Boudin)也都會用到。

4.【菊苣 Chicorée】從藥物到應急食品 在重視健康取向的現今 再次受到矚目

這個地方的名產之一是名為菊苣(Chicorée)的飲料，類似無咖啡因的咖啡。這是由乾燥和研磨苦苣根製成的，然後烘烤成粉末，用熱水溶解飲用。

乾燥苦苣的根部。

其歷史悠久，據說埃及人和希臘人已經用它作為藥物。在法國，在1800年初期拿破崙大陸封鎖和世界大戰期間物資短缺時廣泛飲用，作為咖啡的替代品。最近，由於其排毒(detox)作用受到關注，而且富含維生素、鐵和纖維素，因此它成為一種受歡迎的健康食品。

在健康方面受到關注的菊苣咖啡。

也有液體狀態的產品，當混合到卡士達醬等甜點裡，味道有點苦中帶甜的焦糖味。它的口感類似於日本常見的蒲公英咖啡。

菊苣田。根部從古代至今都被當作草藥受到重視。

© Ikuo Yamashita

當地才能品嚐到瑪瑞里斯製成的福萊米鹹派(Flamiche)。

5.【瑪瑞里斯 Maroilles乳酪】
在紅磚瓦倉庫中
刷洗製作
共有4種尺寸

具有1000年歷史的瑪瑞里斯乳酪，是由牛奶製成具鹹味的洗浸式乳酪。產地位於比利時接近國境的丘陵地區，那裡的降雨量多，牧草生長得很好。

最早製作的是馬瑞里斯村本篤會(Ordo Sancti Benedicti)的修道士，當時被稱為Craqu-egnon。雖然深受查理六世(Charles VI)、法蘭索瓦一世(François I)、亨利四世(Hen-ri IV)，及歷代國王的喜愛，但熟成困難，也被稱作使熟成師哭泣的乳酪。

使其熟成的曲線狀牆面是紅磚砌成的，據說浮游在此的「紅酵素」會在乳酪內產生作用。衛生方面設備齊全的大型工廠，會將「紅酵素」添加在牛奶中。雖然有少量的農家自製，但他們仍然在古老的磚頭熟成室中進行仔細的刷洗和熟成。

製作時，瑪瑞里斯(Maroi-lles)乳酪要反覆翻轉，浸泡鹽水後使其熟成。依其大小，可分成4種，除了720g大型的瑪瑞里斯之外，還有3/4大小的Sorbais、半量的Mignon和1/4大小的Quart。

這是一整年都能品嚐到的美味乳酪，很適合搭配當地濃郁的啤酒。使用這款乳酪的瑪瑞里斯的福萊米鹹派(Flamiche)，是具代表性的當地料理。

Nord-Pas-de-Calais
L'historiette column 03

乳酪，是使新鮮牛乳的蛋白質凝固製成(製作100g的乳酪需要約1000ml的牛乳)，因此除了蛋白質、鈣質、食物纖維、維生素C之外，還濃縮了脂肪、乳酸、磷、維生素D，是營養價值非常高的食品，只有食物纖維和維生素C不含。此外，據說藉由發酵，可以讓蛋白質和脂肪的消化吸收作用更好。

在大型工廠，會將紅酵素添加到牛奶中。

村子的名稱直接成為名產乳酪的名字。

酵母和發酵溫度會讓啤酒的顏色和味道不同，每種啤酒杯都能突顯出這些差異。

6.【啤酒】
啤酒的類型千差萬別 在啤酒的故鄉 比較風味

首先將大麥浸泡在水中發芽，然後在乾燥室中停止生長，去除根部，製成麥芽。然後將麥芽研磨煮沸，過濾後加入啤酒花煮沸。這時獨特的香氣和苦味就會出現。之後加入酵母進行發酵，糖分會分解成酒精和二氧化碳，製成發酵的麥芽汁（fermented wort）。低溫儲存後再次過濾即可完成。

拉格（Lager）和艾爾（Ale）的區分在於，使用的酵母和溫度不同。拉格（Lager）是使用底層發酵酵母並在5～15℃低溫下使其緩慢發酵，味道很清爽。相對於此，艾爾（Ale）是15～25℃的高溫發酵，使用的是活躍的頂層發酵酵母，作用生成的副產物會生成更複雜的香氣。

啤酒釀造廠在法文是Brasserie，因此，提供啤酒、酸菜（Choucroute）的餐廳也稱為Brasserie。在當地約有20個大大小小的釀造廠，各自生產具獨特風味的啤酒。另外為使啤酒能發揮其極致的風味，也會搭配各式各樣的酒杯。

在涼爽的氣候下容易生長的啤酒花。

> *Nord-Pas-de-Calais*
> **L'historiette column 01**
>
> 若將啤酒運用在糕點製作，可以製作出帶著微苦、適合大人的成熟甜點。例如，卡士達醬的牛奶部分以啤酒替換，就成了啤酒風味的卡士達醬，也能做成冰淇淋。將3個蛋黃、黑啤酒60ml、細砂糖75g，隔水加熱地打發，加熱到80℃後再冷卻。混入120ml打發的鮮奶油，在冷凍室冷凍凝固後，就完成黑啤酒風味冰淇淋。啤酒風味布丁也很不錯唷。

路易十四的長子為皇太子，被稱為大太子（Grand Dauphin）。
© The Metropolitan Museum of Art

7.【皇太子 Dauphin 乳酪】
僧侶用心款待 帶有香草風味的 乳酪

「Dauphin」在法語中除了指「王太子」之外，還是一種乳酪的名稱。1678年路易十四帶著大太子前往簽署結束法荷戰爭（Guerre de Hollande）的和平條約。途中他們停留在瑪瑞里斯（Maroilles）村。，當地的一位修道士為了讓王太子更容易食用，特別加入了香草和香料，獻上了一塊訂製的乳酪，大太子很喜歡這種口味，因此這種乳酪被命名為「Dauphin」。

現在，這種乳酪有著半月形和長方形等不同的形狀，看起來像是海豚的形狀，而在法語中「Dauphine」也是指海豚的意思。

Hauts-de-France

上法蘭西

Picardie

皮卡第

鄰接法蘭西島大區（Île-de-France）和香檳－阿登（Champagne-Ardenne），有著波旁王朝最後的宮殿，康比涅城堡（Château de Compiègne）。路易十六未完成，而後經由拿破崙一世重建，蘇瓦松（Soissons）曾經是巴黎燉煮料理幾乎都會使用的白腎豆產地，就位於這個城堡的附近。另外，北方的努瓦永（Noyon）則是以草莓、櫻桃、黑醋栗、覆盆子等莓果類的產地而聞名。每年7月的第一個星期日，在教堂廣場上會展開大規模紅色莓果市集，全國各地有上萬人的觀光客造訪。在康比涅城堡（Château de Compiègne）東邊，是風格特殊、沒有中殿的博韋聖伯多祿主教座堂（Cathédrale Saint-Pierre de Beauvais）所在的波威（Beauvais），這也是皮卡第蘋果酒的生產地，每年聖誕節市內最受歡迎的飲品，就是熱蘋果酒（Cidre Chaud）。在這個地區，你絕對不能錯過首府亞眠（Amiens）全法國最大的哥德式大教堂，還有特產馬卡龍以及奶油麵粉比例高達一半的手打蛋糕（Gâteau battu）。

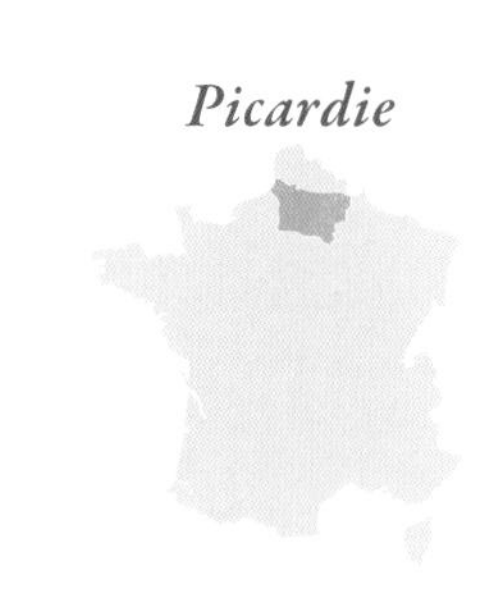
Picardie

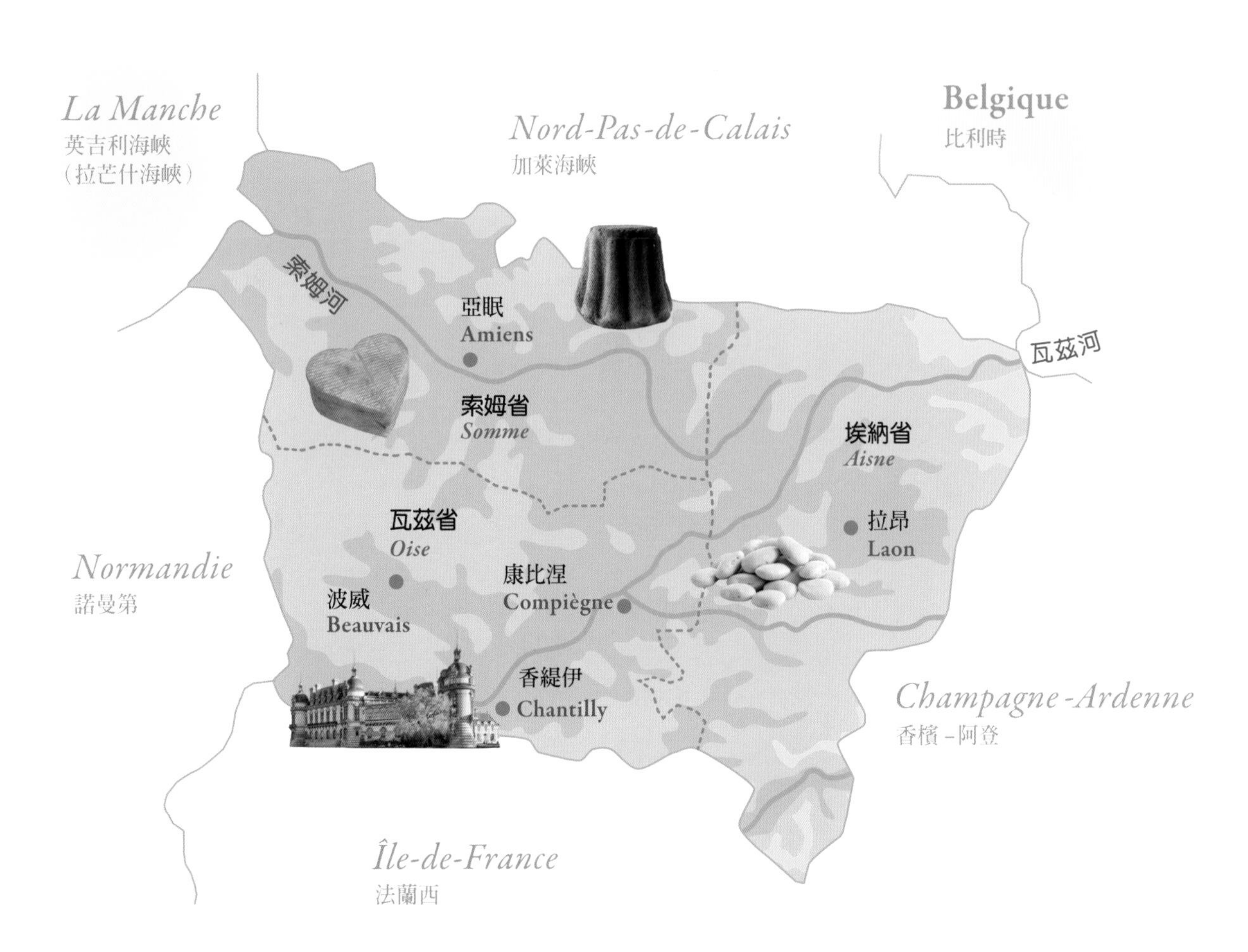
La Manche
英吉利海峽
（拉芒什海峽）
Nord-Pas-de-Calais
加萊海峽
Belgique
比利時
索姆河
亞眠
Amiens
瓦茲河
索姆省
Somme
埃納省
Aisne
瓦茲省
Oise
拉昂
Laon
Normandie
諾曼第
康比涅
Compiègne
波威
Beauvais
香緹伊
Chantilly
Champagne-Ardenne
香檳－阿登
Île-de-France
法蘭西

皮卡第卷餅 Ficelle picarde

這個地區的首府亞眠大教堂在夏天的夜晚會以多種色彩的照明點亮，吸引無數的觀光客。在這樣的亞眠街頭餐廳，品嚐這道皮卡第風格的焗烤，印象深刻的是薄餅的用法。看起來沒什麼特別，但沾裹了鮮奶油的洋菇和火腿，滋味絕妙。

材料（4～5人份）

薄餅麵糊10～12片

低筋麵粉	100g
全蛋	2個
黑啤酒	100ml
牛奶	150ml
鹽	適量
奶油	1大匙（融化）

貝夏美醬（sauce béchamel）

奶油	40g
低筋麵粉	40g
牛奶	300ml
肉荳蔻	適量
鹽、胡椒	各適量

配料（garniture）

洋菇	3盒（切成薄片）
火腿	8片（切成短片）
奶油	1大匙

葛瑞爾乳酪（Gruyère）	適量

製作方法

1. 製作薄餅。粉類過篩至缽盆中，依序加入全蛋、黑啤酒、牛奶、鹽、奶油混拌。

2. 覆蓋保鮮膜，靜置約15分鐘左右，在薄餅煎鍋內薄薄塗上奶油（材料表外）。

3. 製作貝夏美醬。在鍋中融化奶油，放進完成過篩的麵粉，避免燒焦地拌炒至熟透。分二次倒入牛奶，邊加入邊持續混拌。用肉荳蔻、鹽、胡椒調味。

4. 製作配料。在平底鍋中加熱奶油，拌炒洋菇和火腿，取少量**3**的貝夏美醬混拌沾裹。在每片薄餅中各別擺放適量，包捲起來。

5. 將**4**排放在耐熱容器內，澆淋上其餘的貝夏美醬，撒上磨好的葛瑞爾乳酪，用烤箱烘烤至表面呈現烤色。

手打蛋糕 Gâteau battu

這款奶油與粉類相等，高糖油成分的布里歐（Brioche）。用與潘娜朵妮（Panettone）相似的專用模型烘烤。因奶油較多，揉和時比較困難，但關鍵在於充分揉和材料以產生麵筋，並充分乳化奶油。放進模型後，緩慢發酵，最後可以做成口感細緻、滑順的成品。

材料（口徑15cm 高14cm的手打蛋糕模型1個）

高筋麵粉	250g
乾燥酵母	7g
細砂糖	70g
鹽	3g
蛋黃	5個
全蛋	2個
奶油	170g

製作方法

準備

- 用擀麵棍從保鮮膜上敲打奶油，以減少黏性。
- 在模型內刷塗奶油（材料表外）

以機器進行

1. 在攪拌機的缽盆內放入高筋麵粉、乾燥酵母、細砂糖、鹽、蛋黃、全蛋，以低速攪拌約5分鐘進行揉和。

2. 低速狀態下，少量逐次地加入奶油。待全部放入後，低速攪打4分鐘，最後轉為中速揉和約30秒。

3. 待整合成團後，包覆保鮮膜，置於溫暖場所使麵團發酵至約2倍大小。

4. 壓平排氣，整合後填放至模型中。

5. 覆蓋保鮮膜等，使其發酵至模型的九分滿左右，以160°C烘烤約30分鐘。

以手進行

1. 在工作檯上將鹽混入高筋麵粉中，攤成環狀，中央處放入乾燥酵母、細砂糖、蛋黃、全蛋。

2. 用刮板等，從環狀內側慢慢將粉類推入並混拌。

3. 整合至某個程度後，彷彿敲打般在工作檯上揉和5分鐘。待表面呈現光滑狀後，壓平麵團，在上面放1/4量的奶油。縱向橫向地包覆奶油地折疊麵團，使奶油融入地再次揉和麵團。

4. 其餘的奶油份3、4次混入，每次都揉和至表面呈現光滑狀為止。

5. 放入最後的奶油揉和後，將麵團整合成圓形放入缽盆中，包覆保鮮膜靜置於28～30°C中發酵約1小時。

6. 待麵團膨脹成約2倍大小時，壓平排氣，放入模型中使其再度發酵至模型的九分滿左右，以160°C烘烤約30分鐘。

亞眠馬卡龍 Macarons d'Amiens

這種嚼勁十足、口感濕潤的馬卡龍是亞眠的傳統糕點。雖然尚未有定論，但根據文獻，這被稱為法國最古老的馬卡龍。在我造訪的糕餅店內，使用製作臘腸的機器整形麵團，再進行切割。當地的馬卡龍有不同大小，我烘焙的是小尺寸。

材料（約30個）

杏仁粉	250g
細砂糖	200g
蜂蜜	20g
蛋黃	20g
蛋白	40g
香草精	適量

製作方法

1. 在缽盆中放入杏仁粉和細砂糖混拌均勻。

2. 加入蜂蜜、蛋黃、香草精混拌，使其成為鬆散狀。

3. 再加入蛋白混入整合全體。

4. 用保鮮膜將麵團包捲成直徑3cm的圓柱狀，置於冷藏室靜置一夜。

5. 切成8mm厚的圓片，排放在烤箱內，用180°C烘烤10～13分鐘。

亞眠的糕餅店內烘焙完成的亞眠馬卡龍。

Picardie La Découverte

皮卡第

1.【手打蛋糕 Gâteau battu】

敲打揉捏
製作出高聳
豐富濃郁的布里歐

手打蛋糕(Gâteau battu)是皮卡第(Picardie)使用布里歐(Brioche)麵團的知名點心。它的起源可以追溯到十七世紀左右,當時稱為 Gâteau mollet 軟蛋糕或 Pain aux ceufs 蛋麵包。從1900年開始成為當地的代表糕點,1992年還設立手打蛋糕(Gâteau battu)協會,舉辦競賽等活動。

使含有大量奶油的麵團發酵。

烘烤出爐降溫後脫模。

它的特徵就是使用側面有長條凹凸形的模型烘烤,並且相較於一般的布里歐,會使用更多的奶油和雞蛋,如此才能製作出質地細緻豐富,又濃郁的風味。

據說以前它是用於洗禮儀式或領聖餐等儀式中分發的甜點。搭配上大黃(Rhubarb)果醬品嚐是當地的習慣。"battu"是從動詞 batte = 敲打的意思,據說這個名稱就是從用手敲打揉和麵團而來。

2.【白腎豆】

克服困境
支撐人們生活的
大顆豆粒

埃納省(Aisne)蘇瓦松(Soissons)的白腎豆,形狀大小非常像杏仁糖、糖衣果仁(Dragée)。這種豆子在法國非常受歡迎。

歷史可以追溯到十三世紀。當時流行的鼠疫使歐洲人口的三分之二喪生,為了逃離鼠疫的恐懼,蘇瓦松居民帶著能攜出的家當出逃,當他們終於能回到故鄉時,發現逃離時掉落的白腎豆竟然發芽長大了。

從此,蘇瓦松的人們一直種植白腎豆來渡過饑荒。雖然這個地區風勢強,濕氣也高,但白腎豆有足夠的耐度來適應這樣的土壤和氣候。

顆粒大是當地白腎豆的特色。

現在蘇瓦松生產的主要是從20～25cm大的豆莢所採收的大顆白腎豆,以及豆莢約在17cm稱為 Flageolet 帶著綠色的豆子。

3.【當地乳酪】

可愛的形狀
射中了
太陽王的心

羅洛(Rollot)是以牛乳製作的洗浸式乳酪。有圓形和心型,但生產圓形 Rollot 的工坊在當地只剩下1間。主流的是心型,稱為 Cœur de Rollot = 羅洛的心。

這是一種具有歷史的乳酪,是在索姆省(Somme)的科爾比修道院(Abbaye de Corbie)

喜愛 Rollot的太陽王路易十四。

也以賽馬場聞名的香緹堡，與姬路城締結為姊妹城。

製造的，據說當時被稱為太陽王的路易十四，在訪問該地時也對這種乳酪的味道感到驚嘆。

一般的乳酪是越熟成鹹味越重，但羅洛乳酪的特徵是未熟成時即可嚐出鹹味，隨著熟成會呈現乳霜般口感及更深層的風味。最佳品嚐時期是在11～6月之間，熟成期從3週到1個月左右最佳。建議可以搭配當地的啤酒、或口感輕盈的羅亞爾白酒一起享用。

法國首屈一指的哥德式建築，亞眠大教堂。

4.【香醍鮮奶油】
悲劇的廚師
留下世界上最受歡迎的
鮮奶油

加入砂糖打發至鬆軟的鮮奶油被稱為“香醍鮮奶油”，名字源自位於瓦茲省（Oise）香緹伊（Chantilly）市的香緹堡。

想出這款鮮奶油的，是法蘭索瓦·華泰爾（François Vatel）。華泰爾（Vatel）是當時財政大臣弗克（Fouquet）的私人廚師，負責指揮招待王族、貴族的宴會等。但在1600年代後半，因為嫉妒弗克的奢侈行為和華麗城堡的路易十四，將弗克幽禁起來，華泰爾被派往位於香緹堡，侍奉為大孔代而知名的孔代親王（Prince de Condé）路易二世。

1671年華泰爾被任命為國王和貴族進行大慶典的總監。那是一場持續三天的豪華宴會，但是在第三天由於天氣惡劣魚沒有送到，責任感重的華泰爾竟自殺了，之後大批的魚才送到了城堡。華泰爾至今仍被稱為悲劇的廚師。

現在的香緹堡兼具孔代博物館的功能，可以觀賞到許多十四～十九世紀的法國繪畫、還有非常珍貴的中世紀手抄本的收藏。另外香緹伊市以其賽馬場而聞名，現今仍會舉辦賽馬會錦標（Prix du Jockey Club）和黛安娜馬術大賽（Prix de Diane）等世界二大賽事。

城堡的名字變成鮮奶油餡傳到全世界。

Grand Est

大東部

Alsace

阿爾薩斯

稱為科隆巴爾茨（Colombages），木框架建築的房屋，窗邊滿是盛開花朵，象徵在春天搬運幸福的鸛鳥翩然而至的阿爾薩斯，被譽為法國最美的地方。鄰接德國，在五世紀時隸屬於法國，但從1870年與德國之間的普法戰爭開始，就成了有時屬於德國、有時屬於法國的不安定狀態。正式歸屬於法國，是二次世界大戰後，也並非很久以前的事。

因此，據說這個地方很多人自覺是“阿爾薩斯人”非德國也非法國。在文化和美食學（Gastronomy）上具有獨特性，特別是在飲食方面，受到了德國的影響，如酸菜燉豬肉與臘腸（Choucroute）和啤酒等，深受德國影響。此外，他們生產出麗絲玲（Riesling）等出色的白葡萄酒，並且有很多獨特的甜點，像是庫克洛夫（Kouglof），種類之多足以寫一本書。此外，作為“街道城堡”的首都史特拉斯堡（Strasbourg），在中世紀就是交易盛行之地，現在也是歐洲議會的總部，不改其地位。

Alsace

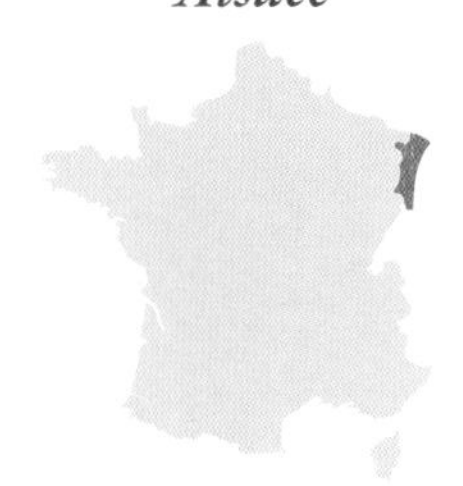

史特拉斯堡
Strasbourg
萊茵河
Lorraine
洛林
下萊茵省
Bas-Rhin
孚日山脈
Allemagne
德國
科爾馬
Colmar
上萊茵省
Haut-Rhin
Franche-Comté
法蘭琪－康堤
Swisse
瑞士

酸菜燉豬肉與臘腸 Choucroute

被認為代表東邊的是酸菜燉豬肉與臘腸（Choucroute），西邊則是卡酥來砂鍋（Cassoulet）酸菜燉豬肉與臘腸是法國地方料理的代表。也是法式餐酒館（Brasserie）最常見的經典菜色。在當地餐廳點這道料理時，盛盤量壓倒性的多。雖然 Choucroute 直譯為鹽漬發酵高麗菜，但現在這個名字已經成為料理名稱了。

材料（4人份）

豬肩肉	300g
鹽	適量
鹽漬發酵高麗菜	500g（瓶裝）
洋蔥	1/4個（切成薄片）
紅蘿蔔（依個人喜好）	1/2根（切成短條狀）
奶油	1大匙
培根	4片
水	120ml
白酒	100ml
杜松子	5粒
丁香	1個
月桂葉	1片
臘腸	4～8根
馬鈴薯	中型2個
鹽、胡椒	各適量
黃芥末	適量

製作方法

準備

- 在豬肉上揉搓大量的鹽，靜置一夜。
- 翌日，將豬肉和足以淹沒豬肉的水份，加熱，至沸騰後熄火。直接放置約7分鐘後，取出，拭去水份。
- 試試鹽漬發酵高麗菜的味道，若還是太鹹時，清洗後瀝乾水份。
- 馬鈴薯整顆放入水中燙煮，趁熱剝皮對半切。

1. 豬肉切成3cm厚。

2. 在鍋中加熱奶油拌炒洋蔥。待洋蔥軟化後，依序加入培根、半量的鹽漬發酵高麗菜、豬肉、其餘的鹽漬發酵高麗菜，再放進水、白酒、杜松子、丁香、月桂葉。

3. 待沸騰後轉為小火，蓋上鍋蓋，燉煮1小時。加進紅蘿蔔，再繼續燉煮。過程中試試味道，若有需要則以鹽、胡椒調味。

4. 豬肉煮至柔軟後，加入臘腸加熱煮熟。

5. 將**4**盛盤，搭配馬鈴薯，依個人喜好佐以黃芥末。

白酒燉肉鍋 Baeckeoffe

只要將肉、蔬菜和白酒放入容器內，之後就是緩慢地花時間烹煮而已。重點是，為避免鍋中水份揮發，使用水和麵粉做成的麵團封住容器。在阿爾薩斯地區，使用當地風格的麗絲玲（Riesling）白葡萄酒是常見的做法。恰到好處的酸味滲透至蔬菜中，使得全體呈現清爽滋味，令人食指大動。

材料（長29cm的白酒燉肉鍋或法式肉凍模1個）

豬肩肉	300g（切成3cm塊狀）
牛肩肉	300g（同上）
馬鈴薯	2個（切成圓片）
紅蘿蔔	小型2根（切成圓片）
洋蔥	中型1個（切成薄片）
西洋芹	7cm（斜向切成薄片）
大蒜	2瓣（拍碎）
香草束（Bouquet garni）	1束
白酒	700ml
鹽	略少於1大匙
胡椒	適量
低筋麵粉	140ml
水	100ml
豬脂	適量

製作方法

1. 將肉、蔬菜、香草束、大蒜放入方型淺盤，倒入白酒浸漬一夜。

2. 用網篩過濾分出食材和湯汁。肉類和蔬菜上撒鹽（材料表外）、胡椒。

3. 在白酒燉肉鍋內側刷塗豬脂，將**2**的食材依序交替地排放蔬菜、肉類、蔬菜層疊。最上方擺放馬鈴薯。

4. 煮沸**2**的湯汁，加鹽調味。倒入白酒燉肉鍋蓋上蓋子。

5. 混拌低筋麵粉和水製作麵團，搓成長條狀，黏貼在蓋子周圍，使其成為密閉狀態。

6. 以170°C的烤箱加熱燉煮約2～2.5小時。

以專用的白酒燉肉鍋烹調，確實蓋上蓋子密封就是要訣。

大黃蘋果塔 Alsace Tarte aux rhubarbes et aux pommes

在法國，即使是不會烹飪的媽媽，也一定會做塔。將買來的冷凍麵團舖在塔模內，直接放入水果撒上砂糖烘烤即可。這個塔也是阿爾薩斯地區家庭最常見的，大黃的水份較多，因此與蘋果混合時，要儘可能下點工夫避免水份流出。

材料（直徑18cm的塔餅模型1個）

甜酥麵團（pâte sucrée）

奶油	60g
糖粉	40g
鹽	少許
全蛋	20g
低筋麵粉	100g
杏仁粉	15g

配料（garniture）

細砂糖	40g
大黃（Rhubarb）	200g （撕去粗莖切成2cm長）
蘋果	1個（切成扇形）

義大利蛋白霜

蛋白	80g
細砂糖	160g

製作方法

準備

- 奶油和雞蛋放置回復常溫。
- 混合低筋麵粉、杏仁粉過篩。

1. 製作甜酥麵團。在缽盆中放入奶油，攪拌成乳霜狀。

2. 分2～3次加入糖粉混拌，少量逐次地加入全蛋，每次加入後都充分混拌，放入鹽。

3. 加入粉類，按壓般地整合成團。待幾乎整合成塊狀時，放入塑膠袋內使其平整，並置於冷藏室至少2小時，儘可能靜置一夜。

4. 製作配料。在鍋中放入全部的材料烹煮，煮至蘋果軟化。大黃若是較細時，容易煮至鬆散，因此最後才放入。

5. 製作義大利蛋白霜。細砂糖放入鍋中，澆淋上砂糖1/3的水份（材料表外），熬煮至118°C。

6. 熬煮時，確實打發蛋白，持續攪拌並將**5**以細絲狀地滴入，繼續打發至蛋白霜降溫。

7. 靜置後的麵團擀壓成2mm厚，舖放至模型中靜置約30分鐘。

8. 底部刺出孔洞，壓上重石用200°C的烤箱烘烤10分鐘，除去重石，再空燒7分鐘。

9. 填入配料，覆蓋上蛋白霜，在表面擠出花形蛋白霜，以250°C烘烤3～4分鐘，或是用噴槍等加熱出烤色。

庫克洛夫 Kouglof

以專用模型烘烤，添加了葡萄乾的布里歐（Brioche）。杏仁果因容易突出於模型外，因此會以蛋白沾黏在麵團上，葡萄乾烘烤後會變苦，必須避免露出在外側，這些就是重點。這個配方，受教於當地庫克洛夫高手，可以搭配麗絲玲（Riesling）白酒一同享用。

材料（直徑18cm的陶製庫克洛夫模型1個）

庫克洛夫麵團

高筋麵粉	250g
鹽	3g
乾燥酵母	5g
細砂糖	40g
全蛋	3個
牛奶	15ml
奶油	140g

配料（garniture）

葡萄乾	100g
蘭姆酒	適量

裝飾

杏仁果（整顆）	10～15粒
蛋白	適量
糖粉	適量

製作方法

準備

・葡萄乾浸泡熱水還原，再浸漬於蘭姆酒一夜備用。

・奶油放置回復常溫備用。

1. 在工作檯上將鹽混入高筋麵粉中，攤成環狀，中央處放入乾燥酵母、細砂糖、全蛋。若水份不足時，可用牛奶補足。

2. 用刮板等，從環狀內側慢慢將粉類推入並混拌。

3. 整合至某個程度後，彷彿敲打般在工作檯上揉和5分鐘。待表面呈現光滑狀後，壓平麵團在上面放1/4用量的奶油。縱向橫向地包覆奶油折疊麵團，使奶油融入的再次揉和麵團。

4. 其餘的奶油份3、4次混入，每次都揉和至表面呈現光滑狀為止。

5. 放入最後的奶油揉和後，將麵團整合成圓形放入缽盆中，包覆保鮮膜靜置於28～30℃中發酵約1小時。

6. 待麵團膨脹成約2倍大小時，壓平排氣，用保鮮膜等覆蓋，置於常溫中約10分鐘，或是放入塑膠袋內置於冷藏室靜置一夜。

7. 在模型中刷塗奶油（材料表外），杏仁果單面蘸蛋白，使其能黏在麵團上置於模型底部。

8. 將麵團分成2等分，各別撒上瀝去水份的蘭姆葡萄乾，將擺放了葡萄乾的麵團相互貼合，避免葡萄乾外露地輕輕揉和。

9. 在麵團中央處做出孔洞，放入模型，與一次發酵相同，使其再度發酵約40分鐘。

10. 以180℃烘烤約40分鐘。降溫後脫模放在網架上，冷卻後篩上糖粉。

Alsace La Découverte

阿爾薩斯

這道料理訴說著久遠以來生產肥肝的歷史。

1.【酸菜燉豬肉與臘腸 Choucroute】

各地的地方料理
法國道地風味
的代表

酸菜燉豬肉與臘腸是法國二大地方美食之一（另一道美食是西南部的卡酥來砂鍋，是將鹽漬的高麗菜和豬腱肉、豬腿肉、史特拉斯堡香腸（Saucisse de Strasbourg）等豬肉加工品的綜合拼盤料理。

鹽漬發酵高麗菜本身就稱為Choucroute。據說從十三世紀左右就開始製作，是冬季補充維生素不足的保存食品。8～11月採收的高麗菜切成細長絲狀，加入2%的鹽並壓上重石醃漬，以18～20℃放置3～5週讓乳酸發酵，再裝入瓶中保存。

鹽漬發酵高麗菜放入密封罐中保存。

這樣製作出來的鹽漬發酵高麗菜，當然會用於料理酸菜燉豬肉與臘腸中，還能搭配沙拉或擺放在阿爾薩斯知名料理－阿爾薩斯火焰薄餅（Tarte flambée）上烘烤，有各式各樣的使用變化。

豬肉加工品與馬鈴薯。鹽漬發酵高麗菜是主要食材。

2.【派皮肥肝凍派】

以麵團包覆
糕點店裡
高級的一道熟食

將肥肝（foie gras）製作方法傳到阿爾薩斯的，據說是猶太人。在中世紀時，當地已經開始飼養家禽來製作鵝肝，十四～十五世紀期間，史特拉斯堡（Strasbourg）成為了當時法國肥肝餡生產的中心地。

最初只是直接烹調食材而已，最初，肥肝餡只是簡單地烹飪而已。但是在1780年左右，元帥孔塔德的私人廚師皮埃爾・克羅茲（Pierre Close）創造了用麵團包覆肥肝的派皮肥肝凍派（Pâté de foie gras en croûte）之後，就成了法國宴會中不可或缺的料理。

由於需要使用麵團做出這樣的料理，主要由糕點師來製作，因此皮埃爾・克羅茲也被認定是糕點師。現在史特拉斯堡的老字號糕點店（Pâtisserie）櫥窗中，仍會出現這種餡餅的身影。

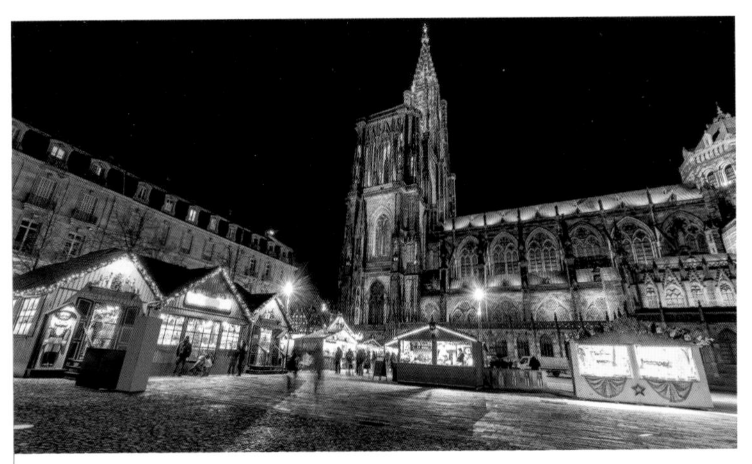

以聖誕市集出名的阿爾薩斯。嚴寒隆冬中，宛如童話仙境再現。

3.【扭結餅 Bretzel】
麵包店推廣
開胃酒標記
是幸福的象徵

在法式餐酒館(Brasserie)搭配開胃酒(Apéritif)時必不可少的扭結餅，當你造訪阿爾薩斯時，你會經常看到刻有扭結餅形狀的房子或墓碑。據說代表這戶人家是以麵包店(Boulangerie)為業。

過去在法國，麵包以外使用麵團的食物都規定在糕餅店內製作。然而，在斯特拉斯堡(Strasbourg)，有一個例外，即在聖馬丁節前後的八天內，麵包店可以製作扭結餅。從1492年開始，為了讓更多的阿爾薩斯人能吃到扭結餅，而繼續在麵包店裡進行製作。

是啤酒不可少的下酒零嘴。

扭結餅交叉的麵團中有3個洞，據說代表幸運、幸福、終身健康。

4.【人形餅 Manala】
聖誕老人的原型？
深受孩子們
喜愛的英雄

人形餅是以聖尼古拉(San Nicolò)為造型的布里歐(Brioche)。這是在每年12月6日食用的季節性點心。聖尼古拉作為孩子們的守護聖人而聞名，這是因為傳說聖尼古拉幫助了被屠夫綁架的三個孩子。在聖尼古拉的節日，孩子們會吃人形餅、香料麵包(Pain d'épices)，並等待聖尼古拉帶來禮物。

Manala是阿爾薩斯語，但在不同的地方也有不同的拼法，例如Manele、Männele、Mammela，還有別名是Bonhomme。

聖尼古拉出生於三世紀的土耳其，去世後，遺骸被移送到義大利南部的巴里(Bari)，然後運往法國洛林地區的聖尼古拉德波爾(Saint-Nicolas-de-Port)修道院。據說，聖誕老人

人形餅(manala)要和熱可可一起品嚐。

Santa Claus的名字來自聖尼古拉的法語拼寫Saint Nicolaus，聖誕老人的形象也可能來自於聖尼古拉。

5.【小餐酒館 Winstub】
探索阿爾薩斯
日常美食的
好去處

阿爾薩斯有個分類為Winstub的小酒館，可以享用當地的料理，搭配當地的豬肉和啤酒一起飲用，非常受歡迎。當然，這裡有各種各樣的酸菜，甚至有10種不同的配料！還有洋蔥塔、新鮮乳酪(Fromage blanc)的前菜、使用羔羊腦製作的羊腦(Cervelle)料理、豬頭肉和使用明膠的前菜冷盤(Presskopf)等，可以盡情享用阿爾薩斯的傳統美食。

在這樣的餐廳裡感受阿爾薩斯美食。

在聖誕市集到處陳列著各種的香料餅乾(Pain d'Epices)。

6.【糖漬果乾香料麵包 Berawecka】
一片片節慶必備
營養豐富的
聖誕糕點

糖漬果乾香料麵包是從11月～1月中旬聖誕節期間銷售的點心，是用混拌了香料的麵團將乾燥水果、糖漬水果(Fruits Confits砂糖醃漬)以及堅果結合製成。從中世紀就開始製作，是阿爾薩斯聖誕節必不可少的糕點。

雖然會因店家而添加各式不同食材，但傳統製作上會使用洋梨、洋李、無花果、科林斯或馬拉加(Málaga)品種的葡萄乾、核桃、杏仁果、榛果等，還有作為辛香料必不可少的肉桂、肉荳蔻等。以這些為主體加入少量麵團結合食材，烘烤成迷你法式長棍麵包的形狀。

據說核桃和杏仁果象徵上帝的訊息，因此必定添加。過去曾是早餐桌上的糕點，現在則是切成薄片作為甜點或零食享用。

7.【香料餅乾 Pain d'Epices】
聖誕節不可或缺
從中世紀開始的
傳統糕點

香料餅乾(Pain d'Epices)在歐洲廣泛製作，但由於國家和地區不同，種類也各有差別。在阿爾薩斯地區，這種聖誕糕點是最常見的，也是聖誕市集中必不可少的點心。

阿爾薩斯的Pain d'Epices主要是餅乾類型，其中大多數是傳統的硬脆口感，稱為Langue，正如其名是細長的香料餅乾。表面繪有聖誕節相關的圖案，掛在聖誕樹上。其他形狀還有心形和聖尼古拉(San Nicolò)人形等，種類繁多。

在法國的其他地區不太會有使用香料的糕點，之所以會在阿爾薩斯盛行，是因為中世紀的首府史特拉斯堡(Strasbourg)是東西貿易的據點，香料也較容易取得。

位於蓋特維萊爾(Gertwiller)的香料餅乾博物館。

水果的自然甜味和香料的香氣，凝聚了阿爾薩斯食材的美味。

聖誕樹形狀的香料餅乾。

8.【啤酒】
巴黎火車站前的餐酒館
搭車前往
啤酒釀造廠

阿爾薩斯與北法，都是以啤酒的生產地而聞名。孚日省（Vosges）山麓的礦泉水、阿爾薩斯沖積平原孕育的大麥、促使酒精發酵的酵母，還有製造者的技術，釀造啤酒時需要的條件一應俱全。

阿爾薩斯的啤酒具有令人愉悅的苦味和複雜的香氣，是一種不同於北法的艾爾（Ale）啤酒，而是日本人熟悉的拉格（Lager）啤酒。它始於十三世紀左右，到

巴黎北站前的餐酒館。

涼爽的氣候最適合栽植啤酒花。

十九世紀鐵路的發展時期，已有250家釀酒廠開始運作並運往巴黎。

然而，之後大量生產變成主流，進一步進行整併，但現在仍有一些品牌保留下來，包括：Heineken、Fischer、Meteror、Karlsbrau、Kronenbourg、Schützenberger。

順道一提，啤酒釀造廠稱為Brasserie，而那些提供啤酒的餐廳也被稱為Brasserie。像這樣的餐酒館，由於這個原因，你可以在巴黎北站和東站周邊隨處可見。

9.【白酒燉肉鍋 Baeckeoffe】
容器和內容物都是當地製造
時光為料理
帶出傳統的滋味

白酒燉肉鍋（Baeckeoffe）和酸菜燉豬肉與臘腸（Choucroute），並列為阿爾薩斯的代表性美食。雖是燉肉鍋（Pot-au-feu）的一種，特徵是使用阿爾薩斯的不甜白酒醃漬，並用蘇

此模型的存在就是為了搭配這道料理。

夫勒奈姆（Soufflenheim）村製作的陶製燉鍋來烹調。為避免料理時的水份流失，會在鍋蓋周圍黏上麵粉和水混合的麵團，使鍋子呈現密封狀態就是重點。

白酒燉肉鍋（Baeckeoffe）的拼音是阿爾薩斯獨特的拼法，也拼寫成Bäckoffe，意思是麵包店的烤爐。在法國的鄉村，曾經設置了公共洗衣場，阿爾薩斯地區的主婦們也總是在週一早晨集合。據說當時，她們會把自己在家做好的白酒燉肉鍋（Baeckeoffe）交給麵包店，請麵包師傅在烘烤完麵包後利用餘火幫忙烹調。這就是“麵包店的烤爐”名稱的由來。

專賣店的白酒燉肉鍋。

就像是新生兒一般，宣告阿爾薩斯漫長冬季結束的象徵。

10.【復活節的羔羊 Agneau Pascal】
在櫥窗 宣告春天的 羔羊群

法國阿爾薩斯地區獨有的復活節點心，復活節的羔羊（Agneau Pascal）。“Agneau”是羔羊、“Pascal”的意思是指復活節或復活節期間。復活節是移動性節日，通常在每年三月下旬至四月上旬「春分後第一個滿月的下一個星期天」。

這個時期，在法國其他地區，人們習慣製作蛋形或兔形巧克力，但在阿爾薩斯和洛林地區，

餐酒館窗戶上成群的羔羊們。

縱向分開以彈簧閉合，未上釉的羔羊模型。

這個復活節的羔羊（Agneau Pascal）會裝飾在糕點店和麵包店的櫥窗中。為什麼是羔羊呢？這裡有兩個故事。

第一個是猶太教中的「亞伯拉罕的獻祭」故事。上帝要考驗猶太族長亞伯拉罕，要他把兒子獻祭，亞伯拉罕本來願意照做，但上帝最終因為亞伯拉罕的忠誠而決定不獻祭兒子，改獻祭羔羊。這個故事也在伊斯蘭教中流傳，他們也會在復活節宰殺羔羊來食用。

另一個是聖經中的描述。耶穌在聖經中稱呼自己為神的羔羊，因此在慶祝基督復活時，人們會食用羔羊形狀的點心。

陶器製的羔羊模型由位於蘇夫勒奈姆（Soufflenheim）鎮的陶器製造商專門製作，和庫克洛夫模（Kouglof）一樣。

11.【庫克洛夫 Kouglof】
擁有許多起源故事 阿爾薩斯的 代表糕點

庫克洛夫 Kouglof（又稱 Kougelhof）是阿爾薩斯地區傳統的代表糕點。據說它誕生於十六至十七世紀之間，但也有說法認為它是1770年從奧地利嫁到法國的瑪麗・安東妮（Maria Antônia）公主引入法國的。

採用凹凸線條、獨特模型製作的發酵麵團糕點，但直到十八世紀才確定它的模具的確存在。出現近似現在庫克洛夫的完整食譜，則是十九世紀初的事了。

話雖如此，喜歡故事的阿爾薩斯人，也流傳了一個關於庫克洛

裝飾的庫克洛夫模也充滿樂趣。

阿爾薩斯餐酒館裡必不可少的庫克洛夫。

夫起源的故事。傳說，有位住在里博維萊（Ribeauvillé）村的陶器師傅，為慶祝耶穌的誕生，接待了東方前往伯利恆的3賢者。賢者們使用了一個不尋常的模具，用它製作了一種糕點並留給了陶器師傅作為回禮。

庫克洛夫（Kouglof）經常也會以德語「Kougelhof」稱之，“Kougel”是球，“hof”則是啤酒酵母的意思。以啤酒為特產的阿爾薩斯，似乎就是用啤酒酵母發酵庫克洛夫。

在製作庫克洛夫時有3個規則。那就是要放入馬拉加（Málaga）品種的葡萄乾、表面要裝飾杏仁果、完成烘焙後要篩上糖粉。

若要再舉出一個庫克洛夫的特色，那就是形狀了。庫克洛夫德語的另一種說法是「Gugelhupf」，Gugel有僧侶帽子的意思，據說就是以此為藍本。庫克洛夫的模型是在蘇夫勒奈姆（Soufflenheim）村以傳統方式製成。陶製模型是製作出柔細鬆軟口感時不可或缺的要素。

另外在阿爾薩斯，庫克洛夫也被稱為Cigogne（白鸛），這種鳥象徵人類之愛，也是當地的象徵。

描繪著藝術家Hansi的莫恩斯特乳酪（Munster）。

12.【畫家安西 Hansi】

阿爾薩斯獨特的
服裝與風景
藝術家安西的世界

安西（Hansi）是一位以阿爾薩斯地區為主題的繪本作家和畫家，安西是他的筆名，他的本名是讓-雅克·瓦爾茲（Jean-Jacques Waltz），活躍於第一次世界大戰前後。

安西這個名字，在這個地方大多是用於女性，畫家安西描繪的阿爾薩斯人物及風景，使用在乳酪的包裝上。莫恩斯特乳酪（Munster）用阿爾薩斯葡萄酒、格烏茲塔明那（Gewürztraminer）的酒渣刷洗，然後使其熟成。

13.【莫恩斯特乳酪 Munster】

連表皮都充滿風味
具悠久歷史
個性化的洗浸式乳酪

莫恩斯特乳酪（Munster）是阿爾薩斯的代表性乳酪。生產地橫跨鄰近的洛林，在孚日（Vosges）山脈東側附近的阿爾薩斯被稱為莫恩斯特（Munster）；而在西側的洛林，則是以生產中心葛拉梅爾（Gérardmer）當地方言稱之為傑羅姆（Jérôme）。

這款乳酪屬於洗浸式乳酪，氣味強烈且口感略帶黏稠，帶有一點獨特的風味。雖然常被運用在歐姆蛋以及馬鈴薯料理中，但若直接食用，可以撒上非常速配的小茴香並淋上蜂蜜，也非常美味。

莫恩斯特乳酪（Munster）的名字是修道院Monastère的意思，據說在七世紀時，由修道士們所製作。

洗浸式乳酪的代表。

Vin 阿爾薩斯的葡萄酒

阿爾薩斯葡萄酒的特徵是，標籤上沒有城堡或村莊的名稱，而是以「麗絲玲(Riesling)」或「格烏茲塔明那(Gewürztraminer)」記載著葡萄的品種。

阿爾薩斯的葡萄園位於孚日山脈的東側山坡，南北綿延約170km。其中貫穿葡萄酒之路，散布著被稱為"阿爾薩斯珍珠"的小城鎮和村莊。由於栽植葡萄的土地全體都有孚日山脈抵擋住來自西邊的潮濕強風，斜面山坡日曬充足少雨，幾乎齊備了所有栽植葡萄的良好條件。土壤由花崗岩、黏土、石灰、砂岩質地等組成，這種複雜而芳香的土壤孕育出具深沈複雜且香氣十足的葡萄酒。大致分為上萊茵省(Haut-Rhin)和下萊茵省(Bas-Rhin)，上萊茵是以科爾馬(Colmar)為中心的里博維萊(Ribeauvillé)以南，比起氣候涼爽的下萊茵，葡萄酒更加優質。

阿爾薩斯曾在兩次的世界大戰中被德國統治，因此葡萄酒也與德國葡萄酒混合，有時還必須大量生產以供應市場。但在1945年回歸法國後，便致力於提高品質、改善栽種，並於1962年獲得了A.O.C的認證。

阿爾薩斯葡萄酒的主要品種如下。

①**麗絲玲**(Riesling)
細緻能感受到花香、果香及礦物質口感，釀造出優雅且清爽的風味。也有遲摘的甜葡萄酒。

②**格烏茲塔明那**(Gewürztraminer)
葡萄柚、荔枝、金合歡(Acacia)、玫瑰、肉桂、胡椒等的香氣，是極具魅力的阿爾薩斯特有葡萄酒。也有遲摘的甜葡萄酒。

③**西萬尼**(Sylvaner)
原產於奧地利，早熟高產量品種。也有微發泡的氣泡酒。

④**蜜思嘉**(Muscat d'Alsace)
與法國南部栽種的蜜思嘉不同，是清爽的不甜葡萄酒。

⑤**白皮諾**(Pinot blanc)
酸度溫和，口感柔和。

⑥**灰皮諾**(Pinot gris)
藍灰色葡萄，能釀出細緻且風味複雜的葡萄酒，被認為是黑皮諾的突變種，釀製白酒用的葡萄。

⑦**莎斯拉**(Chasselas)
雖然產量不多，但曬乾後仍有水果風味。

⑧**黑皮諾**(Pinot noir)
阿爾薩斯唯一的紅酒用品種，也能釀成粉紅酒。優雅如黑醋栗、歐洲酸櫻桃(griotte)、櫻桃等紅色果實，香氣令人印象深刻。

阿爾薩斯葡萄酒的
A.O.C種類

阿爾薩斯葡萄酒，有以下3種冠以法定產區命名認證(A.O.C.＝Appelation d'Origine Controlée)。

①**阿爾薩斯產區認證**
(A.O.C. Alsace)
使用左頁所述品種生產的葡萄酒，標示上僅記載品種名的法定產區命名認證。

②**阿爾薩斯產區認證特級園**
(A.O.C. Alsace Grand Cru)
1975年開始，受惠於氣候及土壤的優質葡萄酒因而冠名認證。被列入的有51個地區。指定品種有：麗絲玲(Riesling)、格烏茲塔明那(Gewürztraminer)、灰皮諾(Pinot gris)、蜜思嘉(Muscat d'Alsace)，標示出地區名及收成年份。

③**阿爾薩斯產區認證氣泡酒**
(A.O.C. Crément d'Alsace)
是以香檳方式(瓶內二次發酵)製造的氣泡葡萄酒。大多是使用白皮諾製造，但也有使用黑皮諾製成的粉紅酒。

其他的
阿爾薩斯葡萄酒

①**阿爾薩斯混合**
(Vin d'Alsace Edelzweicker)
與A.O.C. 阿爾薩斯品種混合的葡萄酒。

②**晚摘型**(Vendanges Tardives)
只能在氣候恰好的年份才能收成，以遲摘葡萄作為原料的甜白酒，品種僅限於麗絲玲(Riesling)、格烏茲塔明那(Gewürztraminer)、灰皮諾(Pinot gris)、蜜思嘉(Muscat d'Alsace)，法定產區命名認證名稱為阿爾薩斯(Alsace)、或阿爾薩斯特級園(Alsace Grand Cru)。

③**貴腐甜白葡萄酒**
(Sélection de grains nobles)
用貴腐葡萄釀造，極佳的甜葡萄酒。

Alsace 葡萄酒地圖

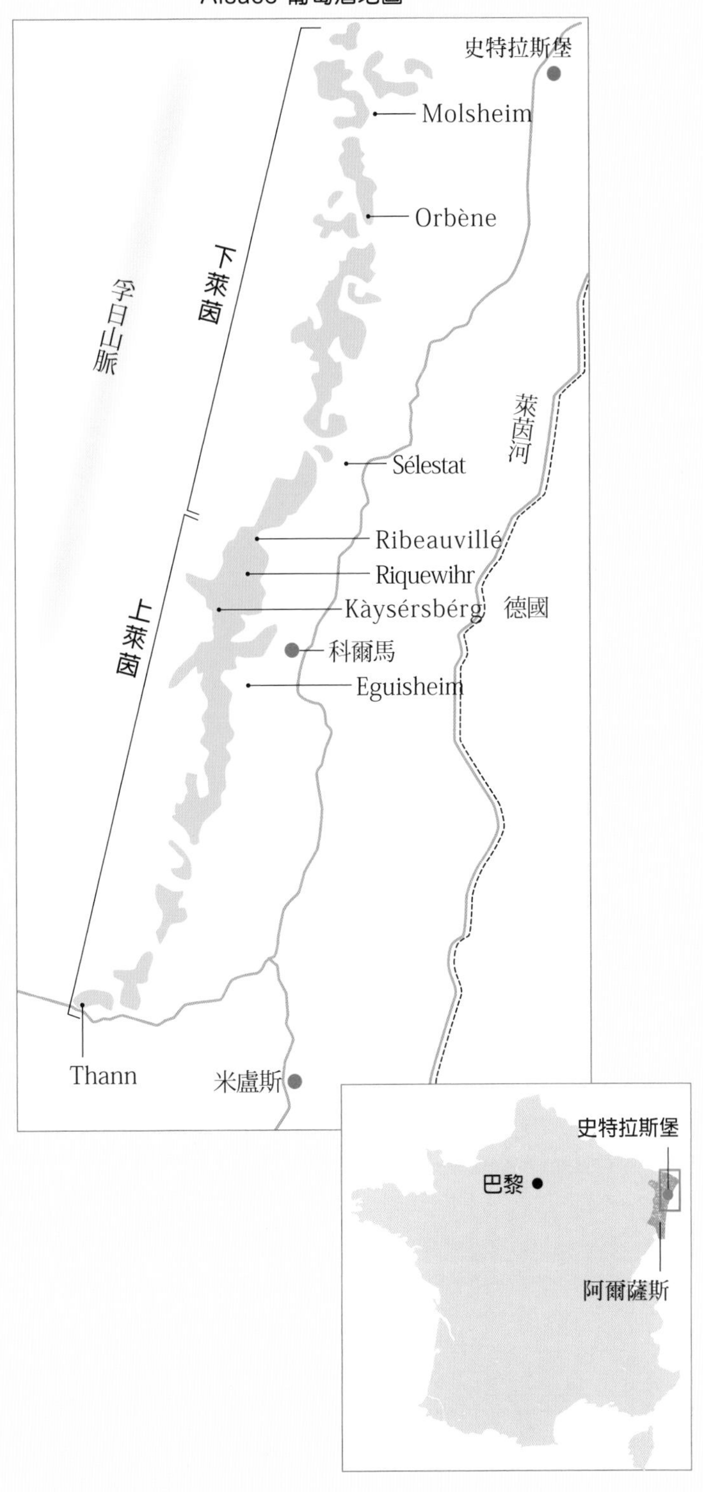

Grand Est
大東部

Champagne-Ardenne

香檳－阿登

這個地區位於法國中心地帶法蘭西島大區（Île-de-France）的旁邊，北接比利時、南達勃艮第。由於其得天獨厚的地理位置，這個地區自古以來就成為歐洲的十字路口，政治、經濟和文化得以蓬勃發展。此外，以法國首位國王克洛維一世（Clovis）為始，曾舉行歷代國王加冕禮的蘭斯（Reims）就位於此，也與王權有著密切的聯繫。蘭斯雖然是這個地方最繁榮的城鎮，但意外地並非首都，首都是位於北部的香檳 - 沙隆（Châlons-en-Champagne）。

更何況，作為世界著名的美酒產區，香檳的生產地，此地也有許多相關的旅遊景點。在蘭斯和埃佩爾奈（Épernay），一些大型酒廠都提供參觀導覽，他們的酒窖非常巨大，像一個迷宮，這也解釋了為什麼在戰爭期間，成為了市民的防空洞。此外，基督教歸化的巴黎學派畫家藤田嗣治，即使已經80歲了，其留在G. H. Mumm公司內的藤田禮拜堂（Chapelle Foujita）的彩繪玻璃（stained glass）及濕壁畫（Fresco）仍然令人震撼。

當然，在這個地區，您也可以奢侈地品嚐香檳，以及享受大量香檳烹煮的燉雞、香檳燉鯉魚等美食。

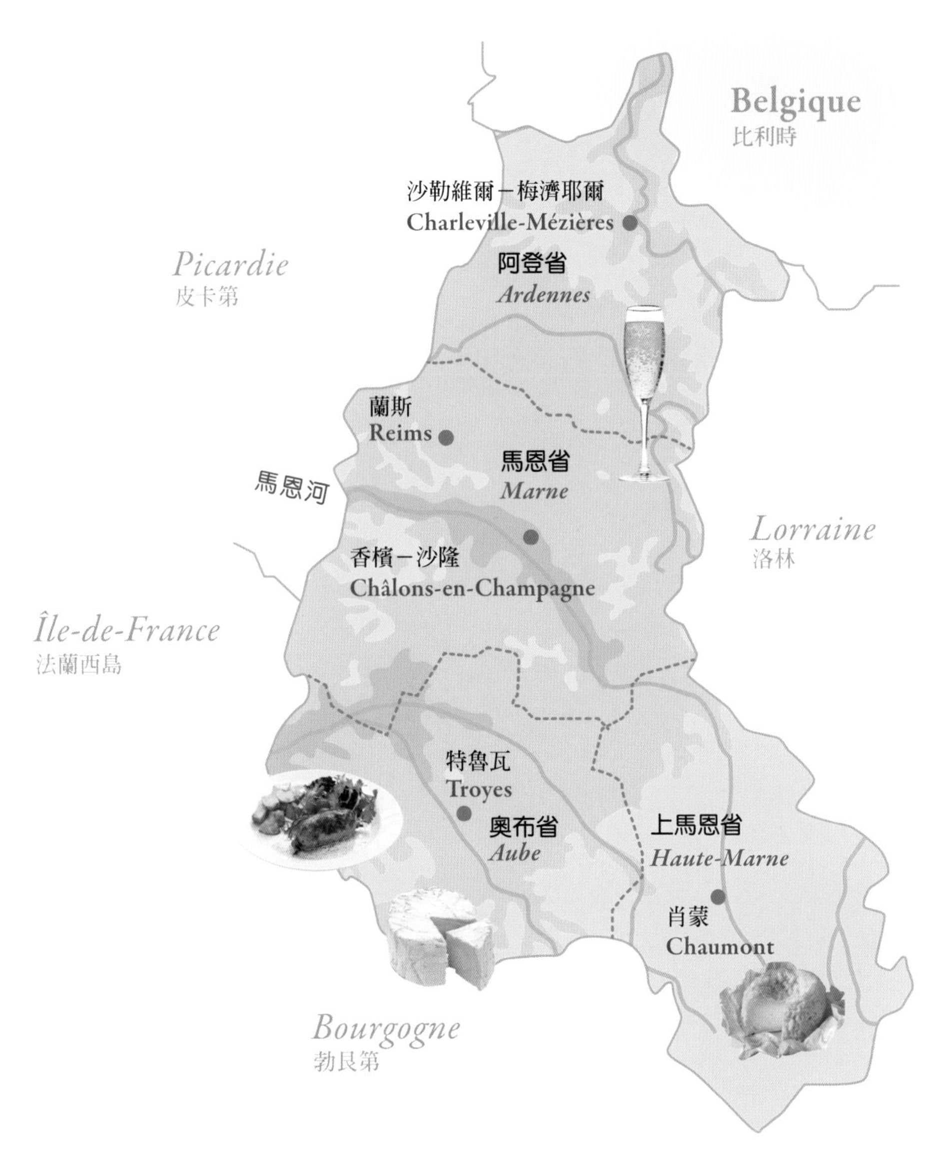
Belgique
比利時
沙勒維爾－梅濟耶爾
Charleville-Mézières
Picardie
皮卡第
阿登省
Ardennes
蘭斯
Reims
馬恩省
Marne
馬恩河
Lorraine
洛林
香檳－沙隆
Châlons-en-Champagne
Île-de-France
法蘭西島
特魯瓦
Troyes
奧布省
Aube
上馬恩省
Haute-Marne
肖蒙
Chaumont
Bourgogne
勃艮第

阿登風味豬肉料理 Porc à l'ardennaise

這個地區，特別是在阿登，豬肉料理非常受歡迎。而且要做到“頭到腳”完全利用，不浪費任何部位，這裡介紹以我們能夠獲取的部位來製作的菜餚。這是一道簡單的料理，用火腿和乳酪夾著，再以鮮奶油調味，烤過後所散發的強烈香氣，讓人感受到這片土地的風土人情。

材料（4人份）

炸豬排用豬肉（里脊）	4片
火腿	4片
葛瑞爾乳酪（Gruyère）	4片（切成薄片）
奶油	2大匙
鮮奶油	150ml
鹽、胡椒	各適量

製作方法

1. 豬肉從側面以刀子橫向劃入切口，使其能夾入火腿和乳酪。

2. 將火腿和乳酪包夾至劃出的切口中。

3. 二面撒上鹽、胡椒備用。

4. 在平底鍋中融化奶油，將豬肉二面香煎，蓋上鍋蓋使其熟透。

5. 豬肉煎好後暫時取出，覆蓋上鋁箔紙保溫備用。

6. 在**5**的平底鍋中倒入鮮奶油，融出鍋底沾黏的美味精華（déglacer）並略加熬煮。

7. 用鹽、胡椒調整**6**的風味，作成醬汁。

法國人即使住在沿海，也壓倒性的喜愛吃肉。

芥末醬水煮蛋 Œufs à la sauce moutarde

在法國，芥末籽醬就像是日本的醬油一般。常常出現在餐桌上，可以蘸烤肉，放在燉菜裡，加到沙拉醬裡等等。在這個地區，芥末籽醬主要是搭配豬肉料理食用，但這道料理利用了芥末搭配蛋。芥末的酸味與水煮蛋的甜味相得益彰，是一種令人驚喜的美味。

材料（4人份）

水煮蛋（半熟）	4個
紅蔥頭	略多於1大匙（切碎）
白酒	100ml
鮮奶油	100ml
蝦夷蔥（ciboulette）	切碎狀態略小於1大匙
龍蒿（Estragon）	同上
奶油	30g
芥末籽醬	1大匙
鹽、白胡椒	各適量

製作方法

1. 在小鍋中放入紅蔥頭、白酒、鮮奶油、蝦夷蔥、龍蒿，熬煮成半量。

2. 離火，加入奶油使其融化，加入芥末籽醬。用鹽、白胡椒調味。

3. 將水煮蛋放入小型深盤內，澆淋上**2**。

法國店門口排放的雞蛋，幾乎都是紅殼蛋，也多為有機養殖（BIO）。

軟蛋糕 Gâteau mollet

奶油含量較多的柔軟布里歐(Brioche),大多是用庫克洛夫模(Kugelhopf)或是類似的溝狀模型來製作,與糖煮水果(compote)一起享用。曾經是婚禮或聖餐禮拜(Primera comunion)等場合食用的,當中會藏有金戒指,據說吃到的人,就能得到一整年的幸福好運。

材料(口徑14cm的庫克洛夫模型1個)

高筋麵粉	125g
鹽	1g
乾燥酵母	2g
細砂糖	10g
全蛋	1個
牛奶	20 ~ 30ml
奶油	80g

製作方法

準備

・奶油放置回復常溫備用。
・在模型中刷塗奶油(用量外)。

1. 在工作檯上將鹽混入高筋麵粉中,攤成環狀,中央處放入乾燥酵母、細砂糖、全蛋、牛奶(留下少量)。

2. 用刮板等,從環狀內側慢慢將粉類推入並混拌。若水份不足時,再用留下的牛奶補足。

3. 整合至某個程度後,彷彿敲打般在工作檯上揉和5分鐘。待表面呈現光滑狀後,壓平麵團,並在上方放入1/4用量的奶油。上下左右地包覆奶油將麵團折起,使奶油融入地再次揉和麵團。

4. 其餘的奶油份3、4次混入,每次都揉和至表面呈現光滑狀為止。

5. 加入最後的奶油揉和,將麵團整合成圓形放入缽盆中,包覆保鮮膜靜置於28 ~ 30°C中發酵約1小時。

6. 待麵團膨脹成約2倍大小,填裝至模型中並使其再次發酵,發酵至模型的九分滿左右,以180°C烘烤約25分鐘。

Champagne-Ardenne La Découverte

香檳－阿登

1.【內臟香腸 Andouillette】

傳承正統
深受國王青睞的
獨特風味

內臟香腸（Andouillette）是以豬的消化器官作為主要原料，加入其他豬內臟，填充至腸衣內，以高湯長時間燉煮的內臟香腸。據說在十五世紀，它就已經在特魯瓦（Troyes）的奧布省（Aube）製作，還被端上了法蘭索瓦一世（François I）的餐桌。此外，有關 Andouillette 這個名稱，有一說是來自於阿登省（Ardennes）聖路（Saint-Loup）的修道士名字。

為了守護這種風味，而成立了『正統派內臟香腸愛好家協會 Association Amicale des Amateurs d'Authentiques Andouillettes』組織，經此組織認可真正的內臟香腸（Andouillette），才能在商品上標示協會名稱字首“AAAAA”，並在全國各地的肉類加工食品店（Charcuterie）販售。

可以搭配馬鈴薯，加上芥末籽醬或當地的沙烏爾斯乳酪（Chaource）醬汁，就成為一道美食，或是也能作為開胃酒小菜，直接切片品嚐。

以當地乳酪作為醬料是經典搭配。

北部經常可見的木造房屋，還保有中世紀風姿的特魯瓦（Troyes）。

2.【麵包粉烤豬腳】

巴黎歷史悠久小酒館的
招牌菜餚
來自香檳省

巴黎勒阿爾區（Les Halles）的老字號小酒館『Au Pied de Cochon』，招牌餐點中就有「麵包粉烤豬腳 Pied de porc pané」。原本是香檳地區馬恩省（Marne）聖默努市（Sainte Menehould）的地方料理。先將豬腳以白酒燉煮，再裹上麵包粉烤的豬腳料理，搭配添加了卡宴辣椒（Cayenne pepper）的辣醬。逃離巴黎的路易十六家族，在途中更換馬車馬匹時被發現，而被帶回巴黎，但其實另一個說法是，因為他們在聖默努吃這道料理才暴露了行蹤。此外，這個城鎮也是唐培里儂香檳王（Dom Pérignon）的發源地而聞名。

去骨後燉煮，裹上麵包粉後烘烤的豬腳。

3.【粉紅色餅乾】
閃閃發光的酒杯
與粉色的餅乾
讓人心動

這種餅乾具有較長的保存性，被稱為餅乾的起源，據說是以前的麵包師利用烘烤完麵包或糕點的烤箱餘溫製成，這款蘭斯玫瑰餅乾（Biscuit de Reims）也不例外。

在1670年，法國的麵包師發明了這款餅乾，但經由1756年創業的糕點公司將其產品化，並呈獻給路易十六。之後，福西耶Fossier公司接手了這個製作方法。福西耶Fossier公司雖然是在1845年成立於蘭斯的麵包店，但其規模不斷地擴大，現在

優美化身，粉紅色的餅乾。

已成為這款餅乾的代名詞。

所謂的Biscuit，"bis"（＝二次）、"cuit"（＝烘烤）的意思。將餅乾放在高溫中烤，然後降低溫度再烤，這樣可以讓餅乾的中心部分烤熟變得酥脆。

中世紀以前的香檳地區只生產紅酒，因此這款餅乾當初也因添加了葡萄酒而成為紅色，但此說法並未被證實。至於現在的粉紅色，則被視為商業機密。無論如何，將餅乾浸一下香檳享用是當地的傳統。確實烤焙完成的餅乾加上香檳的氣泡和芳香，讓口感變得柔和。

這款餅乾，常會被運用於製作夏露蕾特（Charlotte），也是一道可以在家完成的糕點。蛋黃中加入砂糖和粉類混拌，最後加上確實打發的蛋白霜，稱為分蛋打發法的製作方式，擠出麵糊後形狀不會崩塌，能做出柔軟、口感札實的成品。

舉行過歷代法國國王加冕禮儀式的蘭斯聖母大教堂（Cathedral Notre-Dame）。

Champagne-Ardenne
L'historiette column 01

夏露蕾特（Charlotte）這款糕點由各種水果風味的慕斯製成，周圍用手指餅乾圍起來形成圓形。據說原本是使用剩下的餅乾或麵包製作的英國糕點，但在十八世紀末傳入法國，當時的天才主廚安東尼·卡漢姆（Marie Antoine Carême）改良成現在的形狀。夏露蕾特的名稱起源於十八世紀末有皺摺邊的女帽，因為模仿其形狀故以此命名。若使用蘭斯玫瑰餅乾，就能簡單又華麗地完成製作。

以複雜風味為特徵的香料麵包，可說是世界文化與歷史的合體。

4.【香料麵包 Pain d'Epices】
混合的香氣
東西方合而為一
可說是國際化的糕點

在歐洲，荷蘭、德國、比利時、匈牙利、波蘭，以及法國東北部等，廣大地區都食用香料麵包(Pain d'Epices)。最初起源於中國，叫做"蜜餅"，是用蜂蜜和麵粉製作可以保存的點心，當時並沒有加入任何香料。蜜餅後來隨著戰爭傳到了阿拉伯地區，據說是在十字軍東征(1095～1270年)期間，這種點心才被帶回了歐洲。

後來，香料麵包開始加入香料，才成為現在的Pain d'Epices(添加香料的麵包)，但在法國，尤其是香檳地區的蘭斯、勃艮第的第戎，以及阿爾薩斯和法國北部，香料麵包變得更加流行。

蘭斯的香料麵包特色是，使用裸麥粉和當地採收的蜂蜜。十六世紀在蘭斯設立職業公會(Guilde同業團體)，並在1596年獲得國王亨利四世(Henri IV)認證。

為什麼是國王呢？因為蘭斯曾是法國主要首都，歷代法國國王都在此舉行加冕儀式。香料麵包據說也是因聖女貞德(Jeanne d'Arc)才得以加冕的查理七世(Charles VII)，情婦阿涅絲·索雷爾(Agnès Sorel)非常喜愛的糕點。

Champagne-Ardenne
L'historiette column 02

在中世紀，原產於亞洲的香料由阿拉伯人發現。十字軍駐紮在耶路撒冷為了得到這些高價值的香料，透過威尼斯商人或是支付高價引入歐洲。其中最受歡迎的是來自印度的胡椒，其他如茴香、小茴香、罌粟、肉桂、番紅花等香料也廣泛地被使用。為什麼當時的人們對這些香料如此熱衷呢？除了保存食材的目的外，還因為在當時，菸草、咖啡和酒精等興奮劑都還不存在，這些香料成為當時唯一的興奮劑。

正式承認香料麵包公會的亨利四世。

5.【沙烏爾斯乳酪 Chaource】
天鵝絨般口感
名產乳酪最適合搭配
香氣濃郁的粉紅酒

沙烏爾斯(Chaource)據說是由十二世紀勃艮第地區的修道士製作的乳酪，名稱來自香檳地區的小鎮沙烏爾斯，這個鎮的紋章由貓(chat)和熊(ourse)組成，因此得名。

貓和熊是沙烏爾斯的象徵。

生產粉紅酒的 Les Riceys 村。

表面覆蓋著有如天鵝絨般的白黴，如奶油般滑順口感沒有雜味容易入口。隨著成熟度的增加，乳酪變得更加濃郁濃縮，也會呈現蘑菇或堅果的風味。大多是大型工廠製作，農家製作的很少。

當然，沙烏爾斯乳酪也很適合搭配香檳，和粉紅酒搭配更是絕妙。特別是和奧布省（Aube）萊利塞（Les Riceys）釀造的粉紅酒『Riceys』一起享用，這款在法國有極高評價的粉紅酒非常稀有，帶著榛果與紫羅蘭香味，和沙烏爾斯乳酪是最棒的組合。

特徵是飽滿柔和的口感。

具有凹陷特徵，洗浸式朗格勒乳酪。

染黃朗格勒乳酪的胭脂樹紅（Bixa orellana）。

6.【朗格勒乳酪 Langres】在因忘記翻面產生的凹槽中倒入蒸餾酒是老饕們的享用方式

朗格勒（Langres）是一種由牛奶製成的洗浸式乳酪，產自上馬恩省（Haute-Marne）。名字的由來－朗格勒市位於高地上，周圍被3公里高的城牆包圍。它的特徵是表面有凹陷，這是因為在製造過程中忘記進行翻面而產生的。

最初是在朗格勒的多明尼克修道院（Dominican Order）中製作，據說逐漸為人所知是進入十八世紀後。當時只在當地及週邊、巴黎流通，但獲得 A.O.C. 認證後，知名度提升為全國。

凹槽被稱為 fontaine 是“泉水”的意思，老饕們會使用一種名為 Marc 的蒸餾酒，它是用葡萄渣製成的，並在製造過程中使用少量的蒸餾酒進行陳年，以享受強烈的風味。

也可以切成薄片，放進烤箱裡加熱，然後浸泡在沸騰的 Marc 酒（葡萄渣釀白蘭地）中，點火燄燒（flambé）再食用。

周圍帶著黃色，是因為使用胭脂樹種子取出的食用色素胭脂樹紅（Annatto）來染色。成熟的乳酪口感獨特，帶有濃厚的口感，很適合搭配勃艮第或波爾多酒體飽滿的葡萄酒。有直徑18cm和8cm左右的尺寸，雖然流通販售的以小尺寸為主，但在當地被稱為 Coupe 的大型朗格勒乳酪很受歡迎。於1991年獲得 A.O.C. 認證。

位於高地的朗格勒。乳酪的製造由修道院開始在當地流傳。

Champagne 香檳區的葡萄酒

雖然有人將氣泡葡萄酒稱為“香檳 Champagne”，但其實只有在法國香檳區特定區域製作的才能稱為香檳。在其他地方、國家所製造的氣泡葡萄酒都稱為“氣泡酒 Sparkling wine”。

香檳區位於巴黎東北側150公里處，是法國最北部的葡萄種植區之一。在這裡，從大約四世紀開始就種植葡萄，在十七世紀之前都是製造沒有氣泡的葡萄酒。之所以會成為香檳（Champagne）產區，據說是因為此地奧維萊（Hautvillers）村的本篤會（Ordo Sancti Benedicti）修道士唐培里儂（Dom Pérignon），開始將發酵的葡萄酒蓋上軟木塞後放置，瓶中的葡萄酒又再次發酵，偶然地成了具氣泡的葡萄酒，但也有一說是當時從這裡出口到英國的葡萄酒，在當地換瓶後，在瓶中發酵，而產生了氣泡的說法。

香檳細緻又複雜的味道是如何產生的呢？其實有二個主要因素。一是白堊土壤和涼爽的氣候，這些因素孕育出礦物質感和酸味。還有一個因素是混釀和瓶內二次發酵等的獨特製作方法。

所謂的混釀，就是混合葡萄品

參觀著名釀造廠的葡萄酒儲藏倉庫。

香檳始祖唐培里儂（Dom Pérignon）修士。

發酵後，為了去除沈澱而放置。

種、葡萄園及不同收穫年分的原酒，藉此調整由氣候、葡萄生長狀態和成熟度等因素造成的差異。而瓶內二次發酵則是一種特殊的製作方法。

瓶內二次發酵是將原酒裝入瓶中時添加糖分和酵母，使其在瓶中再度發酵，目的是促使氣泡產生並呈現出複雜的風味。

主要產區大致有五個，全部都是 A.O.C. 認證。其中特別優質葡萄品種生產區包括：Montagne de Reims、Vallée de la Marne、Côte des Blancs。香檳的主要釀造品種為夏多內(Chardonnay)、黑皮諾(Pinot Noir)、皮諾莫尼耶(Pinot Meunier)。夏多內為香檳帶來細緻感、黑皮諾是強勁、而皮諾莫尼耶則使香檳帶來柔和感。

此外，當香檳生產商被稱為 "Maison" 時，它指的是像酩悅香檳(Moët et Chandon)和泰廷爵(Taittinger)這樣的大型酒廠，它們從農民手中購買大部分原料葡萄，混合以製作高品質的香檳。而 Récoltant 是指既從事葡萄種植又自行釀造的生產商，他們使用各個村莊或葡萄園的葡萄，生產出具有個性的香檳。

最後，選擇香檳時需要注意兩點。香檳有甜和不甜，標籤上會有記載。不甜是 Brut、微甜是 Sec、甜是 Demi Sec、極甜是 Doux。

此外，與葡萄酒不同，大多數香檳不會標明年份(millésimes)。這是因為香檳是由不同年份的葡萄混合製成的。但是在有些情況下，葡萄的品質非常好，只使用當年的原酒釀造，這種情況下會在瓶上標明年份。

Champagne 葡萄酒地圖

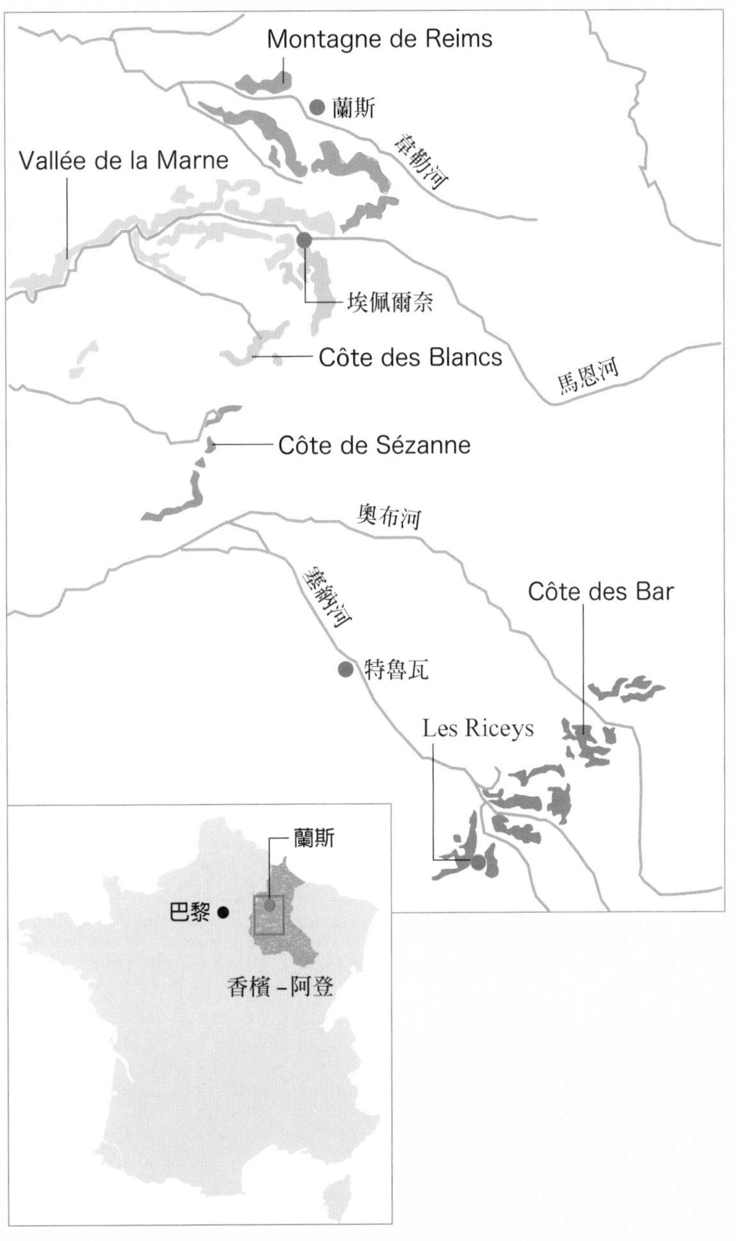

Grand Est

大東部

Lorraine

洛林

提及此地，就不能不提到斯坦尼斯瓦夫·萊什琴斯基（Stanisłas Leszczyński）公爵。他是路易十五王妃的父親，也是波蘭國王。女婿路易十五，以承認前洛林公爵（duc de Lorraine）和哈布斯堡王朝（Haus Habsburg）的瑪麗亞·特蕾莎（Maria Theresia）的婚姻為補償，將前洛林公爵讓出的洛林公國，交予退位的岳父。斯坦尼斯瓦夫（Stanisłas）利用這個機會，把獲得的洛林首府南錫變成一個華麗的城市，裝飾有金色的廣場、七個宮殿等等。這位大公非常喜愛糕點，讓專屬的糕點師斯特赫（Stohrer）製作自己想要的糕點，其中之一就是阿里巴巴（Ali Baba），此外，洛林地區還有巧克力蛋糕（Gâteau chocolat）、瑪德蓮、南錫馬卡龍、香檸檬糖果（Bergamot Candies）等，洛林的甜食真是無可數計。一到夏天，小的黃色李子－黃香李（Mirabelle）上市，糕餅店櫥窗裡就擺滿了黃香李製成的塔。食品店內，現在全國人民都喜愛的洛林鹹派也會出現。

此外，南錫也以十九世紀展開的新藝術運動（Art nouveau）發源地而聞名。

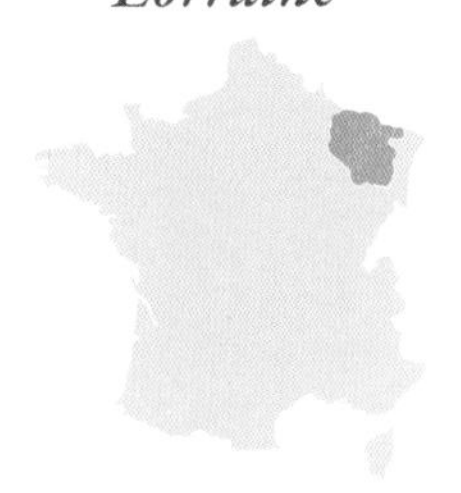

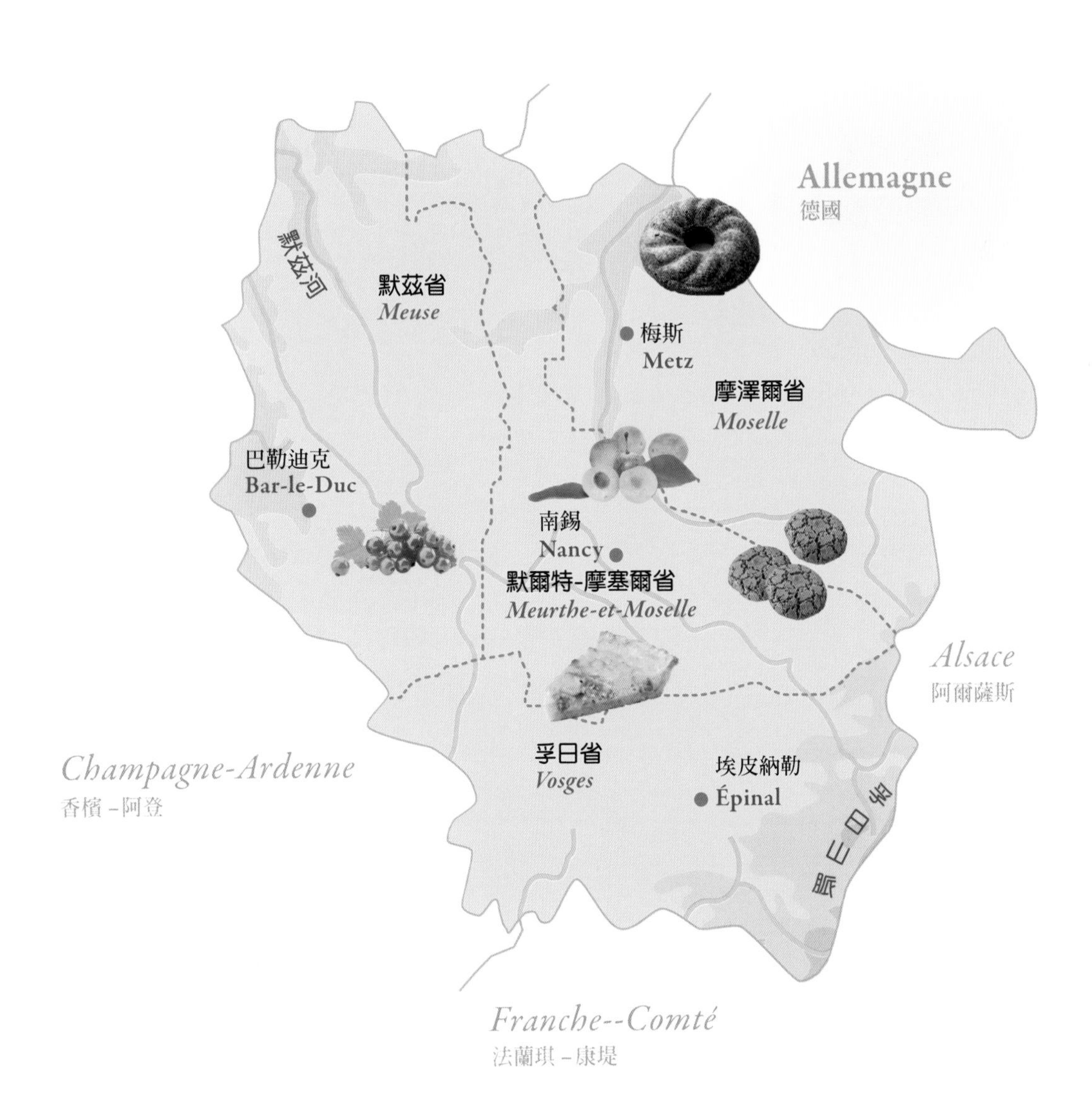
Allemagne
德國
默茲河
默茲省
Meuse
梅斯
Metz
摩澤爾省
Moselle
巴勒迪克
Bar-le-Duc
南錫
Nancy
默爾特-摩塞爾省
Meurthe-et-Moselle
Alsace
阿爾薩斯
Champagne-Ardenne
香檳－阿登
孚日省
Vosges
埃皮納勒
Épinal
孚日山脈
Franche--Comté
法蘭琪－康堤

洛林鹹派 Quiche Lorraine

這是法國民眾最喜愛的美食之一。雖然還有其他各種變化形式的食譜，但這是原始版本。它起源於十六世紀的南錫，最初使用的是麵包麵團而不是酥脆塔皮麵團。請務必記得將其翻譯為「洛林鹹派」，「Lorraine洛林」可不能省略。

材料（直徑18cm高3.5cm的環形模1個）

酥脆塔皮麵團（Pâte brisée）

奶油	75g（切成8mm的塊狀）
高筋麵粉	50g
低筋麵粉	100g
細砂糖	8g
鹽	2g
全蛋	40g

奶蛋液（appareil）

洋蔥	1/3個（切成薄片）
培根	100g（切成細條狀）
全蛋	3個
低筋麵粉	12g
鮮奶油	200ml
牛奶	200ml
鹽、胡椒	各適量
肉荳蔻	適量
葛瑞爾乳酪（Gruyère）	40g（磨碎）

製作方法

準備

- 酥脆塔皮麵團的材料全部放入冷藏室冷卻備用。
- 混合低筋麵粉、高筋麵粉過篩。
- 環形模的內側刷塗奶油（材料表外）放在鋪有烤盤紙的烤盤上。

1. 製作酥脆塔皮麵團。將全蛋之外的全部材料放入食物料理機內攪打，至呈鬆散狀後，加入全蛋再次攪打，使其整合成團後，包覆保鮮膜靜置於冷藏室中至少2小時，儘可能靜置一夜。

2. 靜置後的麵團擀壓成2mm厚鋪放至環形模中，置於冷藏室靜置30分鐘。

3. 用平底鍋拌炒培根至油脂融出後，取出，用紙巾吸去多餘的油脂，放入洋蔥拌炒至呈透明狀為止。

4. 在缽盆中攪散雞蛋，過篩地加入粉類，加入鮮奶油和牛奶，用鹽、胡椒、肉荳蔻粉調味，加入**3**混拌。

5. 將**4**倒入鋪放在環形模的酥脆塔皮內，用200℃的烤箱烘烤約40分鐘。

豬肉凍派 Pâté de porc

Pâté有兩種。一種是將肉等內餡包裹在麵團中，溫熱食用；另一種是將食材直接放入凍派模內，冷卻後食用。前者，在中世紀時被歸為糕點師在糕點店（pâtisserie）內製作。pâtisserie這個字詞也是來自"pâté麵團"，製作具有麵團的熟食。

材料（15cm×9cm×高6cm的凍派模1個）

豬絞肉	250g
全蛋	攪散蛋液2大匙
培根	4片
豬腿肉	60g
巴西利	切碎2大匙
紅蔥頭	同上
大蒜	1瓣（切碎）
鹽、胡椒	各適量
肉荳蔻	適量
低筋麵粉	80g
水	50ml

製作方法

準備

- 培根用沒有放油的平底鍋加熱至脂肪部分呈現透明感為止。

1. 豬絞肉中放入全蛋、鹽、胡椒、肉荳蔻混拌。

2. 將**1**的半量鋪放在凍派模型中。

3. 巴西利、紅蔥頭和大蒜混拌後配合培根的寬度鋪放。

4. 其上再疊放2片培根，再層疊上豬腿肉。

5. 再次重覆鋪放巴西利、紅蔥頭和大蒜、層疊2片培根，覆蓋上其餘半量的豬絞肉。

6. 蓋上蓋子，低筋麵粉中加水混拌揉和，做成長條狀黏貼在蓋子周圍使其密封閉合。

7. 以160℃隔水加熱，蒸烤40分鐘。

8. 在冷藏室靜置一夜，切成適當的厚度，佐以醋漬小黃瓜享用。

在絞肉上鋪放混拌的巴西利、紅蔥頭和大蒜。

修女小蛋糕 Visitandine

這是一種在洛林地區傳統的蛋糕，使用花狀的專用烤模烘焙而成。成分及製作方法與費南雪相似。最初是由這個地方的聖瑪麗修道院（Couvent Sainte-Marie）製作。據說在使用蛋黃製作料理與糕點後，剩餘蛋白的利用十分重要。烤出來的蛋糕口感比較硬，但時間一久就會變得濕潤。

材料（修女小蛋糕模型12個）

奶油	100g
蛋白	125g
細砂糖	150g
低筋麵粉	70g
杏仁粉	60g
香草精	適量

製作方法

準備

- 在模型中刷塗奶油，撒上高筋麵粉（都是材料表外）
- 混合低筋麵粉和杏仁粉過篩。

1. 在鍋中放入奶油加熱，邊混拌邊加熱至焦化成深褐色。

2. 在缽盆中放入蛋白攪散，加入細砂糖混拌。

3. 邊將粉類過篩至**2**中邊混拌。

4. 降溫的焦化奶油加入**3**當中，添加香草精。

5. 倒入模型，以180°C烘烤15分鐘。

使用當地傳統專用的烤模烘焙。

梅斯巧克力蛋糕 Gâteau au chocolat de Metz

梅斯（Metz）是洛林的城市名。也有人稱其為德語梅茲（Metz）。但在第二次世界大戰中曾被德國佔領過的洛林人，仍稱為梅斯。這種點心口感濕潤、豐富，但不知為何在當地的糕餅店內找不到，或許配方都是在家中悄悄傳承的吧。

材料（直徑16cm的 Trois Freres模1個）

巧克力	100g
奶油	70g
蛋黃	2個
細砂糖	75g
蛋白	2個
低筋麵粉	40g
杏仁粉	30g

製作方法

準備

- 巧克力切碎。
- 奶油切成牛奶糖大小。
- 混合低筋麵粉、杏仁粉過篩備用。
- 模型中刷塗奶油，撒上高筋麵粉（材料表外）。

1. 在缽盆中放入奶油和巧克力，隔水加熱使其融化。

2. 將**1**停止隔水加熱，混入細砂糖用量的一半，也混入蛋黃。

3. 在另外的缽盆中攪散蛋白，剩餘的細砂糖分2～3次邊加入邊攪拌打發成蛋白霜。

4. 完成過篩的粉類加入**2**中，再混入**3**大動作混拌。

5. 倒入模型，放入以200°C預熱的烤箱，立即將溫度降至170°C烘烤35分鐘。

6. 取出放至網架上放涼，脫模篩上糖粉（材料表外）。

洛林地區混雜著德國建築風格的梅斯街道。

Lorraine La Découverte

洛林

表面的裂紋是南錫馬卡龍的特徵。

1.【馬卡龍】
一宿一飯的感恩之情
促成了修女（Sœurs）
馬卡龍的誕生

馬卡龍的起源是義大利，是一種用杏仁、蛋白和糖製成，樸實的烘焙糕點。在法國，各地的修道院都流傳著獨有的製作方法，各個地區也發展不同的形狀和配方。

其中，以南錫（Nancy）的馬卡龍最為知名，同樣也是在修道院製作。然而，由於1789年的革命，修道院被迫解散，受迫害的修女，瑪格麗特（Marguerite）和瑪麗伊莉莎白（Marie-Elisabeth）二人躲在某處民宅裡避難。為了感謝庇護他們的居民，二位修女以修道院食譜製作了馬卡龍，很快就成為了城市的名產，流傳至今。因此，南錫的馬卡龍也有修女馬卡龍（Macarons des Sœurs）的別名。

傳授獨家秘方的馬卡龍店。

2.【黃香李 Mirabelle】
盛產時製作成水果塔
顆粒小而甜
是洛林夏天的滋味

洛林地區最有名的水果，就是黃香李（Mirabelle）。是一種小巧的黃色李子。洛林地區培育黃香李的推手，是那不勒斯國王勒內一世（Renato I）的孫子－勒內二世。他也受到普羅旺斯人的敬愛，據說黃香李是他祖父在高加索山脈（Caucasus Mountains）發現的。

從十五世紀開始，黃香李就在洛林地區栽種，很受知識份子和美食家的喜愛，在鐵路發達的十九世紀以後，才被其他地方所熟知。

黃香李塔是季節性的要角。

彷彿是夏季寶石般的黃香李。

栽植的地區是具有黏土石灰質土壤的南錫和梅斯（Metz）周邊。採收期是在7～9月中旬。收成量的90%做成果醬或蒸餾酒等加工用，在採收期間黃香李的水果塔就會出現在糕餅店的櫥窗裡。洛林黃香李（Mirabelle de Lorraine）協會於1995年成立，取得了保證品質的法國紅標（Label Rouge）和地理標誌保護的I.G.P.認證。

3.【瑪德蓮】
誕生是源於命令
或是意外？
永恆的法式糕點

現在馬德蓮世界各地都很常見，它起源於洛林，名字有兩種說法。一種是1661年，當時住在洛林柯梅爾西（Commercy），名為保羅・德・格帝（Paul de Grondi）的樞機主教，命令他的私人廚師瑪德蓮・西蒙南（Madeleine Simonin），將常吃的油炸糕點麵團做成其他

柯梅爾西(Commercy)的當地糕點，瑪德蓮。

糕點，馬德蓮因而誕生。這個說法有相當的可信度。

另一個說法與1700年代統治洛林的斯坦尼斯瓦夫・萊什琴斯基(Stanisłas Leszczyński)公爵有關，在1700年中期，在準備城堡的宴會時，糕點師與廚師吵架後憤而離去，女僕瑪德蓮(Madeleine)臨危授命製作出的糕點。出乎意外地大受好評，喜出望外的公爵便將這道糕點以她名字命名。

無論哪種說法，之後柯梅爾西的糕點師買下食譜開始製作，十九世紀鐵路發達後，車站也開始販售瑪德蓮，並推展到全法國。

關於它象徵性的貝殼形狀，據說與西班牙的朝聖地，聖地牙哥-德孔波斯特拉(Santiago de Compostela)有關，當時的朝聖者們在頸部掛上扇貝殼，與馬德蓮蛋糕的形狀相同。因此，最初的馬德蓮蛋糕可能不是現在這種縱向長形，而是像真正貝殼那樣橫向寬廣的扇形。在二十世紀初出版，馬塞爾・普魯斯特(Marcel Proust)的小說：『追憶似水年華』其中一個章節裡，可以讀到相關敘述。"她去拿糕點，那是一種像扇貝殼的小甜點，上面有淺灰色的條紋，叫做小瑪德蓮，是一種能使你回想起兒時的味道。"（井上究一郎譯：筑摩書房）

象徵朝聖的貝殼形狀。

4.【鹹派 Quiche】以前也放入義大利麵、米!? 咖啡廳午餐的王者

現在，鹹派(Quiche)已經成為法國最普遍的熟食，也是咖啡廳的經典午餐，在發源地洛林，尤其以默爾特-摩塞爾省(Meurthe-et-Moselle)蓬塔穆松(Pont-à-Mousson)的鹹派最為著名。

根據記載，鹹派在十六世紀就已經存在，語源是出自緊鄰洛林的德國"Kuchen"＝糕點而來。事實上，安東尼・卡漢姆(Marie Antoine Carême)的弟子朱爾・古夫(Jules Gouffé)在1873年出版的糕點書中，就有關於添加奶油、義大利麵、香草風味的米飯等製作鹹派的記錄。

一般的鹹派會放炒過的洋蔥，但是真正的洛林鹹派是沒有洋蔥的。最初，只有蛋和奶油而已，但在十九世紀末到二十世紀初的美好年代(Belle Époque)，隨著人們追求豐富，添加了培根等食材，進而確立了現在鹹派的形式。

多種變化的鹹派。洛林版本極為簡單。

阿里巴巴糕點的原型蘭姆巴巴也很有名。

5.【阿里巴巴 Ali Baba】
老饕公爵的大發現
從宮中
流行到城鎮

十八世紀，治理洛林公國的是原波蘭王－斯坦尼斯瓦夫・萊什琴斯基(Stanisłas Leszczyński)公爵。非常熟悉美食的他，據說為了嫁給路易十五的女兒－瑪麗・萊什琴斯卡(Marie Leszczyńska)，發想出許多美味的糕點和料理送進巴黎的宮廷。看起來像是美談，但其實是為了阻止女婿路易十五的花心習慣而想出的策略。

其中一款發想的糕點，就是現在大家食用的薩瓦蘭(Savarin)蛋糕前身。某天，公爵把酒澆淋在變硬的庫克洛夫(Kouglof)上食用，竟出乎意料的美味，於是便以此重新製作。因為當時公爵非常喜愛法語譯本的『一千零一夜』，因此用了故事中出現的人物“Ali Baba阿里巴巴“作為糕點名稱。

巴黎最早的糕餅店“Stohrer“。

在公爵的府邸中，阿里巴巴已經成為固定點心，他的專屬甜點師斯特赫(Stohrer)也辭職在巴黎市區開店經營。這家店成立於1730年，名為『Stohrer』，是巴黎第一家糕點店。現在這家店仍在第2區的蒙托格伊路(Rue Montorgueil)上，一如往昔依然製作著阿里巴巴糕點。

阿里巴巴糕點是在發酵麵團中夾入卡士達奶油餡，另外其他類似稱為巴巴(芭芭)的糕點，是形狀像洋菇般加入葡萄乾的蛋糕上澆淋大量的蘭姆酒。據說之後的另一位糕點師從這些點子中得到靈感，創造了薩瓦蘭

發想出美味糕點的斯坦尼斯瓦夫・萊什琴斯基。

(Savarin)。這個名字來自於於一位活躍於十八～十九世紀初期的律師，同時也是位少見的美食家布里亞・薩瓦蘭(Brillat-Savarin)，他在1825年發表了『美味禮讚　味覺的生物學(美味的饗宴)』。巴黎的Stohrer牆上，描繪著右手端著巴巴蛋糕的女巫，左手托盤中盛放堆得高高的店內招牌糕點－愛之井(Puit d'Amour)，別錯過囉。

> **Lorraine**
> **L'historiette column 01**
>
> 在日本，相較於巴巴糕點，使用相同麵團製作的薩瓦蘭(Savarin)更受歡迎。薩瓦蘭是以蘭姆酒風味的巴巴為基礎，由十九世紀活躍的三兄弟朱利安(Julien)在1843年開設名為『Pâtisserie de la Bourse』的甜點店製作而成。他們為薩瓦蘭開發的蛇眼形狀模型(Troise freres三兄弟模)，傳承至今。此外，朱利安的次子改良了他的聖多諾黑(Saint-honoré)，使其成為現今的形式。

6.【香檸檬 Bergamote】
優雅的香氣
貴族趨之若鶩地
運用在糕點上

香檸檬(Bergamote)的萃取精華在十五世紀時傳入法國。據說是由拿坡里、西西里國王，

畫有斯坦尼斯拉斯廣場的盒子也很優雅。

也是洛林公國的公爵勒內二世（René II）傳入。這種香氣也被用來調製伯爵茶（Earl Grey），魅惑了十八世紀美食家的洛林公爵斯坦尼斯瓦夫·萊什琴斯基（Stanisłas Leszczyński）。

迅速掌握到上流社會嗜好的，是從德國懷著雄心壯志來到南錫的年輕人讓-弗雷德里克·利利克（Jean-Frédéric Lillich）。在友人的建議下，製作了加入香檸檬精華的糖果（bonbon）。想出現在形狀的，是一位叫尚吉（Jean-Guy）的糖果師。

透明的蜂蜜色，讓人以為是精細玻璃製品般細緻的形狀，優雅的香氣，過去未曾品嚐過的糖果，據說當時讓人為之瘋狂。

7.【醋栗 Groseille】
以精湛的手工
製作出
洗練美妙的果醬

在默茲省（Meuse）巴勒迪克（Bar-le-Duc），生產稀有的醋栗果醬。醋栗果醬一般以紅色的果實為主，但這裡也有使用白色的醋栗果實製成的果醬。味道比紅色的果醬更加柔和。

醋栗在7月份採摘，製作果醬的工作由當地的女性們開始。她們一顆顆地摘下醋栗果實，再用剪刀將果實一側稍微斜切，用雙指輕輕夾住果實中類似沙粒的種子，再輕柔地取出。

細緻的手工作業製作出均質的色澤。

然後把果實用糖漿煮一下，倒進瓶子裡冷卻即可。由於醋栗含水量較高，所以製成的果醬不像其他果醬需要煮得非常濃稠，更像一種淡淡的果凍。打開瓶子之後，沒有太多時間讓你回味那耗費無數心血的製作過程，就已經輕易品嚐完畢了。瓶子的設計充滿了南錫新藝術運動（Art nouveau）的時尚感，令人難以忘懷。

通往世界遺產，斯坦尼斯拉斯廣場的門。洛可可樣式非常美麗。

糕點的提味，醋栗。

Île-de-France
法蘭西島

Île-de-France

法蘭西島

法蘭西島（Île -de -France）的面積雖然不大，但是它是圍繞著法國的首都巴黎而形成的政治經濟中心地帶。於十二世紀的腓力二世・奧古斯都（Philippe II Auguste）奠定了巴黎的基礎。他建造了城牆，創立了大學，鋪設了道路，並且整頓了警察組織。這些成就至今仍然保留在巴黎的市中心、西堤島（Île de la Cité）和拉丁區（Quartier latin）學生區以及右岸商業區等地方。

朗布依埃（Rambouillet）森林捕獲的野味（Gibier），米利（Milly）薄荷、蒙特模蘭西（Montmorency）森林收穫的水果，埃松省（Essonne）的西洋菜（Cresson）、阿讓特伊（Argenteuil）的蘆筍、聖日耳曼昂萊（Saint-Germain-en-Laye）的青豆等等。這些物產曾經大部分是為了供給皇宮，但現在直接運往巴黎的大型市場。

十八世紀之後，貴族和資產階級（Bourgeoisie）開始入住皇家宮殿（Palais-Royal）區，也出現了餐廳和糕餅店。為人們提供了新的飲食方式。此外，在革命之後，店鋪數量增加，競相推出嶄新的料理及糕點。這些成為現今法國料理和點心的基礎。

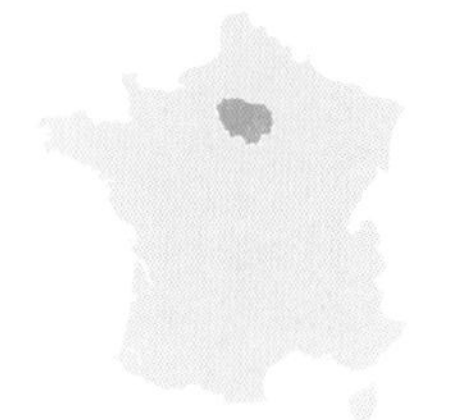

Île-de-France

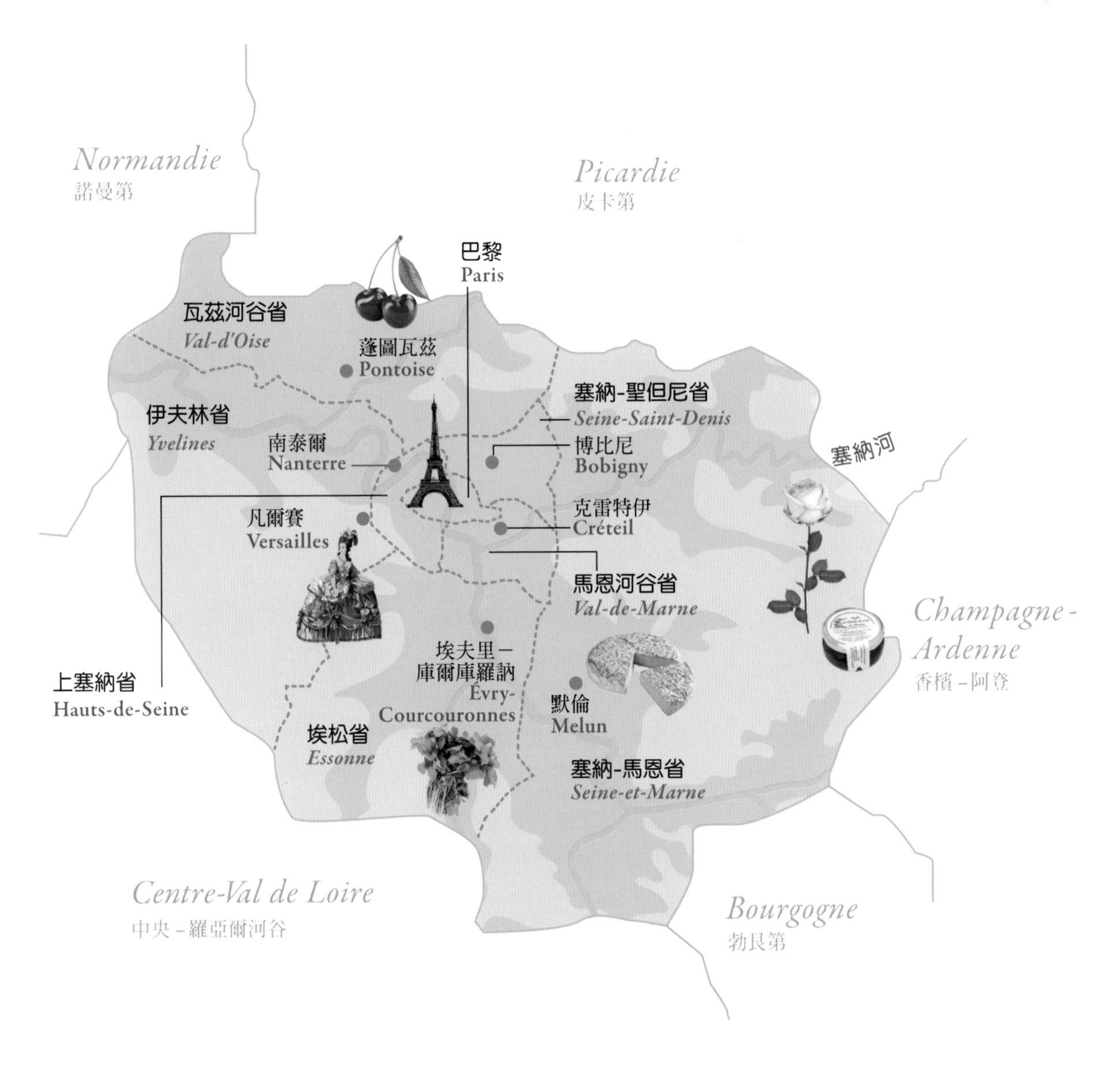

Normandie
諾曼第
Picardie
皮卡第
巴黎
Paris
瓦茲河谷省
Val-d'Oise
蓬圖瓦茲
Pontoise
塞納-聖但尼省
Seine-Saint-Denis
伊夫林省
Yvelines
南泰爾
Nanterre
博比尼
Bobigny
塞納河
克雷特伊
Créteil
凡爾賽
Versailles
馬恩河谷省
Val-de-Marne
Champagne-Ardenne
香檳－阿登
埃夫里－庫爾庫羅訥
Évry-Courcouronnes
上塞納省
Hauts-de-Seine
默倫
Melun
埃松省
Essonne
塞納-馬恩省
Seine-et-Marne
Centre-Val de Loire
中央－羅亞爾河谷
Bourgogne
勃艮第

塔爾穆斯 Talmouses

在巴黎郊區有一個名叫聖但尼（Saint-Denis）的城鎮，這裡有聖但尼大教堂，安置著歷代國王的墓碑和雕像。在中世紀，這裡流行的是塔爾穆斯。最初，據說是用乳酪和雞蛋做的，但隨著時代的變遷，材料也有所演進，現在還有添加杏仁奶油餡的版本。

材料（10個）

折疊派皮麵團（pâte feuilletée）

低筋麵粉	100g
高筋麵粉	100g
奶油	20g
（基本揉和麵團 détrempe用）	
奶油（折疊用）	160g
水	100ml
醋	5ml
鹽	3g

泡芙麵糊（pâte à choux）

牛奶	60ml
奶油	25g
低筋麵粉	32g
鹽	2g
全蛋	1個

餡料（farce）

茅屋乳酪（cottage cheese）	200g
鹽、胡椒	各少許

製作方法

準備

折疊派皮麵團

- 低筋麵粉和高筋麵粉混合過篩備用。
- 混和水和醋，置於冷藏室冷卻備用。
- 基本揉和麵團用奶油放置回復室溫。
- 折疊用奶油用保鮮膜包覆，以擀麵棍等敲打整合成1cm厚的正方形，使其與麵團有相同的硬度。

泡芙麵糊

- 在鍋中放入牛奶、奶油和鹽，煮至沸騰後暫時離火，加入完成過篩的粉類混拌，再次加熱揮發水份。
- 離火，全蛋分數次加入，邊加入邊充分混拌，使其成為以木杓舀起時，麵糊會緩慢垂落的硬度。

1. 製作基本揉和麵團。在缽盆中放入完成過篩的粉類、鹽以及奶油（基本揉和麵團用）混拌。加入水和醋，整合麵團。此時，留下少許的水份，當麵團粗糙乾燥時可用作調節。滾圓後以保鮮膜等包覆，置於冷藏室靜置2小時。完成基本揉和麵團。

2. 用擀麵棍將完成靜置的基本揉和麵團擀壓成正方形。

3. 將折疊用奶油以菱形方向地置於**2**上，將基本揉和麵團四周內折確實包覆奶油。

4. 將**3**擀壓成長方形，由上下折入地作成三折疊。

5. 麵團90度轉向後，再次進行步驟**4**的步驟（若是不容易擀壓時，可以再次置於冷藏室靜置後進行三折疊）。用保鮮膜等包覆，於冷藏室靜置2小時以上。

6. 再將步驟**4**、**5**重覆進行2回（共計6次的三折疊）。將此麵團靜置一夜備用。

7. 製作餡料。在缽盆中放入茅屋乳酪和泡芙麵糊混拌。以鹽、胡椒調味。

8. 將**6**的麵團擀壓成2mm厚，以壓模按壓出直徑12cm的圓形。

9. 中央擠入隆起的餡料，從3個方向朝中央折入地緊閉貼合麵團。

10. 刷塗攪散的全蛋（材料表外），以200℃的烤箱烘烤18分鐘。

羔羊燉菜 Navarin d'agneau

又稱為 Navarin Printanier。所謂的 Printanier，意思是“春天的”，使用了大量春季蔬菜的料理。名字的由來，有蕪菁（navet = 蕪菁），也會使用羊肉以外的肉類或魚貝類，若添加了蕪菁，似乎就會稱之為 Navarin。法國的蕪菁較日本蕪菁硬，適合燉煮。

材料（4人份）

羔羊肩肉	600g（切成4cm的塊狀）
液態油	1大匙
低筋麵粉	1大匙
番茄糊	25g
白酒	200g
水	200ml
香草束 (Bouquet garni)	1束
高湯塊	1個
紅蘿蔔	2根（去皮縱向對切，切成約3cm寬後將邊角削圓）
蕪菁	2個（除去莖葉，削皮切成4等分後將邊角削圓）
玉米筍	4根
大蒜	1瓣（切碎）
奶油	1大匙
砂糖	1小匙
綠花椰	8小株
鹽、胡椒	各適量

製作方法

1. 在較厚實的鍋中放入液態油加熱，放入以鹽、胡椒調味的羔羊肉，用大火煎至全體表面呈現金黃色澤。除去多餘的油脂。

2. 轉為中火，撒入低筋麵粉沾裹在羊肉上，加進番茄糊和大蒜拌炒。

3. 加入白酒、水、香草束、高湯塊，煮至沸騰、撈除浮渣、蓋上鍋蓋，轉為小火燉煮約40～50分鐘至羊肉變軟為止，用鹽、胡椒調味。

4. 在另外的鍋中放入紅蘿蔔，添加水（材料表外）至足以淹沒食材，加入鹽、砂糖、奶油，加熱。待沸騰後放入落蓋，用小火烹煮。

5. 待**4**的紅蘿蔔煮至開始變軟時，加入蕪菁繼續烹煮。

6. 綠花椰和玉米筍放入另一個加有少量鹽的熱水中燙煮。

7. 將**3**連同湯汁一起盛盤，搭配蕪菁、紅蘿蔔、綠花椰、玉米筍。

尼弗雷特 Niflettes

巴黎近郊的普羅萬(Provins)地區於11月1日萬聖節(Toussaint)食用的糕點。萬聖節也被稱為是『諸聖節』，是紀念所有聖者和殉道者的天主教會節日。翌日是稱為「悼亡節」的掃墓日，但並非節日，因此很多人會在11月1日前往掃墓。

材料(直徑6.5cm約20個)

折疊派皮麵團(pâte feuilletée)

低筋麵粉	100g
高筋麵粉	100g
奶油	20g
(基本揉和麵團 détrempe用)	
奶油(折疊用)	160g
水	100ml
醋	5ml
鹽	3g

卡士達奶油餡

蛋黃	1個
細砂糖	30g
低筋麵粉	15g
牛奶	125g
橙花水	1大匙

製作方法

準備

- 低筋麵粉和高筋麵粉混合過篩備用。
- 混和水和醋，置於冷藏室冷卻備用。
- 基本揉和麵團用奶油放置回復室溫。
- 折疊用奶油用保鮮膜包覆，以擀麵棍等敲打整合成1cm厚的正方形，使其與麵團有相同的硬度。

1. 製作基本揉和麵團。在缽盆中放入完成過篩的粉類、鹽以及奶油(基本揉和麵團用)混拌。加入冷水和醋，整合麵團。此時，留下少許的水份，當麵團粗糙乾燥時可用作調節。滾圓後以保鮮膜等包覆，置於冷藏室靜置2小時。完成基本揉和麵團。

2. 用擀麵棍將完成靜置的基本揉和麵團擀壓成正方形。

3. 將折疊用奶油以菱形方向地置於**2**上，將基本揉和麵團四周內折確實包覆奶油。

4. 將**3**擀壓成長方形，由上下折入地作成三折疊。

5. 麵團90度轉向後，再次進行步驟**4**的步驟(若是不容易擀壓時，可以再次於冷藏室靜置後進行三折疊)。用保鮮膜等包覆，於冷藏室靜置2小時以上。

6. 再將步驟**4**、**5**重覆進行2回(共計6次的三折疊)。將此麵團靜置一夜備用。

7. 製作卡士達奶油餡。在小鍋中放入蛋黃和細砂糖，立即混拌。加進低筋麵粉、牛奶混拌，以中火加熱並同時不斷地混拌至粉類完全消失，均勻受熱。

8. 離火，降溫後加入橙花水。稍加靜置。

9. 擀壓**6**的麵團成2mm厚，靜置於冷藏室30分鐘。

10. 將**9**的麵團壓切出直徑6.5cm的圓形，中央擠**8**的奶油餡，用190°C烘烤18分鐘。

巴黎布丁塔 Flan parisien

就像日本人喜歡布丁一樣，法國人也非常喜歡這種布丁塔。雞蛋和乳製品的組合，不分國境都很受到歡迎。Flan應該算是家庭就能製作的點心種類，在法國全境都可以見到，但冠以"parisien"時，就是糕點師製作，香氣複郁、滋味無窮的成品。

材料（直徑12cm高4cm的環形模1個）

酥脆塔皮麵團（pâte brisée）

奶油	50g
低筋麵粉	80g
高筋麵粉	20g
細砂糖	5g
鹽	少許
全蛋	25g

奶蛋液（appareil）

全蛋	1個
蛋黃	1個
細砂糖	45g
玉米粉	15g
牛奶	100ml
鮮奶油	100ml
香草莢	1/4根

製作方法

準備

- 酥脆塔皮麵團的材料全部放入冷藏室冷卻備用。
- 混合低筋麵粉、高筋麵粉過篩。

1. 製作酥脆塔皮麵團。將全蛋之外的全部材料放入食物料理機內攪打，至呈鬆散狀後，加入全蛋再次攪打，使其整合成塊後，包覆保鮮膜靜置於冷藏室中至少2小時，儘可能靜置一夜。

2. 靜置後的麵團擀壓成2mm厚鋪放至環形模中，置於冷藏室靜置30分鐘。

3. 製作奶蛋液。在鍋中放入全蛋、蛋黃、細砂糖、玉米粉以及香草莢縱向對切刮出的香草籽，一起混拌。倒入牛奶和鮮奶油加熱，不斷地混拌使其成為卡士達奶油醬的狀態。

4. 將卡士達奶油醬倒入**3**中，以200℃的烤箱烘烤約40分鐘。

Île-de-France La Découverte

1.【櫻桃 Cerise】
受到巴黎人喜愛
具有魅力的森林
也是糕點名稱

從巴黎往北，在瓦茲河谷省(Val-d'Oise)的蒙特模蘭西(Montmorency)森林有櫻桃可摘採。從十八世紀左右開始栽種，至十九世紀時非常盛行，甚至還舉行櫻桃採摘活動。因距離巴黎不太遠，每當6月中到7月櫻桃採收期的週末，仍然有許多巴黎人特地前來這個熱鬧的森林野餐。

皮薄帶酸味的蒙特模蘭西(Montmorency)櫻桃曾經大受歡迎，但在其他地區的櫻桃漸漸佔有市場後，便縮小栽種規模，現在約只剩下300株左右的櫻桃樹，成了稀少品種。

市面販售的大多是來自美國的密西根州和威斯康辛州、加拿大等地的櫻桃，但糕點師們還是鍾情於蒙特模蘭西櫻桃，會將許多使用櫻桃的糕點命名為"Montmorency"。

Montmorency是櫻桃的代名詞。

2.【巴黎的糕點】
從宮廷到外面的世界
在巴黎奠定了
法國糕點的基礎

法國大革命後，侍奉王公貴族的糕點師們走出宮廷，開始在城鎮中開設自己的店鋪。因為他們的出走，使得十九世紀成為了許多現今甜點的誕生時代，新社會尋求並喜歡這些糕點。曾在凡爾賽(Versailles)的斯特赫(Stohrer)1730年最早在巴黎展店，並以阿里巴巴糕點(Ali-Baba)作為招牌產品，同樣曾是凡爾賽麵包師傅的達洛洛(Dalloyau)也進軍巴黎，發表了以歌劇院為概念的歐培拉蛋糕(Opéra)。另外，據說奧古斯特·朱利安(Auguste Julien)在吉布斯特(Chiboust)店裡工作時，創造了現今以當時店鋪所在街道名稱命名的「聖多諾黑Saint-Honoré」。不過，當時是否已經使用卡士達餡和和義式蛋白霜製作的"吉布斯特奶油

細緻的糕點，夏露蕾特(Charlotte)。

鈴鐺般的櫻桃。連著名的香頌都歌頌著充滿初夏印象的風景。

歐培拉(Opéra)無論今昔都是Dalloyau的招牌。

歌劇院沿著聖多諾黑路，前宮廷糕點、麵包師們都在此設店。

餡 crème Chiboust" 尚不得而知。

加上1891年在巴黎和布列塔尼的布雷斯特（Brest）之間，舉辦了自行車競賽啟發了車輪造型的甜點，巴黎－布雷斯特（Paris-Brest），據說這個甜點是由位於巴黎近郊邁松拉菲特（Maisons-Laffitte）的德蘭（Duran）創造的。還有十六世紀從義大利傳到世界各地的馬卡龍（Macaron），在巴黎逐漸演變為將奶油餡夾入2片薄餅的優雅呈現。

香氣迷人的巴黎-布雷斯特（Paris-Brest）。

夾著奶油的巴黎風格。

嶄露頭角的糕點師傅們活躍著的巴黎，有位更重要的人物。是在這個時代最先拔得頭籌的偉大廚師，也是糕點師傅安東尼・卡漢姆（Marie Antoine Carême）。他是首相德塔列朗（Talleyrand）的左右手，負責許多國際性宴會的籌辦，甚至服務過沙皇、英國皇太子、羅斯柴爾德家族（Rothschild）等，他還自學建築學，將建築手法運用在多種糕點上，還創造了一種名為泡芙塔（Pièce montée）的點心，成為宴會、慶典的華麗亮點。

他的發明涉及各種領域，布製擠花袋也是其中之一。過去用湯匙舀起的麵糊，無法做到均一的大小和形狀。改用擠花袋則可使麵糊更整齊漂亮一致，並用相同寬度、高度的餅乾組成夏露蕾特（Charlotte），這種裝飾性高的糕點也因此問世。

清爽且苦中帶甜的精緻風味。

3.【西洋菜 cresson】
鮮嫩綠色和
辛辣風味
用途廣泛的食材

在日本說到西洋菜（cresson）又稱水田芥菜，通常被當作肉類料理的配菜，但在法國料理中，可以做濃湯、沙拉、還有能作為魚類醬汁等，是非常重要的食材。聽說在法國從中世紀就有野生品種存在，但從十九世紀初從德國傳入法蘭西島才開始栽種。瓦茲省（Oise）、塞納-馬恩省（Seine-et-Marne）、埃松省（Essonne）等都曾栽種，但隨著時間的推移逐漸被淘汰，現在埃松省梅雷維爾（Méréville）是法國主要的栽種區。Cresson這個名稱是從「croître（＝成長）」的字彙衍生而來，正如這個字的意思，代表繁殖力強且成長快速，約1個月就能收成。在梅雷維爾（Méréville）從1987年開始，每年4月會舉辦西洋菜慶典。

從野生至今成為這片土地的特產。

名產杏仁塔(Tartelette amandine)。

4.【拉格諾咖啡廳 Ragneau】透過戲劇傳承美好年代(Belle Époque)巴黎的糕點

巴黎的聖多諾黑(Saint-honoré)路上有間名為『Ragneau拉格諾』的咖啡廳。這間店在1800年代後半就已經存在了，店內招牌商品是名為杏仁塔(Tartelette amandine)的糕點。那是在塔餅內刷塗覆盆子(Framboise)、黑醋栗或藍莓果醬，並填入稱為Frangipane混合了卡士達奶油餡和杏仁奶油餡後烘烤，在表面塗上杏桃果醬後用杏仁片或糖煮櫻桃乾做裝飾，所完成的小型水果塔。

這種糕點的做法，在劇作家埃德蒙・羅斯丹(Edmond Rostand)(1868～1918)創作的舞台劇『Cyrano de Bergerac大鼻子情聖』(1897年首演)第二幕「無錢詩人免費餐廳場景」中看到。拉格諾咖啡廳Ragneau

情聖西哈諾(Cyrano)的創作者，埃德蒙・羅斯丹。

登場，向在場的5位詩人吟唱自己的創作詩，介紹如何製作這種甜點。

『Cyrano de Bergerac大鼻子情聖』，是以十七世紀著名劍客兼作家西拉諾・德・貝爾傑拉克(Cyrano de Bergerac)為藍本，因大鼻子而不相信有人會愛自己的貴族故事，在法國是非常受歡迎的作品，在日本也是一部常演出的著名舞台劇。

取三四個雞蛋
攪拌至發泡
混合一滴枸櫞甘露
注入杏桃汁
把混合物均勻地倒在
小塔餅的烤盤上
用甜餡料鋪滿塔餅底
迅速地將杏仁塞進餡料中
倒入打發雞蛋

放入爐中烤，
烘烤至呈焦黃
杏仁小塔餅。
(辰野陸、鈴木信太郎譯：岩波書店)

不光是這首詩，從天花板垂吊下的鵝、鴨子、白孔雀、擦得光亮的銅鍋、烤串旋轉的『拉格諾咖啡廳 Ragneau』店內的細節也被詳細地描述。這首詩描述了巴黎的一些糕點和巴黎人之間的關係。人們形容巴黎人布里歐(Brioche parisienne)戴著帽子，表示著他們的自信和驕傲。還有夾心泡芙(Chou à la crème)像是調侃誰在滴下奶油並笑著的情景。這些描寫讓我們能夠瞭解到巴黎當時的餐廳和巴黎人之間的關聯，非常有趣。也許這是戲劇效果，據說杏仁塔(Tartelette amandine)和瑪德蓮並列，成為當時非常流行的甜點。

5.【普羅柯佩 Le Procope】巴黎最早的咖啡廳 文化、藝術、政治的發訊地

『Le Procope普羅柯佩』是由義大利西西里島出身的男子弗朗切斯科・普羅科皮奧(Francesco Procopio)，於1684年在巴黎創業的咖啡廳。地板鋪

令人回想起當時盛況的入口。

現在仍是熱鬧非凡的餐廳。

上黑色磁磚，牆壁裝飾著掛毯(tapestry)，所見之處都是鏡子的豪華裝潢，蔚為話題，成為以盧梭(Rousseau)、伏爾泰(Voltaire)、狄德羅(Diderot)等哲學家為首、維克多-雨果(Victor-Marie Hugo)、喬治-桑(George Sand)等作家，以及音樂家等知識份子聚集的咖啡廳。

到了十八世紀，這家店開始記下每天發生的事情並張貼在牆上。這些情報也成了關注這些訊息的革命家們，像是丹東(Danton)、馬拉(Marat)、羅伯斯比爾(Robespierre)等聚集、熱烈討論的場所。

除了提供咖啡、紅茶、可可等當時流行的飲料之外，還提供糕點、糖漬水果、冰沙等，一直足不出戶的女性們也開始頻繁前往，是一個嶄新改革。『Le Procope普羅柯佩』現在仍在聖日爾曼(Saint-Germain)區營業，保留著當時的風貌。

芳香馥郁的尼弗雷特(Niflettes)。

6.【普羅萬 Provins】玫瑰與柳橙 兩種花朵共譜的 傳統風味

緊鄰香檳地區塞納-馬恩省(Seine-et-Marne)的普羅萬(Provins)，可以見到被聯合國教科文組織列為世界遺產的美麗中世紀街景，同時，這裡也是著名的玫瑰栽培之鄉。

始於十三世紀，香檳地區的蒂博(Thibaut)伯爵參加十字軍東征，帶回了玫瑰花。此後，從十七世紀開始，像果醬等加工品被輸出到整個歐洲，而這些玫瑰花被稱為“Rose Francais法國玫瑰”。在普羅萬除了玫瑰花果醬外，還有用玫瑰花瓣蒸餾製作的「玫瑰花水」、在糖漿中加入玫瑰花泥增添香氣的「玫瑰花醬」、還有用乾燥玫瑰添香製作的糖果等。還有一種稱為尼弗雷特(Niflettes)，以橙花水在派皮上增添香氣，填入卡士達奶油餡一口大小的糕點，也是此地獨有。這個糕點是為了11月1日萬聖節(Toussaint＝萬聖節：祭祀所有聖人的日子)而製作，在萬聖節前後2週期間內可看到。尼弗雷特(Niflettes)的名稱由來是拉丁語“ne flete(＝別哭泣)”，據說是給在父母墓前流淚的孩子們吃的。

玫瑰果醬，優雅美味的一勺。

留有中世紀城牆的普羅萬。

老二的梅朗布里 Brie de Melin。© Kuo Yamashita

布里兄弟的老大，莫城布里 Brie de Meaux。

凡爾賽宮的國王菜園，在路易十四的支持下非常豐富。© Didier_PLOWY

7.【梅朗布里 Brie de Melin】【莫城布里 Brie de Meaux】【庫洛米耶 Coulommiers】
溫柔且華麗
白色表層也很優雅
布里三兄弟

位於塞納河(Seine)與馬恩河(Marne)之間的塞納-馬恩省(Seine-et-Marne)，肥沃的黏土質土壤很適合牧場，生產各種布里(Brie)乳酪。布里Brie是味道濃厚、溫和順口的白黴乳酪，據說歷代國王們都非常喜歡。在1814～15年間進行的維也納會議，所企劃的乳酪競賽中，獲得優勝的就是布里乳酪，也因此而世界聞名。

布里乳酪中，梅朗布里 Brie de Melin、莫城布里 Brie de Meaux、庫洛米耶 Coulommiers被稱為布里三兄弟，老大的 Brie de Meaux，是距離巴黎50km東方以莫城為中心的區域進行生產，連同老二的 Brie de Melin都在1880年取得 A.O.C.認證，生產供不應求，產地便擴大到了洛林的默茲省(Meuse)。

Brie de Melin，因長時間使其凝固，因此它散發出迷人的芳香，因而從中產生的華麗香氣，描述為「Fruité」(水果味)，風味是三兄弟中最具有特色的，被稱為男性化風味。老三的庫洛米耶 Coulommiers，雖然大多是殺菌乳製品，但在莫城(Meaux)生產的獲得很高的評價。

8.【國王的菜園】
宛如美麗庭院
被喜歡蔬菜和水果的
國王所鍾愛

法語的菜園稱為 Potager，這是字詞源自中世紀自給自足的修道院，栽種用於濃湯(potage)的蔬菜而來。凡爾賽宮內的國王菜園有9公頃，蔬菜和果樹劃分為19個區域。

喜歡蔬菜、水果，特別是洋梨的路易十四，從路易十三的時代開始就命庭園師拉・坎坦(La Cantine)擴大菜園。菜園在1678～1683年間，被建造在一個名為 Pièce d'Eau des Suisses的人工湖旁邊，兼顧田園灌溉和景觀的雙重功效。

菜園於1866年左右開設了以農業教育為目的，國立高等園藝學校，也販售各種收成的作物。根據季節而有不同的開放日，可以參觀部分的菜園。

9.【巴黎的餐廳】
革命也改變了飲食文化
知名餐廳如雨後春筍誕生
巴黎成為美食之都

1789年的法國大革命導致王室貴族失勢，曾經為他們服務的廚師們也不得不尋找新的歸宿。他們有三種選擇：一是跟隨主人流亡國外，二是到新興的中產階級家庭工作，三是開設自己的餐廳。

據說“Restaurant“這個詞最初是在1765年被一個名為布朗哲(Boulanger別名 Chant d'Oiseau)的人使用，1765年他在一家被稱為”Estaminet伊斯塔米涅“的小酒館中供應高湯(Bouillon)。Restaurant這個詞,源於動詞restaurer(=恢復體力),因為當時餐廳供應滋養的高湯可以恢復體力。

但實際上,第一個掛出"Restaurant"招牌的人是安東尼・鮑維里耶(Antoine Beauvilliers)。他是一名在1770年代,普羅旺斯伯爵家工作的廚師,曾經臨時指揮過國王的廚房,後來在巴黎開設了第一家"餐廳",位於皇家宮殿(Palais Royale)附近的里舍盧路(rue Richelieu),是1782年的事。

隨著同業公會「行會Guilde」的廢除,餐廳不再只供應單品菜餚,而是開始提供各種各樣的食物。之後,孔代親王(prince de Condé)的前主廚羅伯特(Robert),也在里舍盧路上開了一家以自己為名的餐廳。甚至在1786年,普羅旺斯兄弟在皇家宮殿(Palais-Royal)的波爾朱萊迴廊(Beaujeu)上開了一家以馬賽魚湯(Bouillabaisse)為招牌的餐廳。之後,接二連三的還有『Le Bœf à la Mode』、『Au Rocher de Cancale』,以及後來改名為『La Tour d'Argent』的『Café Anglais』、和『Café Riche』等餐廳陸續開幕,據說在十九世紀中期,巴黎已有1400間的餐廳。

10.【楓丹白露 Fontainebleau】

以森林和城堡自豪端莊的城鎮相得益彰溫和而濃郁的風味

從巴黎里昂車站搭火車往東南約40分鐘,就到達楓丹白露(Fontainebleau)。這裡擁有自中世紀以來王室貴族們用來狩獵的廣闊森林,還有歷代國王、皇帝34位,包括拿破崙等都曾入住,為人所熟知的楓丹白露城堡。

這座城堡從路易七世時代就存在,歷代國王加以擴建,每次擴建都採用當時的建築樣式,各王妃的寢室也都保存下來。此外,楓丹白露街道上到處可見的黑鷲標誌,就是在此長住的拿破崙徽章。

極其輕盈溫柔的滋味。

在當地還有一種糕點,只能在名為以"Fontainebleau"的乳酪專賣店或餐廳才嚐得到。據說十三世紀就已存在,來源衆說紛紜。像是:運送新鮮牛奶的馬車上,脂肪凝固在表面,護士用紗布撇去脂肪食用的說法。還有另一個說法是,誕生於楓丹白露大街(rue Grande)的乳製品店家。無論如何,像現在打入空氣使其輕盈可口的糕點,是十九世紀之後的事。這種只用牛奶不添加其他材料的新鮮乳酪,是傳統製法。

受歷代國王、皇帝喜愛,並根據其喜好增建或改建的楓丹白露城堡。

Centre-Val de Loire

中央－羅亞爾河谷

Centre-Val de Loire

中央－羅亞爾河谷

中央 - 羅亞爾河谷(Centre -Val de Loire)是由中央山脈(Massif Central)延伸而來的平緩傾斜扇形地帶。土地表面大多被黏土質的砂層所覆蓋，排水不良，因此在森林覆蓋的羅亞爾河(Loire)和謝爾河(Cher)之間的地區，是石楠花盛開的灌木叢及沼澤地帶，最適合垂釣與狩獵。

被稱為科爾貝爾(Col-vert)產的索洛尼(Sologne)野鴨非常有名，另外索洛尼也是翻轉蘋果塔(Tarte Tatin)的發源地。奧爾良(Orléans)是傳統釀造醋的產地；中央南部的貝里(Berry)，有著美麗的田園風光。這個地方的主要都市布爾日(Bourges)，有登錄為聯合國教科文組織世界遺產的布爾日聖斯德望主教座堂(Cathédrale Saint-Étienne de Bourges)，也是活躍於十五世紀前半，法國史上最有名的財政家雅克・柯爾(Jacques Cœur)的豪華宮殿及出生地。並且，聖女貞德以及她加冕的查理七世，與情婦阿涅絲・索雷爾(Agnès Sorel)的故事流傳於此。

貝里(Berry)的傳統料理，是復活節必定會食用，以麵團包捲牛或豬絞肉與雞蛋烘烤的肉凍派。

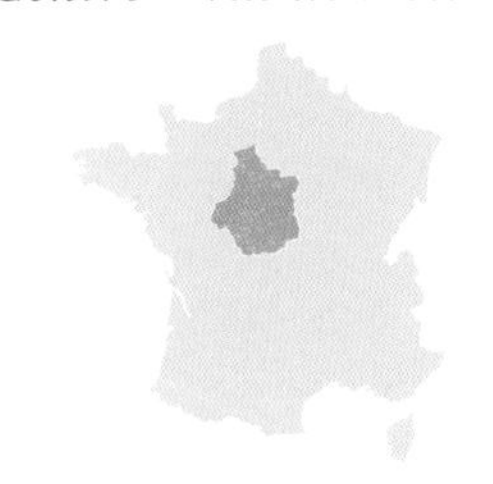

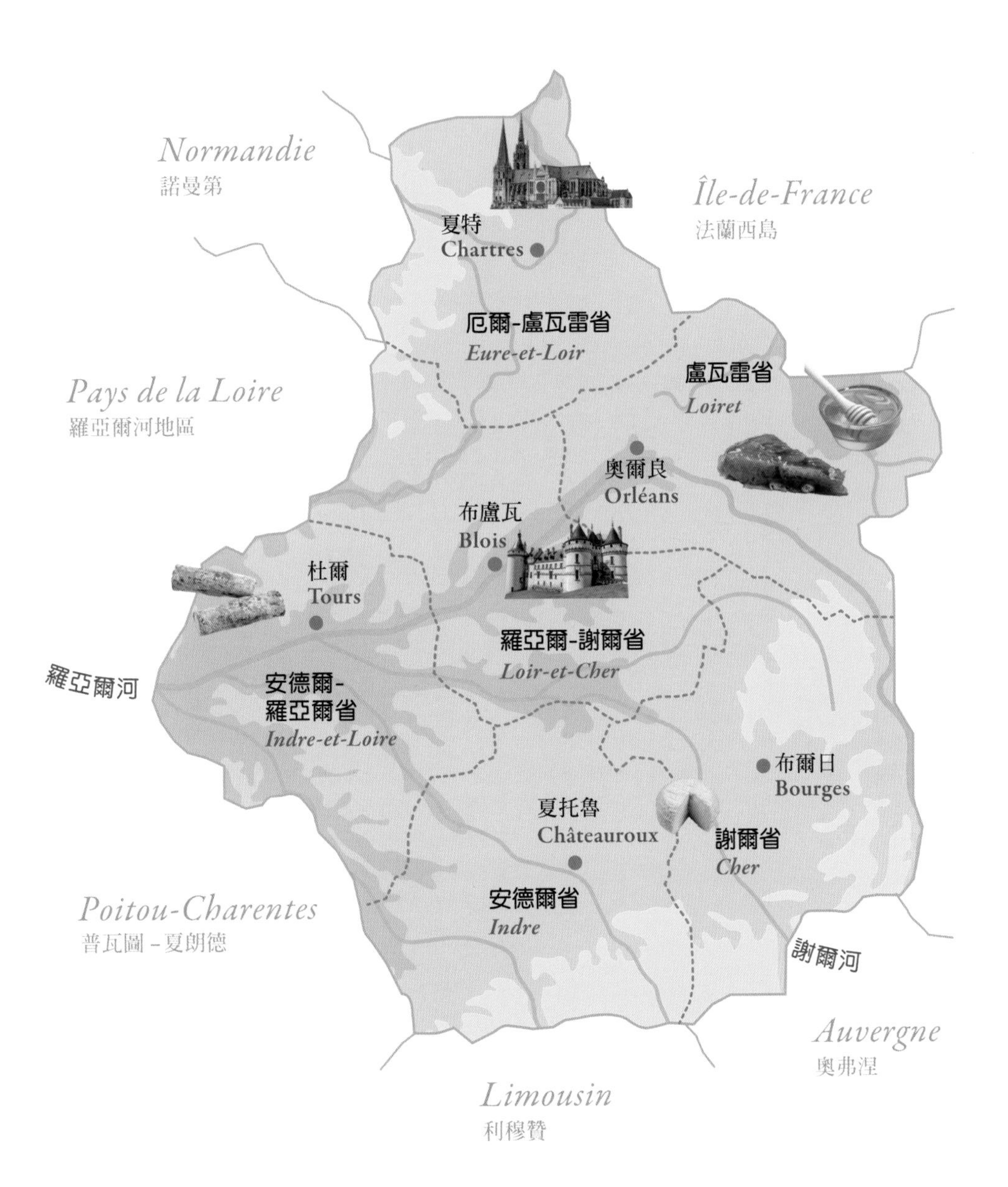
Normandie
諾曼第
Île-de-France
法蘭西島
夏特
Chartres
厄爾-盧瓦雷省
Eure-et-Loir
Pays de la Loire
羅亞爾河地區
盧瓦雷省
Loiret
奧爾良
Orléans
布盧瓦
Blois
杜爾
Tours
羅亞爾-謝爾省
Loir-et-Cher
羅亞爾河
安德爾-
羅亞爾省
Indre-et-Loire
布爾日
Bourges
夏托魯
Châteauroux
謝爾省
Cher
安德爾省
Indre
Poitou-Charentes
普瓦圖－夏朗德
謝爾河
Auvergne
奧弗涅
Limousin
利穆贊

Centre-Val de Loire

中央－羅亞爾河谷 × 傳統料理＿01

煎炸豬肉塊 Rillons

只需要用豬肉本身的油和白葡萄酒燉煮就可以輕鬆製作。一旦品嚐，您就會迷上它的美味。是非常適合搭配葡萄酒的小菜。若是與烹調過程出釋出的油脂一起保存，就能隨時享用。當下次再製作這道菜時，還能夠重覆使用油脂，每個家庭都有獨家秘傳的 Rillons。

材料（4～5人份）

豬五花肉	500g（切成4cm塊狀）
鹽	1/2大匙
胡椒	適量
白酒	150ml

製作方法

準備

- 在豬肉外以鹽、胡椒，揉搓後醃漬一天，置於陰涼處。

1. 在厚實的鍋中放入白酒，事先準備好的豬肉，用中火加熱至白酒蒸發。

2. 接著豬肉的油脂會融出，因此不時地翻動豬肉約加熱30分鐘。

3. 移至廚房紙巾上，瀝去油脂，冷卻後盛盤。

法國的熟食冷肉店（Charcuterie）內，豬肉的加工品種類豐富。

都蘭蔬菜湯 Soupe tourangelle

使用都蘭（Touraine）當地蔬菜的湯，也會將麵包放入浸泡一起上桌。在法國，會將變硬的麵包放入以各種食材製作的湯中，連同麵包一起食用。因此在法語中，湯的動詞不是「喝 boire」而是「吃 manger」，或許就是來自這樣的概念吧。

材料（5～6人份）

培根	60g（切成1cm方塊）
高麗菜	1/4個（切成1cm方形）
蕪菁	3個（切成1cm方塊）
韭蔥（poireau）	1/2根（切成1cm小圓片）
紅蘿蔔	1根（切成1cm方塊）
青豆	1/2杯
水	適量
鹽、胡椒	各適量
奶油	1大匙
麵包	5～6片

製作方法

1. 在鍋中加熱奶油，拌炒培根、蔬菜類。
2. 加入足以淹蓋食材的水份，烹煮至蔬菜變軟為止。
3. 用鹽、胡椒調味，倒入容器，放入麵包。

都蘭維朗德里城堡（Château de Villandry）的庭院，培育著數種蔬菜。

翻轉蘋果塔 Tarte Tatin

經營『Hôtel Tatin塔坦飯店』的塔坦姐妹，因為太過忙碌，在製作蘋果塔時忘記放麵團，只烘烤了蘋果，隨後匆促地覆蓋上麵團烘烤，再試著翻轉過來，居然完成了美味的翻轉蘋果塔。飯店至今仍營運，可以品嚐非常多道地美食。

材料（口徑18cm的蒙克 manqué模1個）

酥脆塔皮麵團（pâte brisée）

低筋麵粉	70g
高筋麵粉	30g
奶油	50g
全蛋	25g
細砂糖	7g
鹽	少許

配料

細砂糖	80～100g （依蘋果的甜度酌量）
奶油	15g
蘋果	小型7個或大型5個

製作方法

準備

・混合低筋麵粉、高筋麵粉過篩。

・奶油切成1cm方塊，與其他材料一起放入冷藏室冷卻備用

1. 製作酥脆塔皮麵團。在缽盆中放入奶油，上方加入粉類、細砂糖、鹽，以刮板或切麵刀等將奶油切成細碎，再用手將粉類及奶油摩擦般混拌，使其成為鬆散狀。

2. 加入攪散的全蛋，按壓般地整合成團。

3. 滾圓整合後，用保鮮膜包覆，置於冷藏室靜置3小時～一夜。

4. 將完成靜置的麵團擀壓成2mm厚，再以直徑18cm的圓形壓模壓切，靜置30分鐘刺出孔洞，以200℃烘烤約18分鐘，冷卻備用。

5. 製作配料。蘋果削皮，小型切成4等分，大型切成8等分。

6. 在鍋中放入半量細砂糖、以及細砂糖用量1/3的水（材料表外），以大火加熱，製作出略濃稠的焦糖醬，倒入模型底部。

7. 將蘋果直立地排入模型中，不留間隙地撒上其餘的細砂糖，放上剝成小塊的奶油。

8. 以200℃的烤箱烘烤約30分鐘，表面覆蓋鋁箔紙，再烘烤30分鐘。

9. 由烤箱中取出，靜置一夜，蓋上**4**烤好的酥脆塔皮，用平盤覆蓋後，翻轉倒扣。

Centre-Val de Loire La Découverte

中央－羅亞爾河谷

1【翻轉蘋果塔 Tarte Tatin】

不小心大翻轉
姐妹倆
完美的共同創作

在日本也有很多狂熱粉絲的蘋果點心－翻轉蘋果塔（Tarte Tatin），發源地是這個地區的拉莫特伯夫龍（Lamotte-Beuvron）車站前的飯店。飯店名稱也叫『Hôtel Tatin塔坦飯店』，雖然經營者更換了好幾次，但仍持續營業至今。

關於這款點心的誕生，經常聽到的說法是「因為從烤箱出爐時不小心翻面的蘋果塔，竟意外地好吃而變成固定食譜」，但事實上飯店經營者的說法並非如此。

十九世紀末，當時這間飯店生意非常興隆，斯蒂芬妮・瑪麗（Stéphanie Marie Tatin）與珍妮維芙・卡洛琳（Geneviève Caroline Tatin）塔坦兩姐妹，每天都以美味料理及親切笑容迎接人潮。

某天，兩姐妹忙碌到忘了準備甜點。其中一個發現，便慌忙把只放了蘋果的塔模送入烤箱。烤好後另一位打開烤箱時嚇了一跳。沒有放麵團！於是急中生智地把麵團覆蓋在蘋果上，打算等烘烤出來後再把蘋果塔翻轉過來。結果翻轉後一看…。

蘋果呈現琥珀色光芒，有著入口即化的口感。這款蘋果塔的高評價立刻在小鎮裡廣為流傳，成了塔坦飯店的招牌糕點。塔坦姐妹過世後，翻轉蘋果塔的食譜被飯店保留下來進入美食殿堂，代代相傳至今仍受到世人的喜愛。

法國的美食評論家庫爾諾夫斯基（Curnonsky）也對此蘋果塔深深著迷。據說，他的文章使得翻轉蘋果塔迅速在巴黎獲得好評，成了主流糕點。飯店保留了塔坦姐妹使用過的烤箱，若事先預約就能享用到以傳統食譜做出的翻轉蘋果塔。

位於於車站前的『塔坦飯店』。

以專用鍋作出烘烤色澤。

塔坦姐妹長眠的墓地也在附近。

當時使用的烤箱仍保留著。

2.【喬治・桑 Georges Sand】

在工作和愛情中
盡情享受人生
也擅長烹飪的女性

與尚－保羅沙特（Jean-Paul Sartre）維持自由戀愛的西蒙－波娃（Beauvoir）；貫徹單身奉獻工作，藝術家們贊助人之一的可可・香奈兒（Coco Chanel），以及像她們一樣獨立的女性先驅者，就是活躍於十九世紀的作家喬治・桑（Georges Sand）。

她的祖先屬於波蘭國王的家族，但因父親早逝，年幼的她前

衆所週知擅長料理的作家喬治‧桑(Georges Sand)。

往距離巴黎約300公里，安德爾省(Indre)諾昂城(Nohant)祖母的莊園中生活。後來雖曾經結婚，但分居之後，她便一直在莊園中創作，留下了多部小說，如『La Petite Fadette愛的精靈』、『魔沼』等。從作品中，可以一窺她對大自然及當地農民的熱愛。

現在雖然有更多獨立自主的女性作家，但在1800年代的法國，並沒有像喬治‧桑(Georges Sand)這樣能歌頌自由人生的女性。她靠書的版稅住在莊園裡，雇用衆多僕人，每天與謬塞(Musset)、福樓拜(Flaubert)、小仲馬(Dumas fils)、德拉克羅瓦(Delacroix)等衆多知名人士建立了良好的情誼，與蕭邦的戀情也很出名。據說蕭邦在喬治‧桑莊園生活的8年間，創作了45首協奏曲。

吸引許多朋友及戀人的其中一個原因，是她做的料理。大家都知道喬治‧桑擅長烹飪，也寫下大量的食譜。其中特別是當地的料理，添加了新鮮乳酪(Fromage blanc)的馬鈴薯烘餅(Galette)是她的最愛，經常把它作為晚餐前菜或週末野餐的伴手禮。這些食譜後來被整理成一本書，並附上了她的社交圈、莊園內的情況、和餐桌模樣等照片一起由她的曾孫出版。莊園的廚房內還保留著當時實際使用的4台烤箱、調理檯以及相當多的糕點模型、銅鍋等。她會購入最先進的烹調設備和工具，打造出兼具實用性的廚房。喬治‧桑充分享受了她的人生，莊園可由導覽員帶領參觀。

Centre-Val de Loire
L'historiette column 01

喬治‧桑喜愛的馬鈴薯烘餅，是將煮過的馬鈴薯泥和新鮮乳酪(Fromage blanc)、鹽、胡椒混合，塗抹在攤開的餅皮上，再疊上餅皮烘烤的簡單料理。在中央地區(Centre)，馬鈴薯在帕爾曼蒂耶(Parmentier)推廣之前，就已經受到歡迎。帕爾曼蒂耶，是十八世紀的營養學者，在法國糧食危機的時代，將馬鈴薯普及於法國。最初因人們未能接受而沒有受到重視，他想出了讓士兵看守馬鈴薯田，以對外彰顯馬鈴薯是很貴重食物的策略。

3. 【聖莫爾山羊乳酪 Sainte Maure de Touraine】

柔和溫順滋味
一根麥稈貫穿其中
就是正品的證明

這個地區代表性的乳酪，是聖莫爾山羊乳酪(Sainte Maure de Touraine)。以山羊(Chèvre)

撒上木炭粉使其熟成。

乳製作的乳酪，呈14～16cm的圓柱狀，表面因覆蓋著木炭粉進行熟成而呈現灰色，並且中央貫穿一根麥稈是它的特徵。

小麥稈是為了強化柔軟的乳酪，最初是為了避免在搬運等途中崩垮而插入。1998年，聖莫爾山羊乳酪的A.O.C.規定，正中央必須要有一根麥稈貫穿。

此外，在乳酪店內仔細觀察，會發現A.O.C.的聖莫爾山羊乳酪，在Sainte-Maure後面一定會加上“de Touraine”。也有單純只寫“Sainte-Maure”的商品，但就沒有經過A.O.C.認證，務必多加注意。羅亞爾河(Loire)流域是山羊乳酪的產地，另外還有以安德爾省(Indre)瓦朗賽(Valençay)命名，表面撒有木炭粉的瓦朗賽乳酪、同樣撒有木炭粉的謝爾河畔塞勒(Selles-sur-Cher)乳酪、以及被稱為艾非爾鐵塔，金字塔形狀的普利尼-聖-皮耶(Pouligny-Saint-Pierre)乳酪，都很著名。

因火災而經歷了建築樣式的變遷，成了當地象徵的大教堂。

4.【當地的物產】
香氣濃郁的
麵粉及
細緻的蜂蜜

中央地區靠近巴黎的博斯(Beauce)和加提奈(Gâtinais)，都是生產供應巴黎食材的地區。富饒的博斯平原，是法國最大的穀倉區之一，生產的麵粉，有獨特的口感和風味。另外加蒂奈地區，從十八世紀至今，都以生產番紅花而聞名。有能夠瞭解當時番紅花生產狀況的番紅花博物館，於1988年在布瓦訥(Boynes)設立。

此外，加提奈(Gâtinais)，從中世紀就是衆所週知的蜂蜜採集地，十八世紀左右開始生產量也越見增長。帶著琥珀色，滑順的口感、濃郁香甜。採收期每年略有不同，但通常是在4月到5月之間。還有使用大量蜂蜜的糕點和香料麵包(Pain d'Epices)。

5.【夏特 Chartres】
從巴黎出發一日遊
走訪世界遺產大教堂和
糖果專賣店

巴黎的聖母院(Notre-Dame de Paris)2019年的火災震驚全世界，有不少世界著名的建築物在過去都遭受過重大災難。1979年被聯合國教科文組織列為世界遺產的夏特主教座堂(Cathédrale de Chartres)也是其中之一，在1134年和1194年分別遭受了二次火災。

十一世紀初建造時是羅馬式建築(Architecture romane)，但因第二次火災燒毀只留下一部份，於是便採用當時為主流的哥德式建築取代羅馬式建築重建，現在則是以世界最極致的哥德式教堂而著名。另外，稱為「Chartres blue夏特藍」的美麗藍色彩繪玻璃(stained glass)，在革命時躲過災難，並且在戰爭期間曾被拆下收藏保存，才免於德軍的轟炸。

如果走訪夏特主教座堂時，務必要品嚐一下稱為門奇可夫(Mentchikoff)的糖果。杏仁果和榛果的帕林內(praliné)與巧克力混合凝固後，覆以瑞士蛋白霜的糖果。入口時的酥脆和蛋白霜的碎裂，呈現榛果和巧克力的風味，就像是咬下雲朵般輕盈，留下令人印象深刻的滋味。

Mentchikoff是取自俄國人的名字，1893年想出這種糕點的杜梅尼爾(Doumesnil)為了紀念俄法締結同盟，便以受到第一任俄皇彼得大帝(Пётр I Алексеевич)重用的政治家，亞歷山大・門奇可夫(Алекса́ндр Дани́лович Ме́ншиков)的名字命名。也有一說是因為亞歷山大・門奇可夫之前的職業就是糖果師傅。

另外，夏特(Chartres)還有一款非常有名的糖果(confiserie)，和在巴黎常看到的一樣，光滑的馬卡龍(Macaron lisse)。據說是巴黎的馬卡龍創始者－傑爾貝(Gerbet)的兄弟，住在夏特，因此這種甜點在當地流行開來。

巴黎馬卡龍發源的秘密。
猶如咬下雲朵那樣輕柔的Mentchikoff。

6.【皮蒂維耶 Pithiviers】
以城鎮命名的傳統糕點
可以比較
今昔2種滋味

以博斯(Beauce)為背景的盧瓦雷省(Loiret)皮蒂維耶

冠以城市名的皮蒂維耶(Pithiviers)。

(Pithiviers),是以當地生產的麵粉製作傳統糕點的發源地,皮蒂維耶與城市同名。

皮蒂維耶(Pithiviers)是在派皮麵團中填入杏仁奶油餡的糕點,與1月主顯節(Epiphany)時吃的國王餅(Galette des rois)很相似。但最早的皮蒂維耶並非派餅,而是杏仁果製作的烘焙糕點。到了十八世紀時才開始流傳派餅麵團的做法,成了現在的形狀進而傳至法國全境。

在當地的糕餅店內,有販售稱為翻糖皮蒂維耶(Pithiviers fondant glacé),的傳統版,和現在派餅內填入杏仁奶油餡的現代版。

皮蒂維耶和國王餅的不同點有三。① 國王餅裡藏著一個陶磁小人偶(fève)。②皮蒂維耶是在糕餅店(Pâtisserie)製作,國王餅則是糕餅店和麵包店(Boulangerie)都有製作。③皮蒂維耶有高度,國王餅是扁平烘烤。

傳統版澆淋翻糖(Fondant)的皮蒂維耶。

歷代城主6位都是女性的雪儂梭堡(Château de Chenonceau)。

7.【香波堡 Château de Chambord】
每座城堡都有它自己的故事 沿著法國花園 探尋皇家的歷史

羅亞爾河是法國最長的河流,兩岸風光明媚、平坦寬廣的土地,是羅亞爾河谷(Val de Loire)。這片土地被稱為“法國花園”,自中世紀以來,皇室貴族們競相建造城堡以供狩獵之用。

其中最具代表性的,就是1515年20歲就當上法國國王,法蘭索瓦一世(François I)所建造的香波堡(Château de Chambord)。他在遠征義大利期間,被文藝復興文化所吸引,回國後下令建造了這種風格的城堡。

這座城堡的亮點之一是螺旋樓梯,可以通往三樓而不用與其他人相遇,據說是李奧納多 - 達文西(Leonardo da Vinc)設計。另外,也有說法稱此設計是為了不讓正室和情婦相遇。達文西在法蘭索瓦一世贈與的克洛呂塞城堡(Château du Clos Lucé)度過晚年,1519年5月在城堡裡辭世。現在成為一座可以參觀、體驗達文西各種構想的博物館。

若要再列舉推薦一個地方,那就是雪儂梭堡(Château de Chenonceau)。這是一座美麗的城堡,城堡內有一條流淌的河。從十六世紀建造以來直到十九世紀,歷代的城主6位都是女性,也因此聞名。當中最值得矚目的是,迪亞娜·德·普瓦捷(Diane de Poitiers)和凱薩琳·德·麥地奇(Catherine de Médicis)。1533年,凱薩琳從義大利嫁給亨利二世時,國王已經有一位比她還年長20歲的情人,迪亞娜·德·普瓦捷(Diane de Poitiers),住在獲贈的雪儂梭堡,成為第二代城堡主人的迪亞娜,持續掌握權力。亨利二世死後,凱薩琳終於報仇雪恨,將迪亞娜逐出城堡,雪儂梭堡成了這場愛恨情仇的舞台。現在就如同過往,名為凱薩琳和迪亞娜的二個花園並存於城堡的二側。

十九世紀初左右誕生的吉安(Gien)總公司。

8.【吉安 Gien的陶器】
映照出
自然溫和的
餐桌藝術

這個地區有著代表法國的知名陶器，它是位於羅亞爾河畔、距離巴黎約一個半小時火車車程的吉安(Gien)小鎮所生產，城市名也是品牌名『Gien』。1821年由英國人托馬斯・霍爾(Thomas Hall)創立。

創業初期，該公司主要生產日常食器為主，但在十七～十八世紀，受到來自歐洲各地知名陶窯的啟發，開始創作出更具藝術性的作品。在1900年的萬國博覽會，獲得了金牌獎。精心繪製的圖案，色彩鮮明增添餐桌的華麗氣氛。

代表性圖案是自然元素，如花卉和鳥類等。秉持著訂製精神和為人們帶來幸福的基本理念，從

以大自然為圖案的華麗彩繪。

具透明感且風味特殊的木梨果凍。

創業初期一直延續至今。城鎮裡廣闊的博物館還附設大型購物中心。

9.【聖女貞德 Jeanne d'Arc】
向聖女致敬
純淨水果
蘊釀的美味

提到盧瓦雷省(Loiret)的奧爾良(Orléans)，就不能不提十五世紀為了法國王位繼承權而爆發了英法百年戰爭(Guerre de Cent Ans)，當時從英軍手中拯救這個城鎮，讓查理七世(Charles VII)得以在蘭斯加冕的民族女英雄－聖女貞德(Jeanne d'Arc)。

貞德出生於洛林公國的棟雷米(Domrémy)村莊。1424年，12歲時聽到大天使米迦勒(Michael)、聖瑪加利大(Marguerite)和聖加大肋納(Sancta Catharina Alexandrina)3位聖人，要她擊退英軍，讓王儲查理成為法國國王的聲音，便前往覲見希農(Chinon)城堡的查理王儲。

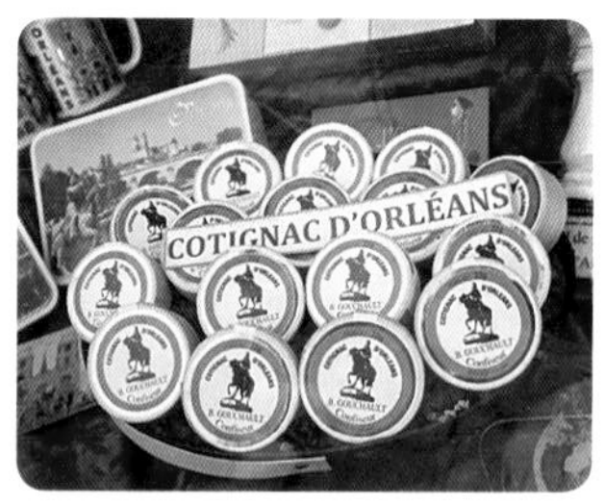

瓶蓋上描繪著聖女貞德。

一直對於英國束手無策的王儲，因貞德的出現讓他重燃希望。著男裝的貞德帶領軍隊，抵達奧爾良。成功地奪回失地，3個月後得到聖人的指示，在蘭斯讓王儲加冕成為查理七世。

但在康白尼之圍(Siège de Compiègne)中被與英國聯手的勃艮第公國(Duché de Bourgogne)所俘，以幫助查理七

Centre-Val de Loire
L'historiette column 01

奧爾良(Orléans)是法國著名的醋發源地。在此地製造的醋被稱為奧爾良式，是一種時間耗費長且製法複雜的醋。這種醋是用葡萄酒釀製，首先將葡萄酒放入小桶中發酵三個星期，然後轉移到大桶中進行四個月的陳釀。這種醋與快速大量生產的醋不同，具有柔和而深刻的風味。據說過去有100多家生產商，但現在只有馬丁・普雷(Martin Pouret)公司堅持傳統製法。

彩繪玻璃上描繪著聖女貞德一生事蹟的奧爾良主教座堂。

世加冕為由，在諾曼第的盧昂(Rouen)當衆處以火刑。

在如此具歷史性的城市奧爾良，能看到許多與聖女貞德相關的事物。在殉難廣場(Place du Martroi)有聖女貞德的騎馬像，奧爾良主教座堂(Cathédrale Sainte-Croix d'Orléans)彩繪玻璃上也有相關描繪，還有聖女貞德的禮拜堂。

在這個城市，聖女貞德也留下了自己的名字。榲桲果凍(Cotignac)是當地自古就有的榲桲(歐楂Mespilus germanica，法語coing)，把成熟的榲桲煮好過濾，加入砂糖和果膠再繼續煮到出現黏稠，最後上色倒入木盒，冷卻凝固完成。榲桲果凍盒蓋上描繪著聖女貞德勇敢的英姿，據說當地人會折下木盒蓋子，用來舀取果凍食用。

10. 【夏維尼奧的克羅坦山羊乳酪 Crottin de Chavignol】葡萄栽種者們的糧食和收入來源的乳酪

這裡有種稱為夏維尼奧的克羅坦山羊乳酪(Crottin de Chavignol)。Crottin是牛馬糞便的意思。完全未經證實的說

當地生活不可缺少的山羊。

依成熟度口感有所不同。

法，是因為乳酪形狀酷似糞便而得名，但更有可能的說法是，過去製作這種乳酪時所使用的陶器模型很像一種稱為“Cro”未上釉的燈，所以就有了這樣的名稱。

從新鮮的到成熟的，選擇取決於個人口味。新鮮乳酪可以加上香草、或是淋上橄欖油，網烤後熱騰騰的乳酪放在略烤熱的長棍麵包上，搭配沙拉一起享用，是法國人最喜歡的一道開胃菜。

產地夏維尼奧(Chavignol)村，在著名白葡萄酒產區桑塞爾(Sancerre)的山腳，葡萄農們除了種植葡萄，還飼養不太需要照料的山羊，製作乳酪可以作為食物，也能成為所得收入。

11. 【當地的糖果 Confiserie】熟練的技巧 隨機的偶然 成就各式糖果

謝爾省(Cher)布爾日(Bourges)從1879年開始，製作的這款名為Forestine福雷斯汀的糖果，具有獨特的口感和風味。表面如絲緞般的光澤是運用所謂“拉糖”的技術製作。將砂

Forestine糖果罐上有布爾日(Bourges)的徽章。

糖和水熬煮後，以雙手拉開進行延展的作業，藉由不斷反覆拉伸使其飽含空氣，讓顏色發白變得閃閃發亮。這樣的作業法語稱為satinage(使成緞面般)。

中間包著杏仁果和榛果的果仁糖(Praliné)，混合著巧克力餡。可以同時品嚐到糖果、焦糖堅果(Pralinés)、和巧克力的豪奢糖果。有內餡的糖果在法國前所未有，於是便以創作出此糖果的發明者－喬治‧福雷(Georges Forêt)的名字命名。

還有一款在盧瓦雷省(Loiret)蒙塔日市(Montargis)名為『Mazet』店裡生產的焦糖堅果(Praline)。從1903年開始採用傳統方法製作。

據說Praline這個字詞的起源，就是十七世紀一位蒙塔日市出身的公爵帕林內(Praslines)而來。那位公爵的私人廚師克萊蒙特‧賈爾佐(Clement Jalouzot)在製作牛軋糖之後，用鍋底殘餘的焦糖沾裹杏仁，而誕生的一種新甜點。

公爵在會談中向客人推薦這種糖果，受到來賓的喜愛，當場就冠以公爵之名。之後因為法語的讀法變化，就成了現在的「Pralinés」。

Pays de la Loire

羅亞爾河地區

這個水源發源於中央山脈（Massif Central），法國最長的河流羅亞爾河（Loire）流經此地，將法國北部和南部分隔開來。由於土壤肥沃，氣候溫暖，因此這裡也被稱為「法國的花園」，蔬菜、鮮花和水果的種植十分興盛。這些栽植，也為中世紀沿著羅亞爾河修築城堡莊園，享樂於狩獵的王侯貴族們增添了餐桌上的美味。此外，這個地方也以說最優美的法語而聞名。

羅亞爾河能捕捉到法國珍貴的鰻魚，烹煮成著名的料理紅酒燉鰻魚（ Matelote d'Anguille）。切成圓筒狀的鰻魚用紅酒烹煮，最後以血製成醬汁調味。另外白斑狗魚（Esox lucius）料理也是當地有名的佳餚。

曾經隸屬於布列塔尼公國（Duché de Bretagne）的羅亞爾河口城鎮南特（Nantes），在十九世紀與安地列斯群島（Antilles）和非洲進行三角貿易，輸入砂糖、辛香料等。據說佔法國貿易四成的比例，1941年因維琪政權（Régime de Vichy）而歸於羅亞爾河地區，現在仍是法國不可或缺的貿易港都。這個城市留下了許多歷史痕跡，其中一個是南特蛋糕（Gâteau nantais）。

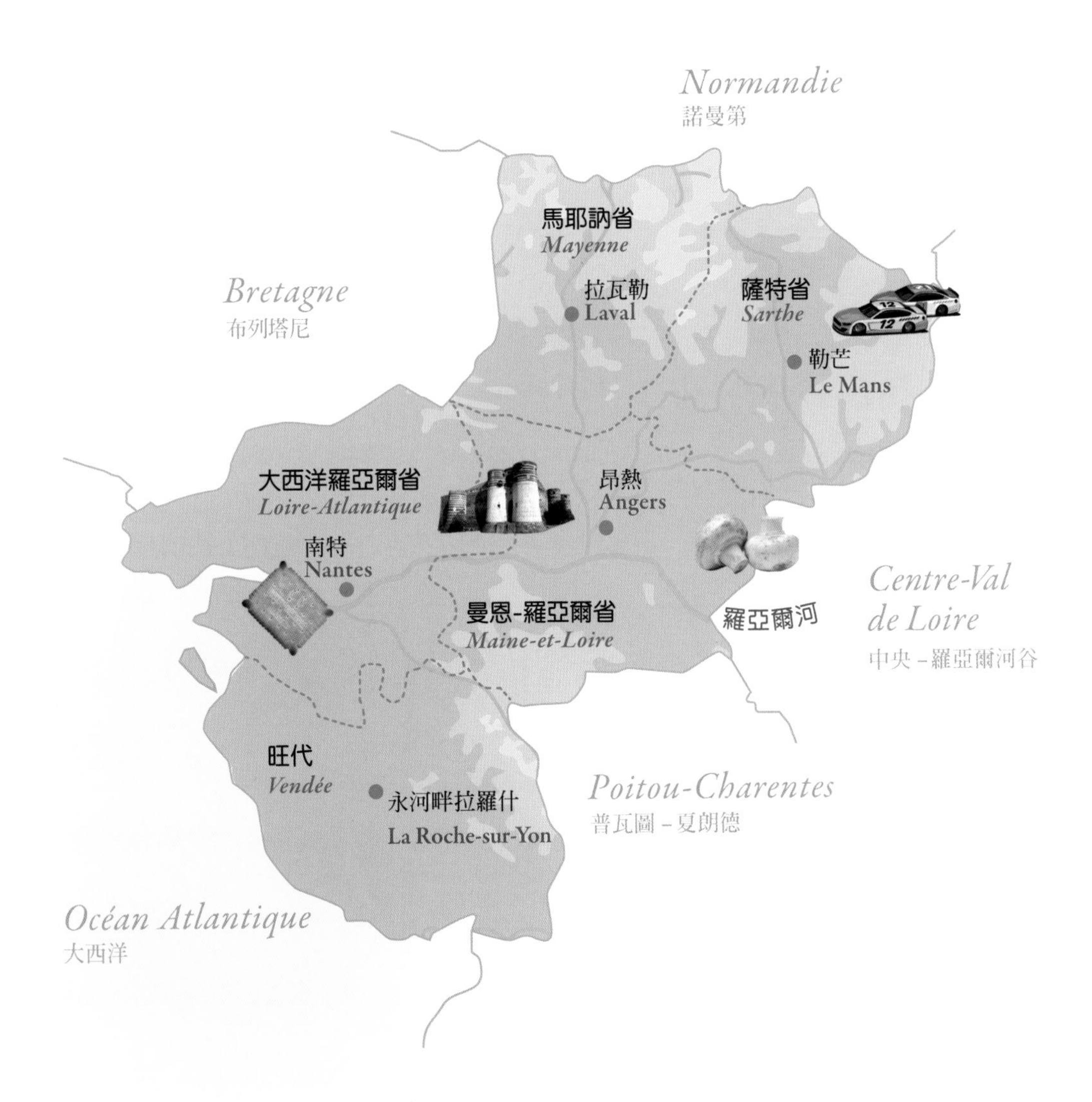
Normandie
諾曼第
Bretagne
布列塔尼
馬耶訥省
Mayenne
拉瓦勒
Laval
薩特省
Sarthe
勒芒
Le Mans
大西洋羅亞爾省
Loire-Atlantique
昂熱
Angers
南特
Nantes
曼恩-羅亞爾省
Maine-et-Loire
羅亞爾河
Centre-Val
de Loire
中央－羅亞爾河谷
旺代
Vendée
永河畔拉羅什
La Roche-sur-Yon
Poitou-Charentes
普瓦圖－夏朗德
Océan Atlantique
大西洋

焗烤生蠔 Gratinée des huîtres

生蠔和冰鎮白葡萄酒是絕佳的搭配。然而，牡蠣中含有的乳酸和琥珀酸（succinic acid）具有隨著加熱變得更加美味的性質。在此介紹以酒渣釀造的慕斯卡德（Muscadet）白酒製作的生蠔料理，是代表羅亞爾河谷的酒款，不要過度加熱就是烹調重點。

材料（直徑15cm的耐熱皿4個）

生蠔（去殼）	16個
慕斯卡德白酒	100ml
鮮奶油	300ml
蛋黃	4個
茴香（fenouil）	1/2個
奶油	適量
鹽、胡椒	各適量
檸檬汁	適量

製作方法

1. 生蠔迅速大略沖水洗淨並瀝乾水份。
2. 茴香切絲，用奶油拌炒，以鹽、胡椒調味。
3. 在鍋中放入白酒，熬煮至半量。
4. 混合鮮奶油和蛋黃後，加入**3**，以木杓邊混拌邊用小火加熱約2分鐘，受熱後以鹽、胡椒、檸檬汁調味。
5. 在耐熱盤中塗抹奶油（材料表外），放入生蠔和茴香，澆淋**4**，以高溫（250℃）烤箱或燒烤架（grill）烤約5～6分鐘，烤至表面呈現烤色。

一到冬天在餐酒館（brasserie），開蠔師傅大顯身手。

旺代風味鯛魚 Daurade à la Vendéenne

Vendéenne的意思就是「旺代（Vendée）的」。旺代是羅亞爾河地區面對大西洋的一個省。這個省的名稱由來，就是因為旺代河流經於此，除了海洋的魚類之外，白斑狗魚（Esox lucius）等河魚料理也很有名。這次我們使用的是鯛魚，以羅亞爾省的布爾蓋紅酒（Bourgueil）製作醬汁。

材料（4人份）

鯛魚	4片
紅蔥頭	2個（切碎）
紅酒	180ml
紅酒醋	18ml
奶油	50g（切成薄片備用）
砂糖	1小匙
鹽、胡椒	各適量

配料

高麗菜	適量（切成略大片）
液態油	適量
巴西利	少許（切碎）
鹽、胡椒	適量

製作方法

1. 紅蔥頭、紅酒和紅酒醋一起用小鍋熬煮至半量。

2. 離火，少量逐次加入奶油使其融化。用鹽、胡椒調味後試試味道，若酸味過於明顯時，可以添加砂糖。

3. 在平底鍋中加熱奶油（材料表外），放入抹過鹽、胡椒的鯛魚，香煎2面。

4. 製作配料。在另外的平底鍋中放入液態油，加入高麗菜，先煎數秒後再開始翻拌全體，蓋上鍋蓋以小火加熱。用鹽、胡椒調味。

5. 將鯛魚和高麗菜盛盤。在鯛魚上澆淋醬汁，依個人喜好在高麗菜上撒巴西利。

在法國的魚店，販售的不是魚片而是整尾的魚。

安茹白乳酪 Crémet d'Anjou

這是一道使用安茹(d'Anjou)地區新鮮乳酪製作的甜點。現在雖然變得非常流行,但要說在法國全國都廣為人知,也是近20年左右吧。當地並不是在糕餅店,而是在乳酪店購買商家製作販售的商品。很適合搭配帶有酸味的覆盆子或草莓醬汁。

材料(內徑約8cm的 crème模型)

新鮮乳酪	200g
(Fromage blanc)	(瀝乾水份的狀態)
鮮奶油	200ml
蛋白	80g
細砂糖	40g

醬汁

草莓	100g
細砂糖	10g
薄荷葉	少許

製作方法

準備

- 新鮮乳酪放在墊有紗布的濾網上約6小時瀝乾水份,預備200g。
- 紗布裁成模型2倍大小,各別鋪放在模型中。

1. 在缽盆中放入瀝乾水份的新鮮乳酪,混拌至呈滑順狀。

2. 在另外的缽盆中攪打鮮奶油至8分打發。

3. 再另取一個缽盆放入蛋白,打發至全體顏色發白為止,分3次添加細砂糖,邊加入邊確實打發製作蛋白霜。

4. 將**2**加入**1**,輕柔混拌,將**3**加入以同樣方式混拌。

5. 倒入模型中,紗布另一端折起覆蓋。置於冷藏室內冷卻約6小時。

6. 醬汁的材料全部放入果汁機內攪打。

7. 將**5**由模型中取出盛盤,佐以醬汁,用薄荷葉裝飾。

Pays de la Loire La Découverte

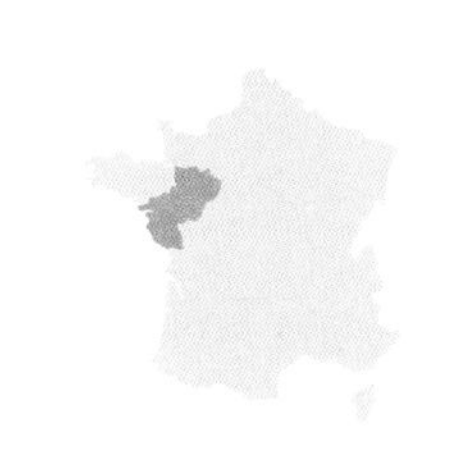

羅亞爾河地區

1.【蓋朗德 Guérande的鹽】

世界級品牌
頂級廚師指定用鹽
太陽和風交織而成

在日本也是廣為人知的著名鹽產地－蓋朗德(Guérande)，因位於羅亞爾河地區和布列塔尼邊境，而且屬於舊布列塔尼公國，所以容易被誤認為是布列塔尼，其實行政區劃分隸屬於羅亞爾河地區。

在此製作的鹽，是利用太陽和風蒸發海水「天然風乾鹽」。相對於此，濕度較高的日本海鹽，在最後的工序需要使用平底鍋蒸發水份，被歸類在「平鍋鹽」的範圍。

蓋朗德鹽的製作是從春天開始。首先在大潮期間吸取大量海水，儲存在蓄水池裡。然後，設置低於海平面，像馬賽克般散布的鹽田，以人工方式慢慢控制流入鹽田的海水量。作業途中還要不斷去除雜質等，逐漸濃縮海水，直到無雨的7月會達到最佳的乾燥及濃度，才能進行鹽的採收。

因自然的作用產生不同的鹽。

此時，第一層浮出海水表面的鹽體結晶，是純白色的“Fleur de sel鹽之花”。首先用一種稱為La louche(鏟子)的工具舀起鹽之花，然後採集下面灰色的鹽。這是含有黏土質第二等級的鹽，富含鎂和鈣的粗鹽(gros sel)。

被視為最高品質的鹽之花，其顆粒大小的變化取決於氣候。如果風很強，水份會迅速蒸發形成大的結晶，如果風較弱，結晶就會變得細小。細緻的風味能將食材美味襯托發揮到極致，深受廚師們的愛用，多半會用於料理完成時，直接撒在肉或魚上以突顯它的風味和口感。另一方面，粗鹽(gros sel)會用於燙煮蔬菜或義大利麵時、還有運用大量食鹽包裹肉和魚的鹽焗時。將粗鹽磨細成細粒狀，成為家庭日常使用的鹽，味道也是相同的。

2.【當地的糕點】

羅亞爾著名糕點
脆弱與力量的
競相對比

羅亞爾河地區最推薦的甜點有三種。第一種是質地鬆軟被稱為《安茹白乳酪 Crémet d'Anjou》的乳霜狀甜點，不知為何在日本會叫作“天使的奶油”。通常搭配覆盆子醬等一起享用。

正式名稱是安茹白乳酪，是源自於安茹(Anjou)的甜點。將稱為Fromage blanc未熟成類型的新鮮乳酪、蛋白霜、和打發鮮奶油混合製成，最早僅用濃

世界公認知名的鹽。

根據海水量和狀態重覆進行辛苦作業的蓋朗德鹽田。

蘭姆酒提味是當地特有的南特蛋糕。

代表性甜點，安茹白乳酪。

主要材料是新鮮乳酪（fromage blanc）。

郁鮮奶油和蛋白製作而成。現在也仍由乳酪店製作販售而不是糕點店，也經常會出現在餐廳的甜點菜單上。

第二種是南特蛋糕（Gâteau nantais）。使用南特（Nantes）附近生產的杏仁粉，所製成的濃郁新鮮糕點。它帶有明顯的蘭姆酒風味，這與南特曾經從法屬安地列斯群島（Antilles）進口蘭

剛烤好出爐的李子塔。

大方慷慨地使用克勞德皇后李。

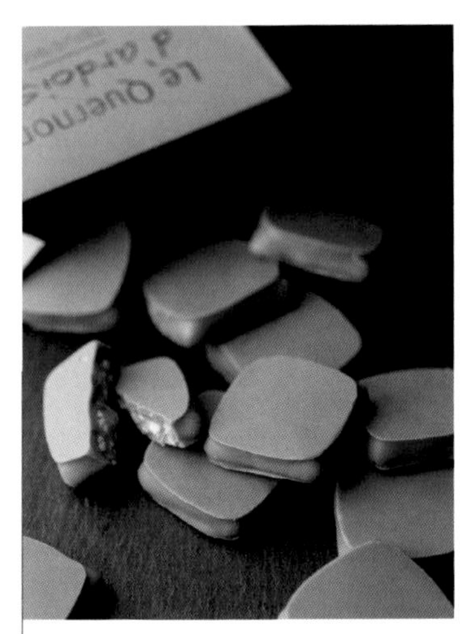

以昂熱的石板屋頂為概念的 Quernon d'Ardoise。
© Benoit Martin

姆酒的港口，多少有些相關。

第三種是，李子塔（Pâté aux prunes）。使用一種克勞德皇后（Reine Claude品種）的李子糕點，主要在安茹的夏季收成製作。不使用模具，在麵團裡包裹著克勞德皇后李烘烤，它的含糖量高於其他品種，因此即使經過烘烤也能保持原味，酸味也恰到好處。克勞德皇后李被稱為「太陽的水果」，口感多汁風味強勁，好吃得讓人吃過一次就會上癮，可惜日本並沒有。順道一提，克勞德皇后李這個名稱，源於法蘭索瓦一世（François I）的妻子，克勞德（Claude）皇后。忙於戰爭和周旋於情婦們之間的丈夫並不關心她，她的兒子亨利二世從植物學家收到這款水果時，就冠以母親之名。

還有第四種，是叫做藍石方塊糖（Quernon d'Ardoise）的昂熱（Angers）名產，模仿該地區屋頂，添加了牛軋糖的藍色巧克力。Ardoise的意思是"鋪著石板（Slate）的屋頂"。

價格和味道都是頂級的馬鈴薯。
© Benoit Martin

3.【馬鈴薯】島上的特產 連星級主廚都想要的 品牌馬鈴薯

突出於大西洋的島嶼－努瓦爾穆捷島（Noirmoutier）生產的馬鈴薯，是大廚們偏好使用的食材之一。體積小但質地結實且口感細緻，受到一致讚揚，在法國眾多馬鈴薯當中，價格也最高昂。

努瓦爾穆捷島的馬鈴薯，有許多品種，但還是以具有甜味、金色薄外皮的Sirtéma品種，以及一種黃色、且味道像栗子的Bonnette de Noirmoutier品種為主。前者採收期是4～6月，後者是5月整個月。

兩種都是未成熟即採收，所以皮薄鮮嫩。然而，由於易損壞，因此需要在收穫後3至4天內出售，且賞味期限是8天。這種美味但需要精心呵護的馬鈴薯，正是被頂級大廚們選用成為佳餚的食材而倍受推崇。

4.【奶油餅乾】
國民點心
起緣於貿易港口南特
設計也令人矚目

在日本不太有名，但在法國卻是一直受到全國支持的餅乾－《LU小奶油餅乾 Le Petit Beurre LU》。「使用奶油製作的長方形脆餅」連日法字典裡都有記載敘述的人氣餅乾。酥脆口感和香甜奶油，每個人都會喜歡的味道。製造商在餅乾的表面壓印上“NANTES”，因為它位於南特。這裡曾經是貿易港也賺取了相當的財富，據說船員們隨身攜帶的物品中，就有一種可以長時間保存的堅硬餅乾。在1830年代，製作這樣脆餅的糕餅店約有10間，其中一位名為讓・羅曼・呂費夫爾(Jean-Romain Lefèvre)的人來到南特。

他原本販售香檳地區的蘭斯名產－粉紅色餅乾，但1886年繼承家業的兒子路易・呂費夫爾・尤蒂爾(Louis Lefèvre-Utile)，在旅行中看到英國的餅乾得到啟發，開始著手製作類似的點心。當時他構思餅乾的想法是「讓全國人民每天都想吃」，現在仍落實在這款餅乾上。

首先是長方形的形狀，四個角代表一年四季。周圍有52個刻痕，代表一年中有52週。長邊的長度7cm代表一週的天數。餅乾表面規則性的24個小洞，是指一天的小時。據說，這是從祖母編織的餐桌巾上得到的靈感。

即使大量生產也能做出美味餅乾的背景，主要歸功於鄰近布列塔尼新鮮的牛奶、富含礦物質的含鹽奶油，以及當地羅亞爾的優質小麥。此外，「LU」這個標誌來自創作者Lefèvre-Utile名字的縮寫。在超市能輕鬆購得，也是很推薦的小伴手禮。

現在仍是國民零食，LU以前的總公司。

將南特分隔成南北的羅亞爾河，支流之間就是南特島。

5.【蘑菇】
為了建造城堡
所挖掘的洞穴
有了意想不到的用途

法國人喜歡蘑菇，不僅喜歡吃，而且對蘑菇也有很豐富的知識。小學的教室裡，就有掛滿蘑菇的插圖和解說海報。可見法國人對蘑菇的熱愛程度。

秋天週末許多人喜歡去山上採蘑菇，但羅亞爾河地區的蘑菇不僅在山裡。在這個眾多城堡的地方，為了建造這些石頭建築，

變化豐富，香氣迷人的各種菇類。

大量切削破碎的岩石，殘留的採石場洞窟內溼度和溫度、還有陰暗度都很適合蘑菇生長，因此便開始菇類的種植，主要是Champignon de Paris品種，也就是我們稱之為"蘑菇"的蕈類。

蘑菇(Champignon de Paris)現在一年有10萬噸以上的收成，另外還種植秀珍菇(Pleurote)、日本的香菇等。洞窟中的氣溫為12～16℃，為了防止雜菌的繁殖和溫度上升，只有特定區域允許進入，管理控制避免人們靠近。

蘑菇是料理時，特別是餐廳廚房不可缺少的食材。最大的原因

洞窟的環境最適合栽種。

是蘑菇能作為熬製高湯的基礎食材。另外，可以與洋蔥、紅蔥頭、香草等一起切碎翻炒熬煮，就能製成傳統蘑菇醬(Duxelles)。蘑菇用Champignons tournés修飾切法，還能變成時尚精美的配菜。

6.【勒芒 Le Mans】在艱苦的賽車背後 讓人放鬆的美妙風味 另一款特產

以24小時耐力賽著名的勒芒(Le Mans)，是薩特省(Sarthe)的首都。勒芒還有一個特產是豬肉醬(Rillettes)。豬肉醬是將豬肩肉、豬胸肉、五花肉等，放在豬脂裡以小火慢煮到豬肉變鬆軟的熟食菜餚，是一種保存食品。可直接塗在吐司上享用，調味就只有簡單的鹽。即使同在羅亞爾河地區，勒芒以外的杜爾(Tours)北部和安茹(Anjou)，豬肉醬顏色呈咖啡色，口味濃郁也很受歡迎，勒芒的豬肉醬，肉塊大且味道樸實。

濃縮豬肉美味的名產，豬肉醬(Rillettes)。

勒芒24小時耐力賽，是每年6月中旬舉辦的世界三大車賽之一。比賽中受注目的通常是賽車手，但實際上還有技術人員、醫師、餐飲服務人員等大約30名左右，整個團隊都會在現場支援。

過去筆者也曾以MAZDA團隊的餐飲服務人員在此待了一週，令人不禁想起比賽當天，在嘈雜的賽車聲中，24小時都不睡地製作飯糰和三明治，為了賽車手和技術人員供應食物，留下了難忘的回憶。

大約有100年歷史的勒芒24小時耐力賽。

用石窯烘烤的傳統烘餅。

7.【烘餅 Fouace】
中世紀流傳至今的麵包
無比簡單
卻是經典之作

名為烘餅(Fouace)的麵包、或是甜麵包，在法國南部很常見，主要是加了豬脂的餐食麵包、或是加了奶油的布里歐(Brioche)類麵包。但是羅亞爾(Loire)傳統的烘餅，是以不發酵的麵團製作。十六世紀時羅亞爾河地區希農(Chinon)出身的醫師兼作家－弗朗索瓦·拉伯雷(François Rabelais)的著作『巨人傳 La vie de Gargantua et de Pantagruel』中也有相關記述。

這個故事主角是巨人加岡圖亞(Gargantua)和他貪吃又愚蠢的兒子潘塔古爾(Pantagruel)，用來諷刺當時的教會和修道院，烘餅出現在第25章，「萊爾內(Lerné)賣小麥煎餅的人們和加岡圖亞的居民們起了大爭執，因此導致了一場大戰」(渡辺一夫譯：岩波書店)。村民們之間爭執的“小麥煎餅“就是 Fouace。

因為不經發酵，形狀的確很像不整齊的煎餅。烘烤後會稍微膨脹，馬上用刀橫向切開，夾入當

釀酒倉庫改建，專賣烘餅的餐廳。

地名產稱為 mojette的白扁豆或豬肉醬(Rillettes)、蘑菇、生火腿、沙拉等食用。當地的Fouace也叫做「Fouée」。

烘餅原本是在製作麵包時為了確認窯爐溫度，撕下一塊丟入烤窯裡的麵團，據說是因為不想浪費那塊麵團地食用，節儉習慣而流傳下來。

索米爾(Saumur)的旁邊有間叫做『Cave de Maison』的餐廳，正如其名，就是在古老釀酒倉庫中設置的石窯來烤焙烘餅(Fouace)的餐廳，一想到這是在弗朗索瓦·拉伯雷(François Rabelais)時代就開始製作的烘餅，簡樸之中感受到特別的風味。

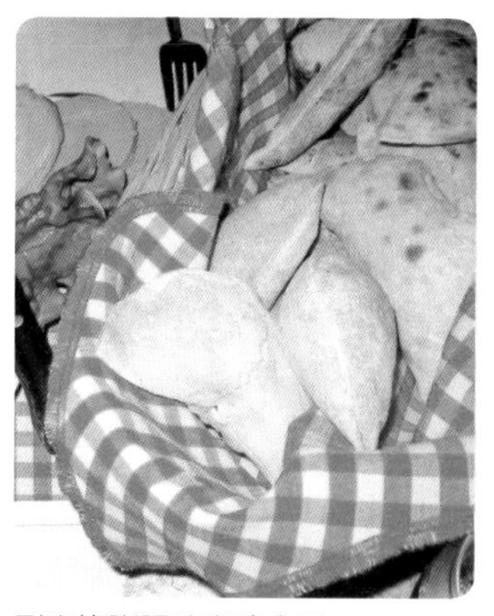
剛出爐膨脹時盡速食用。

8.【夏隆鴨 Canard Challandais】
孕育和飼養
連烹調方法都很特別的
頂級鴨

巴黎的銀塔餐廳(La Tour d'Argent)以鴨料理聞名，使用的鴨是飼養在旺代省沙朗(Challans)北部，靠近大西洋濕地帶的夏隆鴨(Canard Challandais)。肉質多汁有嚼勁，深受美食家們的好評，但飼育生產者少，是因為飼養方法有非常嚴格的標準，可說是十分珍稀的鴨子。

雛鴨在溫暖室內飼養，每一隻小鴨都有2平方公尺的草地可活動。飼料是玉米、小麥、大豆等。約飼養70天後可宰殺。

夏隆鴨的歷史可追溯至十七世紀，從曾被西班牙哈布斯堡王朝(Haus Habsburg)統治現今的荷蘭，移居到法國的流亡者，使荷蘭的鴨與生長在附近的鴨混種，因而開始飼養的契機。這種鴨子也被稱作「南特鴨 Canard Nantais」，十九世紀鐵路發達後，也被運送至巴黎並獲得好評，後來產地沙朗(Challans)也隨之聞名。

銀塔餐廳經常會用鴨血製作醬汁佐以夏隆鴨，血則是在宰殺鴨子時，在頸部後方刺入針頭讓鴨子暫時失去知覺，使用不放血

宰殺的 Etouffer(窒息)法取得(也有用電擊讓其窒息的方法)。從鴨子內臟或骨頭取血的工具叫做榨鴨器(Presse á canard),據說出自1880年代。

也有類似名稱為「沙朗鴨 Canard de Challans」的鴨子,但與夏隆鴨的飼養方式和品質不同,屬於另一種類別。

9.【敲製蘋果乾 Pomme tapée】【敲製梨乾 Poire tapée】

耐心地敲打 緊緊包裹住 水果的美味

羅亞爾河地區盛產許多水果。在沒有冰箱的時代,會使其乾燥、加工成果醬或利口酒來保存,其中針對產量較多的蘋果和洋梨,想出了在乾燥後也能完整保存的獨特方法。就是敲製蘋果乾和敲製梨乾。

作為保存食品很興盛的敲打、壓扁法。

常被運用於糕點製作、釀酒的洋梨。

「taper」是「敲打、壓扁」的意思,敲製蘋果乾和敲製梨乾就是使用特殊敲打、壓扁的工具。羅亞爾河的安茹(Anjou)和都蘭(Touraine)都是生產中心,據說1800年代中期是全盛時期。主要批發給餐廳,在巴黎等地則將其作為糖煮等甜點,但在家裡只要浸泡在紅酒中就能食用,很簡單的甜點。

敲打、壓扁的作業雖然固定是當地人的工作,但現在生產者正在減少中。

10.【君度橙酒 Cointreau】

用於糕點或雞尾酒 帶著苦味 是成人的柳橙風味

說到君度橙酒(Cointreau),是餐後酒、雞尾酒,以及製作點心時不可缺少的柳橙利口酒。這種酒,是居住在昂熱(Angers)的君度(Cointreau)家族,於十九世紀製造出來的。

第一代阿道夫‧君度(Adolphe Cointreau)使用在昂熱採收的水果製作糖漬,也販售水果利口酒。生意成功後,於1849年與原本與是麵包師、糕點師(Boulanger‧pâtissier)的兄弟愛德華-尚‧君度(Edouard-Jean)成立了 Cointreau公司,建立了一家蒸餾廠。1875年,路易‧君度(Louis Cointreau),從荷蘭柳橙利口酒(Curaçao)中得到靈感,想出在酒中浸泡柳橙皮釀造利口酒的作法。

這款魅力十足的酒在當時還透過南特(Nantes)船運出口海外,很受歡迎。但因為出現很多仿製品,便將「Cointreau」作為商品名。

君度橙酒(Cointreau)的風味來源,是苦橙和甜橙的皮。酒精濃度是40度,無色透明。同樣是柳橙的利口酒,有酒精濃度相同的香橙干邑甜酒(Grand Marnier)。兩者的差異在於香橙干邑甜酒只使用苦橙製作,會感覺苦味較重。另外,君度橙酒是以精餾酒精(Rectified spirit)為基底無色透明,香橙干邑甜酒是使用白蘭地所以成琥珀色。君度橙酒糖分較高。

使用君度橙酒的代表性雞尾酒,有Sidecar和White Lady。糕點製作上與巧克力、卡士達醬等柑橘類的糕點搭配都很合適。

Vin 羅亞爾河流域的葡萄酒

法國最長的羅亞爾河，沿岸有1000公里，從南特（Nantes）向東延展400公里都是廣大的葡萄園。2000年前，羅馬人在南特周邊種植葡萄樹，因此從五世紀開始葡萄園沿著羅亞爾河沿岸擴散，之後由聖奧斯丁修道會（Ordo sancti Augustini）的修道士開始葡萄酒的釀造。受惠於全年穩定的海洋型和內陸型氣候，與石灰質為主的土壤。羅亞爾河城堡就是以石灰岩建造。

羅亞爾河流域栽植法國許多的葡萄品種，因此生產白酒、紅酒、粉紅酒、甜葡萄酒等，還有氣泡酒等各種富於變化的葡萄

柔和優雅的羅亞爾河葡萄酒。

酒。相較於其他地區，最特別的就是粉紅酒的種類很豐富。白酒和紅酒多是輕盈的早飲型，還有些冷藏後更加美味的紅酒。整體而言，非常適合搭配魚類料理或日本料理。羅亞爾河葡萄酒的主要葡萄品種，白酒以白肖楠（Chenin Blanc）為首，有白蘇維濃（Sauvignon Blanc）等。紅酒和粉紅酒則以卡本內弗朗（Cabernet Franc）為主體，依地區也會使用黑皮諾（Pinot noir）、加美（Gamay）、果若（Grolleau）等。

曾經是當地王公貴族城堡裡栽種的葡萄，但與波爾多不同，以酒莊名販售的很少，幾乎都是以地區或村莊的A.O.C.名稱上市。以下是生產地區和主要的A.O.C.葡萄酒。

1. 南特地區（Pays Nantais）

以栽種在日照充足坡地的慕斯卡德（Muscadet）為原料，生產同樣叫做慕斯卡德的不甜白酒，慕斯卡德也是品種名。據說十八世紀時寒流來襲，從勃艮第（Bourgogne）移植具抗寒性的Melon de Bourgogne品種葡萄，因為它具有像蜜思嘉葡萄的香氣，因此命名為Muscade。慕斯卡德的標籤上標示著"Sur Lie"，這是"酒渣釀造"的意思，以不去除沈澱物進行釀造，將上方清澄部分裝瓶的作法。藉此手法，也能釀造出更具清新感及細緻度的微氣泡葡萄酒。

2. 安茹&索米爾地區（Anjou&Saumur）

①**安茹**（Anjou）
生產以卡本內弗朗（Cabernet Franc）為主體，紅色果實風味的紅酒。還有用白肖楠（Chenin Blanc）釀造風味均衡的白酒。

②**安茹粉紅酒**（Rosé d'Anjou）
使用卡本內弗朗（Cabernet Franc）、蘇維濃（Sauvignon）、加美（Gamay）、果若（Grolleau）等，生產出橙色微甜、清爽口感的粉紅酒。

③**萊陽丘**（Cotesux du Layon）
以遲摘的白肖楠（Chenin Blanc），生產極甜葡萄酒。產量少適合長期熟成。

④**莎弗尼耶**（Savennières）
使用白肖楠（Chenin Blanc）釀造，以蜂蜜、花香、布里歐（Brioche）香氣為主體的白酒。還有在Savennières後面加上葡萄園（Cru）名稱的賽昂坡（Savennières Coulée de Serrant）和羅斯梅因（Savennières Roche aux Moines）等優質葡萄酒。也有半甜的選擇。

⑤**索米爾**（Saumur）
使用當地稱為"Breton"的卡本內弗朗（Cabernet Franc）和卡本內蘇維濃（Cabernet

sauvignon)品種釀造，具有紅色果實風味的紅酒。白酒是以白肖楠(Chenin Blanc)為原料的半甜葡萄酒。

⑥索米爾香比尼
(Saumur Champiny)
由排水良好的土壤所生產的優質葡萄酒。使用卡本內弗朗(Cabernet Franc)品種，生產具滑順單寧(tannin)風味和酸味的辛香葡萄酒。

3. 都蘭地區(Touraine)

①武夫賴(Vouvray)
以石灰質台地栽植的白肖楠(Chenin Blanc)釀造出酸甜風味的早飲型白酒、氣泡或微氣泡白酒。使用佔產量60%的黑加美(Gamay noir)品種，釀造含有水果香氣的紅酒。

②希農(Chinon)
使用種植在與聖女貞德(Jeanne d'Arc)有相當淵源，希農

大酒杯是醒酒(décantage)用。

(Chinon)城堡周邊葡萄園的卡本內弗朗(Cabernet Franc)品種釀造。具濃重的紅寶石色、風味強勁的紅酒。

③布爾格伊(Bourgueil)**及聖尼古拉-德布爾格伊**
(Saint-Nicolas-de-Bourgueil)
都是使用卡本內弗朗(Cabernet Franc)釀造的紅酒及粉紅酒。在羅亞爾河北岸，布爾格伊的碎石地，釀造出具紅寶石色澤和果香的早飲型葡萄酒，在位於布爾格伊西側，聖尼古拉-德布爾格伊的碎石地，釀造出具紫羅蘭香氣的葡萄酒；而在石灰岩地釀造的是具莓果或香料香氣的葡萄酒。

4. 尼爾沃內中心區
(Centre Nivernais)

①桑塞爾(Sancerre)
在黏土質和石灰岩混合土壤層的葡萄園，生產的是白蘇維濃(Sauvignon blanc)等優雅香氣的不甜白酒。紅酒使用的是黑皮諾(Pinot noir)品種。

②普伊芙美(Pouilly Fumé)
釀造清新柔和的白蘇維濃(Sauvignon blanc)白酒，以能保存3～4年而為人所熟知。

③勒伊(Reuilly)
釀造白蘇維濃(Sauvignon blanc)品種的不甜白酒，和黑皮諾(Pinot noir)的優質粉紅酒。

Loire 羅亞爾葡萄酒地圖

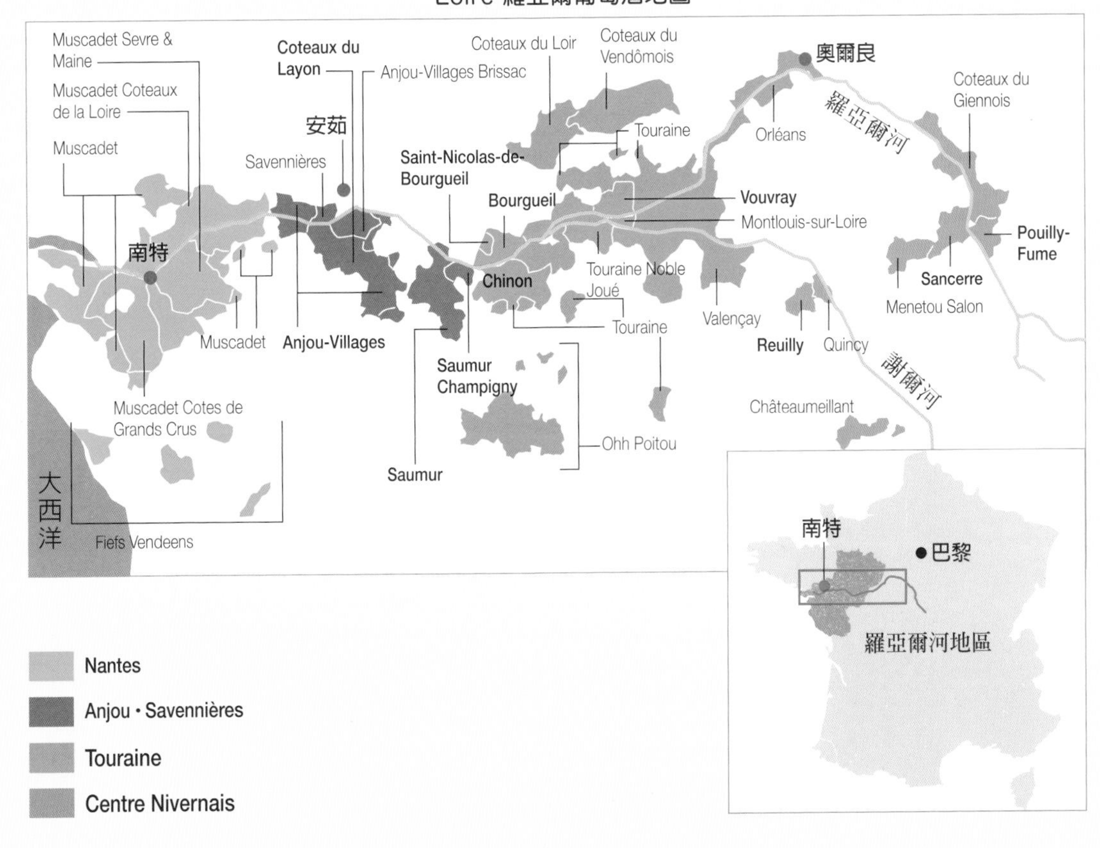

Nouvelle-Aquitaine

新阿基坦

Aquitaine

阿基坦

（巴斯克地區）

只要繞行阿基坦（Aquitaine）一周，所有法國具代表的美食都能全部品嚐到。以阿爾卡雄（Arcachon）為中心的大西洋沿岸地區，養殖牡蠣非常興盛，而靠近中央山脈（Massif Central）的東部森林可以採收到牛肝蕈（Cepes）和松露。此外，朗德省（Landes）一帶以肥肝（foie gras）和蔬菜、水果而聞名。西元310年出生於波爾多（Bordeaux）並在此渡過一生的詩人－奧索尼烏斯（Decimius Magnus Ausonius）而命名的『Chateau Ausone』開始，許多葡萄酒也講述了這片土地的歷史和深厚的聯繫。

並且，阿基坦（Aquitaine）包含了巴斯克地區，其中在西班牙一側有4個省，在法國一側有3個省。在當地常可見到，相當於省數量7道線條的布。巴斯克語、"Pilota"的球類運動、貝雷帽、以及被認為代表太陽運行的巴斯克十字紋章"Lauburu"等，都顯示出這是個有獨特文化、風俗習慣的地區。此外，巴斯克的旗幟、房屋外觀的紅色與綠色，也與巴斯克代表食材埃斯普萊特辣椒（Piment d'Espelette）、紅椒、青椒等，具有共通性。

就用源自修道院的波爾多可麗露，為美食之旅畫上句點如何呢。

Poitou-Charentes
普瓦圖－夏朗德
Limousin
利穆贊
吉倫特河
佩里克
Périgueux
Océan
Atlantique
大西洋
波爾多
Bordeaux
多爾多涅省
Dordogne
多爾多涅河
加隆河
吉倫特省
Gironde
洛特-加隆省
Lot-et-Garonne
錫龍河
阿讓
Agen
朗德省
Landes
蒙德馬桑
Mont-de-Marsan
Midi-Pyrénées
南部－庇里牛斯
波城
Pau
庇里牛斯-
大西洋省
Pyrénées-
Atlantiques
Pays Basque
巴斯克地區
Espagne
西班牙

紅酒醬汁雞肝 Fricassée de foies de volaille

多爾多涅省(Dordogne)的舊地為佩里戈爾(Périgord),也是肥肝(foie gras)的產地。在這個地區會使用家禽的肝、胗等內臟製作料理。使用波爾多葡萄酒醬汁來調味,就是時尚又倍增美味的菜餚,搭配上烤大蒜麵包片。使用家禽的胗和特產的核桃製作的佩里戈爾沙拉也很有名。

材料(方便製作的份量)

雞肝	200g(用水浸泡後去腥)
液態油	適量
紅酒	150ml
豬肉高湯	少許(固態湯塊1/2個)
月桂葉	1片
奶油	30g
鹽、胡椒	各適量

蔬菜的亮面煮(glacés)

小洋蔥	8個(浸泡在加有少許醋的水中剝除表皮)
紅蘿蔔	1根(削皮切成1cm厚圓片)
砂糖	略少於1大匙
奶油	1大匙
鹽	適量

烤大蒜麵包片

法式長棍麵包	適量
大蒜	適量

巴西利	少許(切碎)

製作方法

準備

- 雞肝浸泡在水中約1小時,洗淨。
- 切除白色脂肪及筋膜,切成一口大小。

1. 雞肝拭去水份後,用液態油香煎。

2. 在小鍋中放入紅酒、豬肉高湯、月桂葉,熬煮至半量。

3. 將**2**離火,混入奶油,用鹽、胡椒調味。

4. 在另外的鍋中放入亮面煮的蔬菜,倒入足以淹蓋蔬菜的水份,加入砂糖、奶油、少許的鹽,蓋上落蓋,煮至柔軟。

5. 將**1**的雞肝和**4**的蔬菜盛盤,澆淋上**2**的醬汁。依個人喜好撒上巴西利。

6. 用切開的大蒜,摩擦般地塗抹在長棍麵包上,以網架烘烤搭配料理上桌。

使用家禽的胗,撒上核桃製作的佩里戈爾沙拉也很常見。

巴斯克風味雞肉 Poulet à la basquaise

集合了巴斯克地區名產－青椒、番茄、生火腿、埃斯普萊特辣椒（Piment d'Espelette）等，共聚一鍋的料理，是巴斯克常見的菜單之一。生火腿除了具有高湯的效果，還能增添料理的濃郁，更能烘托出雞肉的滋味。烹調時，火腿不是切片的部位，而是邊緣較硬的部分更適合燉煮。

材料（4人份）

雞腿肉（帶骨）	4隻（大型2隻）
生火腿	80g
橄欖油	3大匙
白酒	100ml
洋蔥	1/2（切碎）
大蒜	2瓣（切碎）
甜椒（紅）	2個（縱向對半分切，除蒂去籽切成長條狀）
青椒	2個（同上）
番茄	4個（汆燙去皮除籽，切成大塊）
香草束（Bouquet garni）	1束
巴斯克的紅辣椒（粉）	2小撮
鹽、胡椒	各適量

製作方法

1. 雞腿肉在關節處切成2段，抹上鹽、胡椒。

2. 在平底鍋中加熱1大匙橄欖油，輕輕拌炒生火腿，取出。

3. 在**2**的平底鍋中補入1大匙橄欖油，從**1**的雞腿皮部分開始用大火香煎，至兩面呈現烤色。捨棄多餘的油脂，加入白酒，煮至沸騰後撈除浮渣，用小火煮約5分鐘。

4. 在另一個鍋中加熱1大匙橄欖油拌炒洋蔥，待洋蔥炒軟後，加入大蒜、甜椒、青椒，輕輕拌炒。加入番茄和香草束，用小火煮約4分鐘。

5. 將**3**連同煮汁和**2**的生火腿一起放入**4**，加入鹽、胡椒、紅辣椒粉調味，再燉煮約15～20分鐘。

紅辣椒也有在溫室中使其乾燥的作法。

巴斯克貝雷餅 Béret Basque

這是一種以巴斯克地區傳統貝雷帽為造型的巧克力糕點。為什麼是巧克力呢？因為巴斯克是法國最早開設巧克力工坊的地方，因而結合了巴斯克的二大傳統，就是這款劃時代的糕點。

材料（直徑15cm的蒙克模 manqué 1個）

熱內亞蛋糕麵糊（pâte à génoise）

蛋白	2個
細砂糖	60g
蛋黃	2個
低筋麵粉	60g
奶油	15g

巧克力卡士達奶油餡

蛋黃	1個
細砂糖	30g
低筋麵粉	8g
玉米粉	7g
牛奶	125ml
巧克力	30g
香草精	適量

裝飾

蘭姆酒	適量（依個人喜好）
巧克力米 (chocolate sprinkle)	適量
香草莢	1/4根

製作方法

準備

- 在模型側面及底部鋪放烤盤紙。
- 過篩麵糊材料的低筋麵粉。
- 混合奶油餡的低筋麵粉和玉米粉過篩。
- 切碎巧克力。
- 融化奶油。

1. 製作麵糊。在缽盆將蛋白打發至顏色發白，少量逐次加入細砂糖，邊加入邊確實攪打製作蛋白霜。

2. 加入蛋黃大動作混拌，放入低筋麵粉，避免破壞氣泡地混拌。趁融化奶油溫熱時混入拌勻。

3. 倒入模型中，用180℃的烤箱烘烤23～25分鐘。脫模擺放在網架上冷卻。

4. 製作奶油餡。在鍋中放入蛋黃、細砂糖、粉類混拌，加入牛奶邊混拌邊以中火加熱。不斷地混拌至噗滋噗滋地，麵粉完全消失為止。

5. 離火，加入巧克力使其融化，移至缽盆中添加香草精，墊放冰水（材料表外）邊混拌邊使其冷卻。

6. 將熱內亞蛋糕切成貝雷帽的形狀，橫向切分為二。依個人喜好在下方的蛋糕體上刷塗蘭姆酒。

7. 在2片蛋糕體中間塗抹奶油餡包夾，表面再塗抹上奶油餡。

8. 在**7**的表面撒上巧克力米，中央插入一根香草莢。

核桃塔 Tarte aux noix

本書(p.179)中介紹了凱爾西(Quercy)的核桃,毗鄰的佩里戈爾(Périgord)也有聲譽卓著的核桃,其中外殼柔軟的薩爾拉(Sarlat)核桃更是寶貴。外殼中取出形狀完整的果仁,主要都由糕餅店收購。像這樣滿載著核桃的塔,成為了糕點店櫥窗中的亮點。

材料(直徑7cm的塔模6個)

甜酥麵團(pâte sucrée)

奶油	50g
細砂糖	40g
鹽	1小撮
全蛋	20g
低筋麵粉	100g
杏仁粉	10g

核桃奶油餡

奶油	50g
細砂糖	50g
全蛋	30g
核桃	50g

配料(garniture)

核桃	120g
細砂糖	150g

製作方法

準備

- 奶油和雞蛋放置回復常溫。
- 混合低筋麵粉、杏仁粉過篩。
- 奶油餡用的核桃以食物料理機攪打成粉狀。

1. 製作甜酥麵團。在缽盆中依序加入材料混合成團,用保鮮膜等包裹後,置於冷藏室2小時以上。

2. 將**1**擀壓成2mm厚,舖放至模型中。

3. 製作核桃奶油餡。在缽盆中依序加入材料混拌,倒入**2**的麵團中約九分滿。用200℃的烤箱烘烤25分鐘。

4. 製作配料。在小鍋中放入細砂糖和足以濕潤程度的水份(材料表外)加熱,製作焦糖。逐一放入核桃沾裹焦糖,取出後放在烤盤紙上待凝固為止。

5. 待**3**烘烤完成後,趁熱放上**4**加以裝飾。

Aquitaine La Découverte

阿基坦

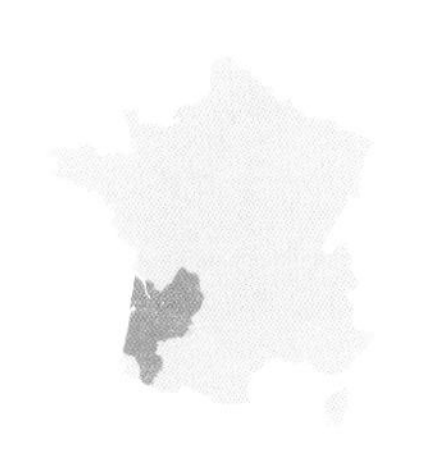

1.【肥肝 Foie gras】

自古以來的美味
孕育出屹立不搖的
高級食材

阿基坦地區以肥肝產地而聞名的是佩里戈爾(Périgord)及朗代(Landais),這二個城市就生產了約全法國半量的肥肝。

所謂肥肝,foie(肝臟)+脂肪(gras),意思就是含有脂肪的肝臟。一般來說,鴨子和鵝會被強迫餵食(這種作法稱為管飼法 gavage)使肝臟肥大,這種方法早在古埃及時代就已經存在了。後來,希臘人改用乾燥無花果飼育,據說是由羅馬人傳入阿基坦地區。現在,肥肝醬已成為法國聖誕節餐桌上不可或缺的食材。

取出肥肝後的鴨。

趁新鮮出貨的肥肝。

優渥的自然環境下飼養的鵝。

最初,主要使用鵝肝,飼料為燕麥、米糠等,從十八世紀左右開始,取而代之的是由美洲大陸傳入的玉米,也開始生產鴨子的肥肝。鵝在春天時會產出約40顆蛋,但鴨子一年約可生出100顆蛋。此外,鵝需要細緻的照料,1天必須分成3次餵食,管飼(gavage)期間也長達20～28天。相對於此,鴨子1天只需餵食2次,且管飼期約是13天。以各個觀點來看,就能理解鵝的肥肝價格高昂的原因了。

然而,無論是鵝或鴨,因為雌鳥的肝臟血管較多,因此肥肝的飼育以雄鳥為主。飼養方法首先在自然環境中飼養3個月,之後進行管飼法使肝臟肥大生成肥肝,但以現今保護動物的意識下,會儘可能縮短管飼時間,並且會依每隻雄鳥的體重及成長狀況進行飼料的種類與用量的詳細管理。

順道一提,取出肥肝後的鴨胸肉稱為Magret de Canard,肉厚且油脂偏多,是一種優質的食材。

2.【蘆筍】

白色蘆筍深受喜愛
是對老饕們宣告
春季到來的蔬菜

一到春天法國餐廳幾乎同時會在菜單中加入蘆筍。更受歡迎的是白蘆筍,以此聞名的產地就是朗德省(Landes)。

這款白蘆筍的特徵是根部多汁、莖部爽脆、加上尖端札實的口感,會因不同部位享受到各種不同的食用樂趣。在這裡生產的蘆筍80%是白色,其餘是紫蘆筍。

蘆筍生長的土壤是輕質腐殖土,含有空氣,因此容易受到太陽的熱量影響而生長良好。為了避免過度暴曬而變綠色,並使其

甜且多汁的粗大白蘆筍非常受歡迎。

完全阻隔遮避日光維持白色。

避免損傷蘆筍，仔細一根根收割。

變白，因此種植時會堆高土堆並覆蓋黑色塑膠布栽植。收成時間從3月中旬持續到6月初。由於蘆筍會隨著時間推移水份蒸發變老，因此建議盡早食用。

從聖安德烈大教堂眺望波爾多舊城區。

Aquitaine

L'historiette column 01

相傳蘆筍是一種古老的蔬菜，據說古希臘、羅馬人就已經食用，原產於南歐到俄羅斯南部。在法國，蘆筍是從西班牙引進，路易十四也種植在凡爾賽宮的菜園裡。在餐廳中常會將蘆筍做為前菜供應，可以不使用叉子地以手取食。

3.【羔羊】葡萄酒與羔羊永續的美味關係

相傳波爾多葡萄酒產地波雅克（Pauillac）的梅多克（Médoc），羊隻飼養的歷史，始於十三世紀，從朗德（Landes）和庇里牛斯山（Pyrénées）的放牧人開始。

在這裡，有一種獨特的生態系統。夏天在山裡放牧的羊群，冬季就會下山到葡萄園裡吃草，同時留下了栽種葡萄的肥料。這樣的共生成就了美味的羔羊及葡萄酒。

這種羔羊被稱為波雅克飲乳羔羊（Agneau de lait de Pauillac），出生於每年的12月～隔年3月，作為復活節祭祀用的羔羊（Agneau pascal ＝ 犧牲的羔羊）而送進市場。羔羊只喝母乳，最長飼養75日後送到市場。獲得I.G.P.（地理標誌保護），其柔軟細膩的滋味擄獲許多美食家的脾胃。當然，葡萄酒也產自波雅克（Pauillac）。

奔跑於山上與葡萄園間的羊群。

波雅克釀造出色紅酒。

© Lot-et-Garonne(股)公司

味道濃郁且大顆的阿讓洋李。

4.【洋李 Pruneau】

豐軟多汁
是這片土地
才有的滋味

世界上最美味的洋李，法文稱為 Pruneau，它只在阿基坦地區的洛特-加隆省(Lot-et-Garonne)、南部-庇里牛斯(Midi-Pyrénées)的塔恩-加隆省(Tarn-et-Garonne)等地，特別是阿讓(Agen)周邊種植。表皮柔軟、果肉厚實且酸味及甜味恰到好處，只要品嚐就會被擄獲的美味。

原產地是中國。當時被當成藥材來食用，但味道及營養價值受到好評，是在十二世紀時交配成功的恩特(Ente)品種。最適合栽植在降雨量少、夜間低溫的這片土地。是從十七世紀開始，生產乾燥的阿讓恩特品種洋李，與波爾多的乾燥洋李在市場上分庭抗禮。但阿讓的乾燥洋李因高品質而被高價收購，1990年初期也受到海外的青睞，加速了乾燥洋李的生產。

採收期是7～8月，將新鮮的洋李乾燥至僅剩21%的水份，之後以80℃的熱水浸泡成特有的柔軟度。生產1公斤需要2.3～2.5公斤的新鮮洋李。製作時會篩選出大小，500公克袋裝，雖然會因乾燥洋李有籽或無籽而略有不同，但約可裝入30顆左右。

建議可以不破壞整顆洋李果皮地取出果肉，與浸漬在酒中添加香氣的蘋果等果泥混拌，再填入果皮中製作成稱為填餡洋李(Pruneaux fourrés)的點心。

> *Aquitaine*
> **L'historiette column 02**
>
> 洋李直接食用就足夠美味了，若是用紅酒、糖等烹煮，還可以享用柔軟多汁且口感更豐富的滋味。在小鍋裡放入約20顆的洋李，倒入紅酒靜置1個小時後再加入3大匙的砂糖，煮沸後轉小火煮約5分鐘。冷卻後保存，可搭配優格、冰淇淋或豬肉料理等，享受多變化的美味。煮至甜且濃縮的紅酒，可用氣泡水稀釋成雞尾酒。

5.【魚子醬】

巴黎老字號餐廳
在吉倫特河口
發掘黑色鑽石

說到魚子醬，人們往往會想起俄羅斯，但阿基坦地區的吉倫特省(Gironde)在1900年初期也一直生產魚子醬。

魚子醬是鱘魚的魚卵。鱘魚是一種從三億年前就存在的古代魚，雖然不是鯊魚的親戚，但形似鯊魚且魚鱗貌似蝴蝶翅膀，因而日文稱為蝶鮫。學名為 Aci-

從前業者會捨棄鱘魚卵不用。

直送巴黎的新鮮魚子醬。

penser baerii，日文名則為西伯利亞鱘（Siberian sturgeon シベリアチョウザメ）。

這個地區，十五世紀時，就開始販售食用在吉倫特河捕獲的鱘魚。但僅食用魚肉而已，很長時間魚卵都被丟棄不用。

直到二十世紀，巴黎海鮮專賣餐廳『Prunier普魯尼耶』的經營者，從俄羅斯進口和銷售魚子醬的經驗，在得到俄羅斯人的協助下，才在阿基坦設立魚子醬加工廠。成功的在餐廳提供產地直送的新鮮魚子醬。

現今在吉倫特省養殖的魚子醬大小介於第3等級的 Sevruga 及第2等級的 Oscietra魚子醬之間，也就是魚卵直徑大於2.5mm的成品。

6.【核桃】可用在糕點或是料理也是取得油脂的優質食材

提到凱爾西（Quercy），法國人就會立刻聯想到核桃，這是一個以核桃聞名的地區。現今的洛特 - 加隆省（Lot-et-Garonne）、北部一帶，就是過去稱為 Quercy的區域。

凱爾西的核桃種類超過10種，若加上當地的原生品種就更多了，而且每種都依其各別用途分別進行銷售。例如整顆完整採收的果實用於製作糕點、硬殼的用於榨油。

最優秀的品種是格蘭傑恩（Grandjean），果實容易取出且風味極佳。最佳品嚐時間是10月中旬的短短幾天。

另外在此生產的核桃油，在十五世紀就已經開始出口。然而，進入二十世紀頻頻發生戰爭，使得產量也因而減少，這是因為當時的核桃木都被用於製作槍械了。

眺望洛特河（Lot）對岸核桃產地凱爾西。

多種核桃依其用途區分使用。

填滿核桃的塔。

當地市場以重量出售。

Aquitaine
L'historiette column 03

核桃含豐富蛋白質、維生素、礦物質等，也是美容和健康的聖品，但因油脂含量高且不易消化，必須注意避免過量攝取。帶殼的核桃在冰箱可保存數個月，剝殼後的核桃，容易氧化應盡快食用。烘烤過的核桃雖然很香，但烘烤時的熱氣會使維生素類減少，並造成油脂氧化，因此若想攝取較多的營養素時，建議食用生核桃最好。

盛行生蠔養殖的阿爾卡雄灣。有著跟日本相關的歷史。

7.【生蠔】【臘腸】
獨特的食用搭配
與日本具有淵源的
波爾多名產

在波爾多週邊，有將生蠔搭配臘腸一起享用的習慣。當然也不會少了冰鎮白酒！在這裡食用的生蠔是距離波爾多向西，約60公里處阿爾卡雄（Arcachon）灣養殖的生蠔。阿爾卡雄從十九世紀中葉開始，就以渡假聖地而繁榮。另外，因濕潤海風對支氣管有幫助，也成為肺病患者的療養聖地。

據說阿爾卡雄生蠔美味的原因，是拜河流匯入海灣處的浮游生物（Plankton）所賜。阿爾卡雄的生蠔大部份是日本（Japonaise）品種，是一種日本長生蠔（Magallana gigas）的品種。原本養殖的葡萄牙（Portugaise）品種，在1970年因疫病而全部滅亡之際，從日本大量引進生蠔幼貝。正如文字所述，出身於日本渡海而來的生蠔搭配臘腸享用，就是當地的風格。

新鮮生蠔以整打為單位點參。

8.【可麗露 Cannelé】
口感和形狀
與眾不同
誕生於修道院的甜點

可麗露（Cannelé）誕生於十八世紀波爾多附近的修道院。當時製作的可麗露是將擀得很薄的麵皮做成圓形以豬脂油炸，中間填入橙皮果醬再撒上砂糖。但進入十九世紀後，變成了使用玉米粉、砂糖、雞蛋、牛奶作為材料，以檸檬增添香氣地放入模型烘烤的甜點。

只要吃過就忘不了的口感及風味。

之後更將玉米粉改為麵粉，以橙花水增加香氣後，放進有凹凸形狀的布里歐模烘烤。法國大革命後可麗露逐漸被淡忘，為了讓更多人認識可麗露是波爾多的特產，在1985年成立了波爾多可麗露協會。可麗露在日本也蔚為風潮，現在已成為法國糕點的經典款了。

可麗露的特徵是以蘭姆酒或香草增添香氣，並以具有溝槽的銅製模型烘焙製成。傳統上，會在模型內側刷塗修道院製的蜜蠟。

在修道院誕生，已成為代表性伴手禮。

聖愛美濃傳承正統的馬卡龍店家。

Aquitaine

L'historiette column 04

可麗露和布列塔尼的布列塔尼果乾布丁(Far Breton)、利穆贊的克拉芙緹(Clafoutis)等，同樣使用如可麗餅(Crêpe)般的液狀麵糊製作。這類的甜點，追本溯源應該是人類首次烹調的麥粥或玉米粥。隨著時間的推移，依地區各自發展出不同的糕點。提到可麗露，印象裡全體外表散發黑色光芒，但在當地有柔和色澤、或硬脆表皮等各式各樣口感，可依客人喜好選擇。

9.【馬卡龍 Macaron】

在聖愛美濃製作 嚴密守護至今的 食譜秘方

馬卡龍最初由義大利傳入法國，後來在各地的修道院製作。製作方法及外形因各地區而有所不同，聖愛美濃(Saint-Émilion)的馬卡龍就是其中之一。直徑4cm、厚度約1.5cm。

相傳是1620年由拉克魯瓦修女們(Sœurs Lacroix)所創建吳甦樂修會(Ursulines)的修道院所製作。食譜被視為秘方代代守護，法國大革命後被轉讓給古迪松(Goudichaud)家族，之後由布蘭徹夫人(Madam Blanchez)接手，現在由『Nadia Fermigier』以《Véritables macarons de Saint-Émilion聖愛美濃正宗馬卡龍》之名販售。

在1867年巴黎萬國博覽會時，人們提議將這款馬卡龍與波爾多葡萄酒一起享用。在聖愛美濃也有其他製作馬卡龍的店家，但只有這家保留了傳統配方。

城鎮中有幾家馬卡龍專賣店。

也有包夾奶油餡的馬卡龍。

世界遺產聖愛美濃的舊城。是朝聖者的必經之路，很早就繁榮發展。

彷彿看到修女工作般的質樸感。

新阿基坦

Aquitaine La Découverte

Pays Basque

阿基坦・巴斯克

外型看似大型硬質乳酪，但口感滑順且柔和細膩。

1.【歐梭伊哈堤 Ossau-Iraty】

搭配果醬
更能烘托美味
是當地首屈一指的乳酪

歐梭伊哈堤是代表巴斯克和貝亞恩（Béarn）的硬質乳酪，Ossau是貝亞恩溪谷的名稱，Iraty則取自巴斯克地區森林的名字。

歐梭伊哈堤乳酪用的羊奶有3種指定品種，馬內克黑頭羊（Manech tête noire）、馬內克紅頭羊（Manech tête rousse）和巴斯克貝亞恩（Basco-béarnaise），但以乳汁較多的馬內克紅頭羊為最。有明顯奶油和堅果般的風味，又同時有著柔和圓融的滋味。

高12～14cm、直徑26cm、重量高達7公斤的大型乳酪，貝亞恩人偏好軟質的乳酪，巴斯克人喜歡硬質的口感。建議搭配使用在巴斯克酥餅（Gâteau Basque），伊薩蘇（Ixasou）村的櫻桃果醬，或是埃斯普萊特（Espelette）村的辣椒－『埃斯普萊特辣椒粉 Piment d'Espelette』一起食用。1980年取得A.O.C證認。

2.【巴斯克酥餅 Gâteau basque】

果醬派？奶油派？
二派都有
是此地區的代表性糕點

巴斯克酥餅（Gâteau basque）起源於十七世紀左右。當時，用豬油代替奶油，用玉米粉代替麵粉，用蜂蜜代替糖製作麵團，再夾上當地可得的無花果、李子或櫻桃果醬，就是早期的巴斯克酥餅。

櫻桃之鄉所製作的果醬。

之後水果逐漸被淘汰，只有來自伊薩蘇（Ixasou）果醬留了下來，因此在巴斯克酥餅裡加入櫻桃果醬成為一種慣例。十九世紀左右，蛋與乳製品變得普及，因此開始有夾入卡士達奶油餡的巴斯克酥餅。

在婚禮、節日等場合，會與其他糕點一起待客，邀請客人的家長會將剩餘的酥餅打包帶回家分享。

添加櫻桃醬是傳統的製作方法。

加入卡士達奶油餡也很受歡迎。

排列著各式各樣的生火腿、薩拉米(Salame)。也會舉辦生火腿慶典。

柔和的脂肪香氣堪稱第一。

3.【巴斯克豬】豬肉與鹽還有風 全是當地盛產的 火腿饗宴

在庇里牛斯-大西洋省(Pyrénées-Atlantiques)的阿爾杜德(Ardudes)溪谷,以食用橡實或栗子餵養長大的豬所製作的生火腿非常特別。這種霜降豬肉細膩柔軟的口感,是以巴斯克大自然為背景所誕生的美味。

巴斯克豬曾一度瀕臨滅絕危機,但在以經營巴斯克首屈一指豬肉加工業的皮耶•奧泰薩(Pierre Oteiza)先生為主導,成立了保護專案,在1997年進行血統登錄,以《Kinztoa》(畜養地阿爾杜德村的巴斯克名)為品牌,之後廣為人知。

有黑色斑紋模樣的巴斯克豬,母豬一次可產6～9頭小豬。以母乳飼養的小豬們在之後的12～14個月間,食用橡實或山毛櫸堅果並在山坡斜面奔跑的方式飼養。因此被製成生火腿的後腿肌肉發達。最終體重可高達150公斤。

要製作美味生火腿的第一要件,是充份的運動緊實肉質,而鹽漬時所用的鹽則是從薩利德貝阿恩(Salies-de-Béarn)村湧出的鹽水製成。

在熟成期間,從西班牙吹拂的暖風和大西洋的潮濕海風,再加上隨風而至的花粉及菌種,造就出獨特風味。此外,用於掛火腿的木製架子的濕度,還可防止肉質乾燥。最後撒上巴斯克辣椒、埃斯普萊特辣椒粉(Piment d'Espelette),就完成了巴斯克生火腿。

熟成期間超過1年。水份會隨著時間蒸發,同時肉質會變硬、鹹味也會增加,因此並非熟成時間越久越好,以18～24個月最佳。

Aquitaine 阿基坦
L'historiette column 05

在巴斯克,有一道使用生火腿製作的簡單雞蛋料理。將洋蔥、蒜頭、青椒、甜椒一起拌炒,之後加入番茄烹煮。用鹽、胡椒調味,攪散雞蛋加入以小火攪拌成半熟狀,盛盤後再輕輕擺放生火腿片即可。生火腿切成薄片時若有較硬的部分,也可用於燉煮料理。生火腿的味道和雞蛋融合,味道更加鮮美。

被分類為黑豬的巴斯克豬。

市場裡簡單地稱重出售,可以隨意購買來試試。

流經法國巴斯克中心都市巴約訥的阿杜爾河。

4.【巧克力】
法國最早的巧克力產地
當地老師傅們粹練出的
老字號風味

法國第一家將可可豆加工成巧克力的工坊建在巴斯克地區。十七世紀時，受西班牙、葡萄牙迫害而逃到巴斯克的猶太人，在巴約訥（Bayonne）附近的阿杜爾（Adour）河右岸的聖艾斯普利（Saint-Esprit）建立的。

這些猶太人早已熟知巧克力的製作方法，因此在十七世紀末，巴約訥出現了更多的巧克力師傅，甚至可將巧克力運送至巴黎、布列塔尼、諾曼第等地擴大銷售。

然而，當時無論哪個師傅做的巧克力，都只被通稱為「巴約訥（Bayonne）的巧克力」，直到1800年中期，師傅們各自開設自己的店面後，才以各自的名字來販售巧克力。

例舉現在名店，以《熱巧克力Chocolat Mousseux》聞名的『Cazenave』，創立於1856年、『Daranatz』創立於1890年、『Pariès』創立於1895年。

充滿此地獨特的野性風味。

有充足的紀念品可以帶回家。

手工打發氣泡輕盈的熱巧克力。

5.【辣椒】
細膩的技巧
用辣中帶甜的辣椒
完成當地的風味

巴斯克料理中不可欠缺的，是這個埃斯普萊特村的Piment辣椒，埃斯普萊特辣椒（Piment d'Espelette）。在大航海時代，從南美帶回西班牙的青椒、玉米和辣椒，被傳至法國西南部，其中特別以多斜坡、日曬佳的埃斯普萊特村最適合栽種，因而雀屏中選。

埃斯普萊特辣椒（Piment d'Espelette）略帶橘色的紅，大多以粉末狀販售。味道跟日本的一味唐辛子粉相比更為溫和，甚至略感覺到甜味。此外，因隱約帶著番茄風味，因此與大量使用番茄的巴斯克料理更是超級適合。

辣椒是巴斯克象徵性的風景。

紅辣椒色是巴斯克房子的顏色之一。

標準長度是8～10cm的圓錐形。埃斯普萊特村有一道名為Axoa，蔬菜與肉類的燉菜，或是代表巴斯克蔬菜和雞蛋的料理 Piperade，也用於生火腿片或混拌進臘腸中製作，運用在各式料理或加工食品中。

在2000年取得A.O.C認證後，每年10月的最後一個星期日，會舉辦埃斯普萊特辣椒(Piment d'Espelette)慶典，讓更多人共襄盛舉。

6.【馬卡龍 Macaron】
路易十四
婚禮中
獻上的馬卡龍

聖讓德呂茲(Saint Jean de Luz)的馬卡龍歷史，可追溯至十七世紀，當時路易十四和從西班牙嫁過來的瑪麗-泰蕾莎(Marie-Thérèse)結婚。

兩人在聖讓德呂茲的聖若翰洗者天主堂(Église Saint-Jean-Baptiste)，於1660年6月9日舉行婚禮時，一位自稱亞當(Adam)的糕點師傳獻上這款糕點作為結婚賀禮。據說瑪麗-泰蕾莎王妃非常喜愛，因此這個配方一直傳承至今，由這個城鎮首屈一指的糕餅店『Masion Adam』製作。

充滿杏仁果馥郁香氣的『Masion Adam』馬卡龍。

口感柔軟，如果要尊重烘焙時的美味，最好在冷藏的10天之內食用完畢。『Masion Adam』的馬卡龍雖然在1922年12月4日已完成商標登記，但在巴斯克地區仍有約20家製作馬卡龍的店。其中之一在比亞里茨(Biarritz)等地也有店面的『Pariès』，也十分著名。

路易十四與從西班牙嫁過來的瑪麗-泰蕾莎在此舉行婚禮。

留下馬卡龍歷史的『Masion Adam』。

被稱為“Pariès Mouchous”的馬卡龍也備受歡迎。

Vin 波爾多的葡萄酒

波爾多(Bordeaux)葡萄酒的標籤裡很多加了「Château XXX」的標示。Château原意為城堡，但在此的Château指的是葡萄酒生產者的意思，在波爾多地區，目前約有1萬多名以上的生產者在釀造葡萄。

波爾多是au bord de l'eau，也就是水岸的意思。流經吉倫特省(Gironde)的加隆河(Garonne)和多爾多涅河(la Dordogne)匯流入大西洋的吉倫特河(Gironde)，不愧其名的河畔水岸釀造出優質葡萄酒。此外，拜這些河川所賜也形成各種

聖愛美濃地區的葡萄園。

梅多克地區著名酒莊，Château Maucaillou。

多樣性的土壤，成為排水良好，適合栽植葡萄的土地。

波爾多的葡萄酒釀造技術始於四世紀由羅馬人傳入。此後，因為阿基坦女爵嫁給英國利亨利二世，因此在十二～十五世紀之間，波爾多葡萄酒大量出口到英國，在英國被稱為「Claret克拉雷特」大受歡迎。在十七～十八世紀左右，擁有酒莊(Château)的領主們用自己的酒莊命名銷售葡萄酒。荷蘭人引進玻璃瓶和軟木塞，葡萄酒的保存條件得到改善，也成為這一時期的重要原因之一。

波爾多葡萄酒只有在吉倫特省(Gironde)產區生產的才能稱之為波爾多葡萄酒。其中，高級葡萄酒生產區主要集中在以下5個地區：

1. 梅多克地區(Médoc)
2. 格拉夫地區(Graves)
3. 聖愛美濃地區(Saint-Émilion)
4. 波美侯地區(Pomerol)
5. 索甸地區(Sauernes)

在波爾多，1855年萬國博覽會展出時，波爾多工商會議所將梅多克地區(Médoc)、索甸地區(Sauernes)所生產的葡萄酒進行分級。其他像格拉夫地區(Graves)、聖愛美濃(Saint-Émilion)地區，則在100年後開始實行等級制度，而波美侯地區(Pomerol)尚未進行分級。

以下是各自的土壤和葡萄酒特徵。

1. 梅多克(Médoc)

黏土質及白堊質的土壤，因礫石及砂反射太陽的熱能，能釀造出舒心香氣及口感極佳的葡萄酒。產地分為上梅多克(Haut-Médoc)和下梅多克(Bas Médoc)地區，但優質的葡萄酒全是上梅多克(Haut-Médoc)釀造，60%使用卡本內蘇維濃(Cabernet Sauvignon)品種。

梅多克的一級酒莊包括：拉菲堡(Château-Lafite-Rothschild)、瑪歌堡(Château Margaux)、拉圖堡(Château Latour)、木桐堡(Château Mouton-Rothschild)(一開始並非一級，1973年才升級)，侯伯王酒莊(Château-Haut-Brion)(產地雖在格拉夫Graves地區，例外的成為梅多克一級)也在內。

2. 格拉夫(Graves)

格拉夫是從(gravier＝礫石)而來，而礫石及少量的黏土質形成的土壤，可孕育出獨特濃郁的葡萄酒。相較於梅多克地區，釀造出的是明亮紅寶石色，且口感柔順的葡萄酒。主要的品種是卡本內弗朗(Cabernet Franc)，也生產白酒。

3. 聖愛美濃(Saint-Émilion)

在Côtes及格拉夫二個地區生產。日照時間長、黏土質及白堊質的土壤排水佳，酒體豐滿醇厚，可釀造出細膩香氣的葡萄酒。葡萄品種以梅洛(Merlot)較多，因此單寧較少。1954年以來，數次被改訂分級，現在最高級別是歐頌堡(Château Ausone)、白馬堡(Château Cheval Blanc)、金鐘堡(Château Angélus)、帕彌堡(Château Pavie)。保留中世紀風貌的美麗城鎮被登錄為世界遺產。

木桶為葡萄酒帶來風味及香氣。

4. 波美侯(Pomerol)

土壤是被小石頭覆蓋的黏土質。葡萄品種以梅洛(Merlot)較多，因此單寧較少，香氣馥郁且帶著美麗紅寶石色的葡萄酒。雖未有正式的分級，但彼得綠堡(Château Petrus)較為著名。

5. 索甸(Sauernes)

生產世界最高級甜白酒的地區。加隆河流進支流低溫的錫龍河(Ciron)，因溫差產生潮濕霧氣使葡萄長出貴腐菌。以水份蒸發後留下的高糖分葡萄乾，釀成了貴腐葡萄酒。品種以榭蜜雍(Semillon)為主體。最高等級是伊更堡(Château d'Yquem)。

Bordeaux 葡萄酒地圖

Nouvelle-Aquitaine
新阿基坦

Limousin

利穆贊

幾乎位於法國中央位置的中央山脈（Massif Central），其中的利穆贊（Limousin），由兩個不同地形的區域組成：一個是嚴寒乾燥氣候的山岳地帶，另一個則是受大西洋影響而溫暖的平原。全區是由這兩個地形相異的區域所組成。由於這些地形和氣候的差異，在山區，人們會進行野兔、野豬、野雞等狩獵活動，而平原除了養豬、養羊外，還會收穫蘑菇、栗子和堅果等。

首都利摩日（Limoges）是以白磁上繪有金色圖紋或花朵圖樣而聞名的利摩日瓷器產地。迪布謝國家瓷器博物館（Musée National de la Porcelaine Adrien Dubouché）內，就展示著4000件以上著名的利摩日瓷器。比十八世紀誕生的利摩日瓷器更早，在十二世紀時，此地就開始製作搪瓷珐瑯（Enamel）了。布爾日聖斯德望主教座堂（Cathédrale Saint-Étienne de Bourges）旁邊的利摩日美術館中，展示著500件以上的搪瓷珐瑯作品。誕生於利摩日，原本在磁器上作畫的雷諾瓦（Renoir）等印象派畫作，也收藏於其中。此外，在利摩日也有可供參觀的陶磁器工作坊與暢貨中心，旅客也能盡情享受。利穆贊與日本也有相當的緣分，文學家島崎藤村也曾在1913～1916年期間在此居住。

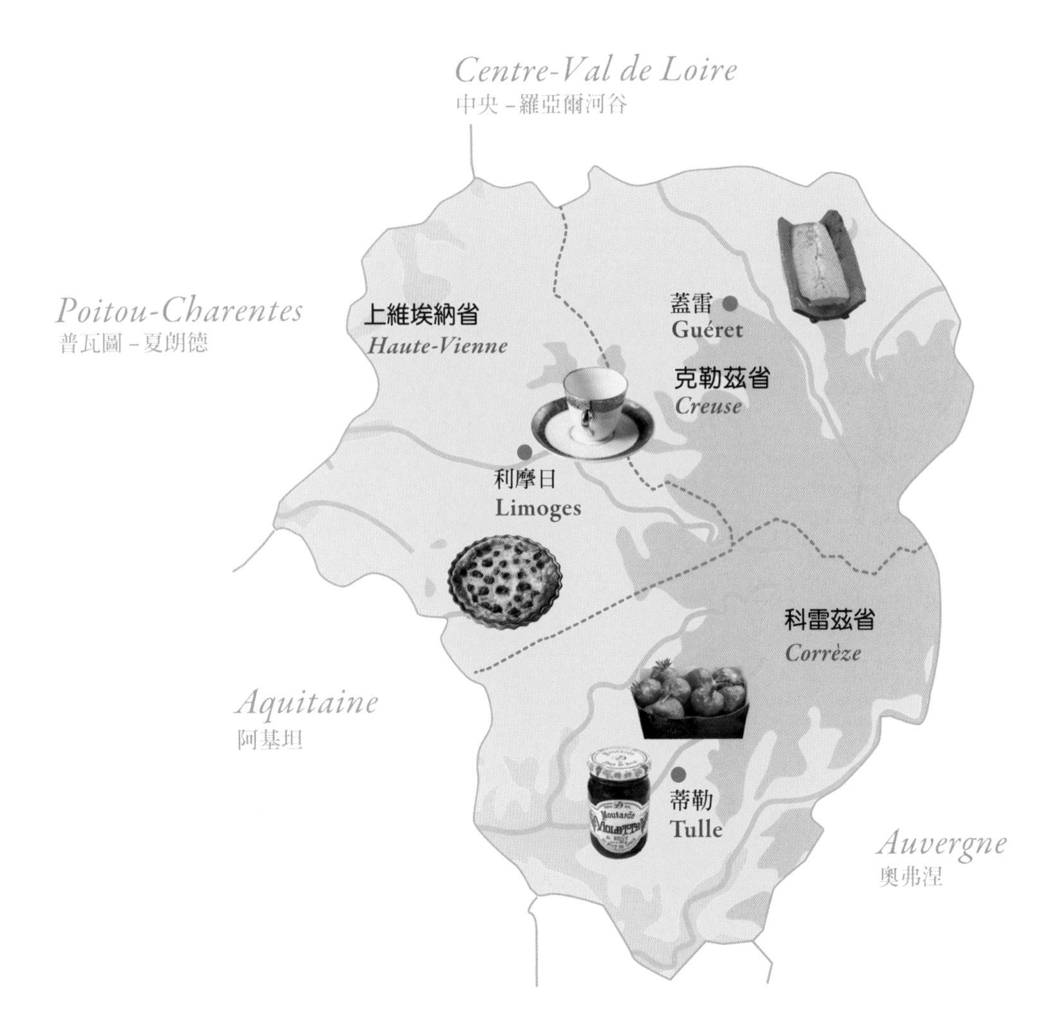
Centre-Val de Loire
中央－羅亞爾河谷
Poitou-Charentes
普瓦圖－夏朗德
上維埃納省
Haute-Vienne
蓋雷
Guéret
克勒茲省
Creuse
利摩日
Limoges
科雷茲省
Corrèze
Aquitaine
阿基坦
蒂勒
Tulle
Auvergne
奧弗涅

馬鈴薯塔 Tourte aux pommes de terre

十八世紀，名為帕爾曼蒂耶（Parmentier）的農業學者，試圖挽救糧荒讓人民樂於食用馬鈴薯，因此派遣士兵站在馬鈴薯田周圍，展現馬鈴薯是貴重的農作物，藉以推廣。現今已經無法想像沒有馬鈴薯的飲食生活了。這道料理就是以馬鈴薯為主角的塔。

材料（直徑12cm高4cm的圓模1個）

折疊派皮麵團（feuilletée）	250g
馬鈴薯	大型2個（約400g）
臘腸	1～2根
葛瑞爾乳酪（Gruyère）	30g
鮮奶油	適量
鹽、胡椒	各少許

製作方法

1. 擀壓折疊派皮麵團（製作方法參考122頁），鋪入圓模中。再切下直徑大於圓模的一片麵皮。兩者皆靜置於冷藏室內。

2. 馬鈴薯燙煮後剝除外皮（或用微波加熱至柔軟），切成易於食用的大小，用鹽、胡椒調味。

3. 臘腸也切成易於食用的大小。

4. 將**2**、**3**填入完成靜置的 **1**中，撒上葛瑞爾乳酪。在圓模麵團邊緣刷塗蛋液（材料表外），將圓形麵皮覆蓋後，輕輕按壓邊緣使其閉合。

5. 中央作出透氣的孔洞，利用鋁箔紙做出直徑1cm約長5cm的圓筒插入。其餘的麵團用切模按壓出葉片形狀，裝飾在表面。

6. 用刀背劃出葉脈，刷塗蛋液（材料表外），以200℃的烤箱烘烤30～40分鐘。

7. 降溫後，從鋁箔紙的圓筒中注入鮮奶油。

焗烤鱈魚馬鈴薯 Morue aux pommes de terre

在內陸的利穆贊地區，新鮮魚貨很難入手，因此這道料理使用的是鱈魚乾。鱈魚乾浸泡在水中一夜，釋出鹽份後使用。我曾在巴黎的糕餅店員工餐吃過以牛奶製作的類似料理。這次使用的是薄鹽鱈魚，雖然簡單但卻百吃不厭。

材料（容量300cc的焗烤盤2個）

馬鈴薯	1個（切成1cm的塊狀）
薄鹽鱈魚	2片（切成2cm的塊狀）
全蛋	1個
牛奶	40ml
鮮奶油	20ml
大蒜	1瓣（切碎）
綠花椰	適量（切成小朵燙煮）
胡椒	適量

製作方法

1. 切成塊狀的馬鈴薯放入耐熱容器內，覆蓋保鮮膜以微波加熱（600W、2分鐘）。

2. 在缽盆中攪散全蛋，加入鮮奶油和牛奶混拌，撒入胡椒。

3. 焗烤盤內放入馬鈴薯和鱈魚，放上大蒜和綠花椰，澆淋**2**。

4. 用200°C的烤箱烘烤20分鐘，至表面呈現淡淡的金黃色。

即使在巴黎的魚店也有賣鹽漬鱈魚。

利穆贊的克拉芙緹 Clafoutis du Limousin

與布丁塔(Flan)、閃電泡芙(Éclair)等同，必定會被列舉的法國糕點代表，就是克拉芙緹，原本是利穆贊的地方糕點。在容器內倒入蛋奶液(appareil)，放入當地特產的櫻桃烘烤而成。還有放入蘋果或洋梨，稱為弗隆亞德(Flaugnarde)的變化組合。

材料(直徑21cm的陶瓷塔模1個)

全蛋	2個
細砂糖	50g
鹽	1g
低筋麵粉	50g
牛奶	250g
融化奶油	10g
香草油(Vanilla oil)	適量
櫻桃(冷凍)	300g
奶油	15g

製作方法

準備

- 在模型內側薄薄地刷塗奶油(材料表外)。
- 過篩低筋麵粉。
- 牛奶溫熱至人體肌膚的溫度。

1. 在缽盆中攪散雞蛋，放入細砂糖、鹽，摩擦般混拌。

2. 加入低筋麵粉混拌。

3. 依序加入牛奶、降溫的融化奶油和香草油，混拌。

4. 在模型中排放櫻桃，倒入**3**。

5. 在表面撒上剝成小丁的奶油，以200°C的烤箱烘烤25分鐘。

曾經也會用當地的黑櫻桃來製作。

Limousin La Découverte

利穆贊

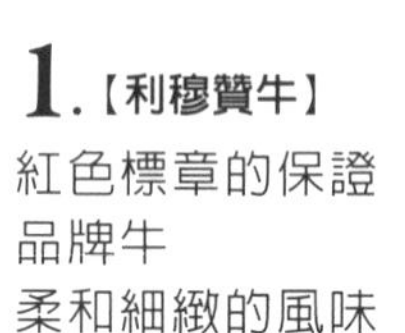

1.【利穆贊牛】

紅色標章的保證
品牌牛
柔和細緻的風味

利穆贊牛是當地飼養的品牌牛，獲得公開認證高品質的“紅標 Label Rouge”，也是廚師們非常喜愛的食用牛。原本是為了農業用途而飼養的牛隻，但因為環境適應力強，生殖能力也強，因此在法國大革命後，利穆贊牛就開始以食用為目的而飼養。

沒有多餘的脂肪，而且肉質柔軟多汁，具有細緻紅肉特性，廚師們也都給予很高評價。小牛只喝母牛的牛乳養在牛舍至6個月大，之後的一年有一半時間，會在牧場草地放牧，牛隻只吃青草、乾草、穀物等。作為食用牛出貨時，只能是飼養28個月以上10年以下的牛隻。

極佳的優雅紅肉，利穆贊牛。

2.【利摩日瓷器】

桌上的華麗
世界上無與倫比的瓷器
法國大革命是轉折點

一提到利穆贊，人們會想起利摩日（Limoges）附近生產的白底、描繪著優雅圖案的瓷器，利摩日瓷器非常有名。然而，即使到了利穆日的火車站，也找不到利摩日瓷器的店舖。這是因為工作坊都在遠離車站之處，若要造訪利摩日瓷器的工坊，務必要先做好事前調查。

首先，瓷器是在十六世紀時由中國傳入歐洲。之後，十六世紀在德國邁森（Meißen）近郊，發現了一種稱為高嶺土（Kaolinite）白色具黏性的材料，邁森就成了歐洲最早著手生產瓷器的地方。這個技術保密了一段時間，為了不讓德國壟斷瓷器生產，法國也開始探究瓷器的生產

白底和金色相互輝映的利摩日瓷器。

稱霸世界的一流產品。

技術，1768年也在法國境內挖掘到了高嶺土。1771年在利摩日開始了法國最早的瓷器製造。

在1774年，由阿圖瓦伯爵（Comte d'Artois）贊助設立了『阿圖瓦伯爵Comte d'Artois陶瓷製造廠』，但營運不佳，被政府收購成為『塞夫勒（Sèvres）皇家陶瓷廠』的下屬組織。然而，在法國大革命期間，它再次被出售給民間的工作室，這次更引進了許多優秀的工匠和各種圖案設計。十九世紀後半鴻圖大展地造就了利摩日瓷器的黃

雷諾瓦也曾在利摩日彩繪瓷器。
©The Metropolitan Museum of Art

金時代。當時只有6家工作室，到了十九世紀後半增加到了48家。

讓利摩日瓷器名氣廣傳的其中一人，是來自紐約的貿易商大衛‧亞比蘭（David Haviland）。他感受到利摩日瓷器的魅力，並在美國進行推廣。1862年和二個兒子一起設立了『Haviland亞比蘭陶器公司』。

此外，畫家雷諾瓦出身於利摩日，某個時期也曾在利摩日彩繪瓷器。現在是世界知名瓷器城市的利摩日，事實上在瓷器發展之前，就以工藝著稱卻鮮為人知。十二世紀後半到十三世紀之間，利摩日產的景泰藍在歐洲廣受好評。

3.【克茲瓦蛋糕 Le Creusois】修道士祈禱和平的世界以及享用瓦片糕點

在克勒茲省（Creuse）傳統的克茲瓦蛋糕（Le Creusois），據傳是一種榛果和奶油口味的糕點，使用瓦片來烘烤。這種點心在十五世紀曾在修道院製作，但後來逐漸被遺忘了。直到1969年，在拆解Clos村某位修道士的房屋時，發現了記載在羊皮紙上的中世紀文件。用古老法語記錄下的內容，竟是自古以來修道院使用的糕點食譜。

克茲瓦蛋糕是祈求和平的不變象徵。

「當不穩定的情勢過去，有朝一日和平到來時，希望能製作這款糕點」。和這段話一起被保留下來的食譜中曾提到"將麵糊倒入瓦片凹槽處烘烤"，所以這款糕點帶有「凹槽 creuse」的意思，就命名為克茲瓦蛋糕（Le Creusois）。

之後克勒茲省為了推廣這款糕點而成立了克茲瓦蛋糕（Le Creusois）協會，由協會公認的糕餅店，製作這種傳統糕點。現在當然還是以瓦片模型製作，但實際上還保留了用瓦片烤的版本，非常受歡迎，需要預訂或者很早去排隊。

拜訪當地的糕餅店，特地參觀了製作方法和費南雪幾乎相同，只是將杏仁粉替換成榛果粉而已。但在那之前費盡力氣才從當地媽媽們那裡問到的食譜，是把砂糖混拌到奶油裡，再加入打發的蛋白霜。即使是相同地區，似乎也有不同製作方法。可能是隨著時代演進，各自找尋更好的食譜吧。

也有使用真瓦片烘烤的蛋糕。

那位媽媽在當地經營旅店，她說「這是代代相傳的食譜，不會輕易地教給別人」，一開始非常固執，但最後還是從泛黃的筆記中抄寫下食譜。地方特色點心，就是由這些以此為傲的人認真守護著承傳下去。

Limousin
L'historiette column 01

克茲瓦蛋糕（Le Creusois），是一款使用榛果的糕點，榛果和杏仁果一樣搗碎後混入麵糊，或與巧克力混合製成糊狀的榛果巧克力醬（Gianduja），是製作糕點時不可欠缺的堅果。在夏季到秋季成熟，以樹葉包裹著在市場裡販售，剝開葉子和外殼也能直接生吃。

被登錄為「法國美麗村莊」，紅色屋頂令人印象深刻的科隆日拉魯日(Collonges-la-Rouge)。

4.【藍莓】【草莓】
夏季糕點的代表
莓果是
山間城鎮的寶石

處於法國正中央，中央山脈(Massif central)一部分的科雷茲省(Corrèze)的莫內迪耶爾山地(Massif des Monédières)，原本就是野生藍莓的產地。

野生品種的味道和香氣都非常好，但是一採摘就容易受損。因此這款藍莓長久以來都只能在當地消費，但在1970年代引進香甜多汁的美國種，解決運送的問題，夏天時鎮上的糕點店也開始供應藍莓點心。

一到盛產季甜點店也會大量使用。

在涼冷的土地上栽種各式各樣的草莓品種。

此外，由於氣候溫暖，香蕉、椰子都能生長，在被稱為"Riviera里維埃拉"（地中海沿岸的避暑勝地）的多爾多涅溪谷地區，多爾多涅河畔博略(Beaulieu-sur-Dordogne)，也種植Gariguette和Elsanta品種的草莓。據說這些是飼養利穆贊牛隻的農家副業，非常盛行。

5.【克拉芙緹 Clafoutis】
一定含有種子
享用隨著季節更替
媽媽的味道

在日本，克拉芙緹(Clafoutis)通常以塔的形狀販售，但在利穆贊當地的克拉芙緹是在可麗餅(crêpe)麵糊中撒上櫻桃烘烤而成，是道簡單的家庭點心。

Clafoutis的名稱由來有二種說法。一說是源自於這個地區的方言「填滿」或「塞滿」的意思"clafir"這個字，另一種說法是

滿是櫻桃的克拉芙緹。

即使時代變遷仍然不變的風味。

當地的 Flognarde能品嚐出豪邁滋味。

「釘住」的意思，源自古語的“claufir”。這裡說的釘子是指櫻桃的種子，換言之就是連同種子一起烘烤，可以品嚐到其中的香氣和微苦滋味的糕點。

這種點心通常在家庭聚會時，例如週日家庭聚餐時，由媽媽製作，當然也可以在麵包店或市場上輕易找到。其中使用的櫻桃是當地採收的黑櫻桃，一旦產季過後，會改用洋梨或蘋果來代替。此時名稱也會改為弗隆亞德(Flognarde)。

6.【紫色芥末醬】
連教宗也著迷
搭配什麼都很適合
一小匙芥末

「La moutarde violette de Brive」(布里夫的紫色芥末籽醬)，是用葡萄榨出的原汁做成的芥末醬。混合了甜味、酸味和辣味的複雜滋味。是利穆贊隱藏版的珍品。肉類料理、蔬菜沙

直接呈現葡萄色的芥末醬。

拉(crudités)、燉煮扁豆，適合搭配各種料理。

這種芥末的歷史悠久，十四世紀就已經製造。當時的法國國王腓力四世(Philippe IV le Bel)，因為稅收問題襲擊羅馬教宗波尼法爵八世(Bonifacius PP. VIII)，之後歷經7代教宗被囚於南法亞維儂(Avignon)，這就是所謂的「亞維儂之囚」。1309年到1377年之間被囚於此的歷代教宗當中，有一位科雷茲省(Corrèze)出身的教宗克萊孟六世(Clemens VI)，據說他非常懷念家鄉的這種芥末的味道，甚至將芥末師傅召至亞維儂(Avignon)。這是一個貴族和

與馬鈴薯是絕配。

主導「亞維儂之囚」的腓力四世。
© The Metropolitan Museum of Art

美食愛好者的故事，充滿奢侈的生活方式，如同法國貴族出身的教皇。

Limousin
L'historiette column 02

在法國中部，上維埃納省(Haute-Vienne)的聖萊奧納爾-德諾布拉(Saint-Léonard-de-Noblat)，有一種自中世紀以來流傳的糕點，稱為馬斯邦・聖萊納德-諾布拉(Massepain de St Leonard de Noblat)。據說是基督教徒們，要前往西班牙聖地牙哥-德孔波斯特拉(Santiago de Compostela)朝聖之旅時會準備的糕點，特色是口感與馬卡龍相似且質樸。

Nouvelle-Aquitaine
新阿基坦

Poitou-Charentes

普瓦圖－夏朗德

綿延著平原和台地的普瓦圖 - 夏朗德，在中世紀曾兩度成為戰場。最早的對戰者阿拉伯人，當時他們留下了山羊，因此開始製作使用山羊乳的糕點，至今仍在製作的是稱為黑色焦糖乳酪蛋糕「Tourteau fromagé」。

位於吉倫特河口（Estuaire de la Gironde）北側的夏朗德（Charentes），與諾曼第並列法國奶油第一的生產量。沿岸地方盛產養殖生蠔。從拉羅歇爾（La Rochelle）至稱為雷島（Île de Ré）的臨近小島，約有220公頃的廣闊鹽田，其中被稱為鹽之花的「Fleur de sel」深獲老饕們喜愛。這裡也是馬鈴薯產地，法國最受歡迎的 BF15品種，在6～7月最為美味。琥珀色的白蘭地是干邑（Cognac）當地的特產。製成的甜葡萄酒夏朗德皮諾酒（Pineau des Charentes）也是聞名的美酒。伴手禮則有傳承400年以上的蒙莫里永（Montmorillon）馬卡龍，這種獨特的馬卡龍是使用專門的擠花袋擠出生麵糊後烘烤而成。

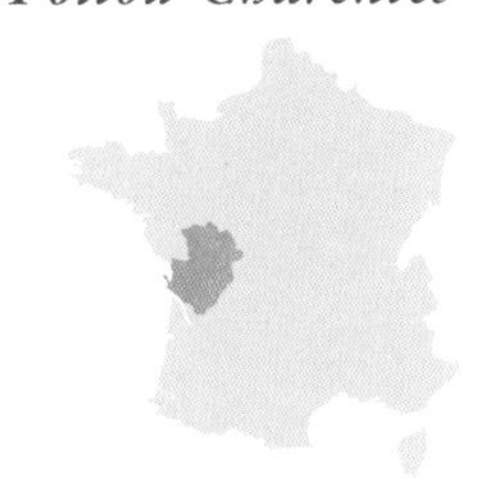

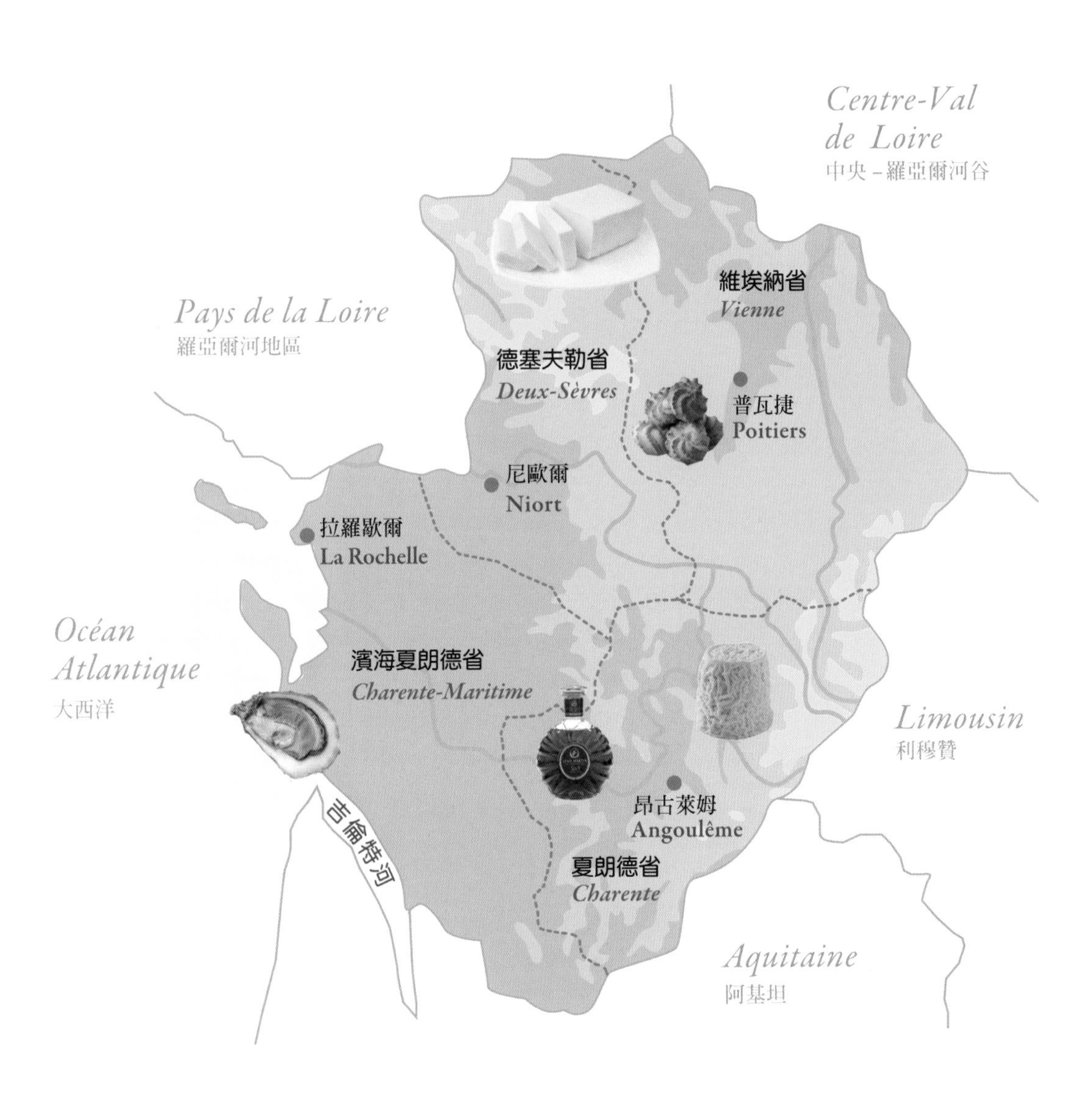
Centre-Val de Loire
中央－羅亞爾河谷
Pays de la Loire
羅亞爾河地區
維埃納省
Vienne
德塞夫勒省
Deux-Sèvres
普瓦捷
Poitiers
尼歐爾
Niort
拉羅歇爾
La Rochelle
Océan Atlantique
大西洋
濱海夏朗德省
Charente-Maritime
Limousin
利穆贊
昂古萊姆
Angoulême
吉倫特河
夏朗德省
Charente
Aquitaine
阿基坦

干邑白蘭地風味雞肉 Poulet au cognac

使用干邑（Cognac）所釀造的干邑白蘭地製作的雞肉料理。洋蔥的甜味調和了干邑白蘭地繁複深刻的風味，使雞肉呈現細緻優雅的美味。即使不是干邑白蘭地，用手邊既有的白蘭地，也同樣能美味地完成。上桌前再加入幾滴干邑白蘭地，可以讓滋味更加豐厚！

材料（4人份）

雞腿肉	600g（分切成略大塊狀）
干邑白蘭地	100ml
液態油	2大匙
奶油	2大匙
洋蔥	1個（切成薄片）
水	50ml
月桂葉	1片
鮮奶油	50ml
鹽、胡椒	各適量
迷迭香	少許（依個人喜好）

製作方法

1. 將干邑白蘭地50ml淋在雞肉上，過程中不斷上下翻面浸漬約30分鐘。取出浸漬汁液備用。

2. 瀝去雞肉水份，撒上鹽、胡椒。

3. 在平底鍋中加入液態油，將雞肉表面煎成金黃色後，取出。拭去多餘的油脂。

4. 在相同的平底鍋中，倒入**1**的浸漬汁液和其餘的干邑白蘭地（約50ml），用木杓等刮下沾黏在鍋底的美味成分（déglacer）。

5. 在另一個鍋中融化奶油，將洋蔥拌炒至軟化，加入雞肉和 **4**的汁液。

6. 放進水和月桂葉、鹽、胡椒，煮至沸騰。

7. 撈除浮渣，烹煮約10分鐘。

8. 加入鮮奶油煮5～10分鐘至雞肉完全熟透。用鹽、胡椒調味。

＊想要增加醬汁的稠度時，可用鮮奶油（材料表外）融化少許玉米粉，在最後混入湯汁。

若使用法國最自豪的布雷斯雞，就是頂級料理！

淡菜歐姆蛋　Omelette aux moules

用濱海夏朗德省(Charente-Maritime)沙隆(Châlons)灣所產，稱為貝床淡菜(Bouchot)製作的當地風味。貝床淡菜的身體帶著橘色，特徵是口感柔軟。使用蒸煮淡菜時蒸出的湯汁烹調成湯品，日常歐姆蛋就變身成為存在感十足的主食。照片中使用的是日本產的淡菜。

材料(2人份)

淡菜	6～8個
洋蔥(切碎)	2大匙
白酒	50cc
全蛋	4個
鮮奶油	100cc
鹽、胡椒	適量
奶油	適量
香葉芹(chervil)	適量

※淡菜用刷子等刷洗去外殼的髒污，拔除伸出外殼的足絲後使用。

製作方法

1. 在鍋中放入洋蔥和白酒、淡菜，煮至沸騰，蓋上鍋蓋以大火加熱數分鐘，至淡菜受熱開殼為止。

2. 在平底鍋中融化奶油，各別用2個全蛋製作出2份歐姆蛋。

3. 取出**1**的淡菜，在湯汁中加入鮮奶油，略略熬煮後，用鹽、胡椒調整風味。

4. 將歐姆蛋和淡菜盛盤，澆淋**3**的醬汁。

5. 用香葉芹等香草裝飾。

身體帶著橘色的貝床淡菜(Bouchot)。

蒙莫里永的馬卡龍 Macarons de Montmorillon

位於普瓦圖（Poitou）東南的城鎮－蒙莫里永（Montmorillon）的糕餅店『Maison Rannou-Métivier』，製作出傳承五代配方的馬卡龍。這個店內同時附設馬卡龍博物館，除了理所當然的馬卡龍歷史之外，同時也能認識杏仁果以及其他地區馬卡龍的相關知識。

材料（約24個）

蛋白	75g
細砂糖	100g
杏仁粉	200g
糖粉	100g

製作方法

準備

・杏仁粉和糖粉混合過篩。

1. 在缽盆中放入蛋白和細砂糖摩擦般混合。

2. 加入杏仁粉和糖粉混拌。

3. 填入裝有星形擠花嘴的擠花袋內，擠出直徑約3cm大小的麵糊，以180℃的烤箱烘烤12分鐘。

加隆河谷流域保留著中世紀風貌的房屋。

普瓦圖酥餅 Broyé du Poitou

使用夏朗德 A.O.C. 奶油製作，大而厚的餅乾。這個食譜配方，是由來自普瓦捷（Poitiers）的糕點師所傳承下來，他也獲得 M.O.F.（法國最佳職人 Meilleur Ouvrier de France）的殊榮。Broyé 是「打碎」，也有掰成小塊，分享美味的意思。製作時，使奶油和牛奶確實乳化，就是最重要的訣竅。

材料（直徑25cm 1片）

奶油	80g
細砂糖	80g
牛奶	25ml
香草油	少許
鹽	2g
低筋麵粉	160g
泡打粉	2g
蛋黃	1個
鮮奶油	1小匙

製作方法

準備

- 奶油放置回復室溫。
- 低筋麵粉和泡打粉混合過篩。

製作方法

1. 在缽盆中放入奶油，攪打成乳霜狀，少量逐次地加入細砂糖並摩擦般混拌。

2. 加入牛奶混拌，再放入香草油、鹽。

3. 分二次加進粉類，邊加入邊按壓使其整合，移入塑膠袋內壓平，放進冷藏室靜置一夜。

4. 將麵團擀壓成直徑約25cm、厚1cm左右的圓形。麵團邊緣以小刀的刀背劃切約3mm的切紋。

5. 將鮮奶油混入攪散的蛋黃中，刷塗在麵團表面。再次用刀背劃出菱格紋圖案。

6. 擺放在鋪有烤盤紙的烤盤上，以180℃的烤箱烘烤20～25分鐘。

掰成小塊前的狀態。形狀大且厚片的酥餅狀。

Poitou-Charentes La Découverte

普瓦圖－夏朗德

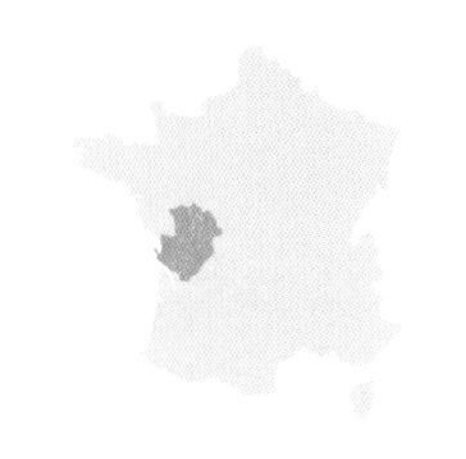

用古老的木製攪拌機製造的艾許(Échiré)奶油

1.【奶油】
美食家們讚不絕口 地方風土孕育出的 極品奶油

法國的奶油，取得A.O.C.認證的有：諾曼第(Normande)的伊思尼(Isigny)、隆河-阿爾卑斯(Rhône-Alpes)的布雷斯(Bresse)、還有普瓦圖-夏朗德(Poitou-Charentes)、夏朗德(Charentes)、德塞夫勒(Deux-Sèvres)，5個品牌。普瓦圖-夏朗德的3個品牌，主要生產於濱海夏朗德(Charente-Maritime)省、夏朗德(Charentes)省、德塞夫勒(Deux-Sèvres)省、旺代(Vendée)省、和維埃納(Vienne)省。決定這些奶油風味和香氣的是添加的乳酸菌，在過去沒有殺菌技術的時代，奶油是自然發酵，但現在使用的是完成殺菌的牛乳，用乳酸菌發酵來再現過去的香味。擠出牛乳後48小時內完成，保持新鮮度。在日本也很有名的艾許(Échiré)奶油，就在德塞夫勒省的尼歐爾(Niort)附近，在距離艾許村工房半徑30公里以內的酪農家，都是早上擠好牛乳就直接送到工廠製造。規定必須從擠牛奶開始，24小時之內要進行至最後階段的攪拌。

這個地區的奶油在1979年取得A.O.C.認證，然而並不是一開始就獲得認證。

從十九世紀初就開始製造，也已拓展銷售至巴黎，但市場上已經被含有高含量類胡羅蔔素、維生素，顏色深的諾曼第產奶油，或從羅亞爾運送過去的優質奶油佔據了。於是便在普瓦圖-夏朗德(Poitou-Charentes)成立農業協會，致力於生產優質奶油。當地出產的優質食材、氣候風土、再搭配發酵、熟成等各種要素，藉由這些努力實現美味再現。

順道一提，法國的奶油全部都是發酵奶油。雖然會在製造過程中加入乳酸菌增添發酵風味，但依乳酸菌種類的不同，也會影響奶油的個性。像這種A.O.C.認證的奶油大多用於餐桌上、或是製作糕點類麵包(Viennoiserie)或糕點時使用。

夏朗德省(Charentes)，安古蘭(Angoulême)城鎮。從古羅馬時代就存在，盛行水上貿易。

2.【蝸牛 Escargot】
養殖業在法國 是一門相新興產業 慢慢地發展出土地的風味

說到普瓦圖-夏朗德(Poitou-Charentes)，應該有不少人會想到蝸牛吧。在當地，蝸牛稱為Petit Gris，也是此地的象徵之一。不同地區稱呼也不同，像是Lumas、或是Cagouille。

蝸牛自羅馬時代起就已被食用，當時是高級食材，但在中世紀的歐洲卻曾是窮人的食物。蝸牛是從義大利傳入法國，濱海夏朗德(Charente-Maritime)省則是第一個開始養殖蝸牛的地方。4月～9月是產季，約在1782年左右開始作為商品販售。

這種地中海品種的蝸牛直徑

直徑小是當地產蝸牛的特徵。

約為2～3cm，比起另一個蝸牛產地勃艮第(Bourgogne)的阿爾卑斯品種略小。為了推廣這些蝸牛，在1978年和1988年分別成立了Luma、Cagouille的普及協會。

3.【歐白芷 Angélique】不限於製作糕點 持續栽植 天使之草的村莊

歐白芷(法語是Angélique)是製作糕點的材料。細長帶有透明的綠色，在無法取得新鮮歐白芷的日本，經常會用蜂斗菜來代替使用。真正的歐白芷產地，是在德塞夫勒(Deux-Sèvres)省，以艾許(Échiré)奶油出名的艾許附近的尼歐爾(Niort)市。

這種植物原本不存在於法國，十七世紀時從北歐傳入。當時鼠疫流行，歐洲四分之一的人口因此死亡，歐白芷被當作鼠疫的治療藥送到了法國，開始在尼歐爾市黏土質的濕地地帶種植。

當它成長到高度達2公尺，食用其莖的部分。在鼠疫平息後有一陣子無人問津，不過當它糖漬成為日常食品，在十八世紀時，尼歐爾市的歐白芷好評傳到了巴黎。

栽植的歐白芷田。細長的莖部有各式加工方法。

現在，加工食品的種類也不斷增加，包括果醬、奶油、糖漬和利口酒等。到訪當地的專賣店時，正好碰上居民前來購買。印象中糖漬歐白芷都用在製作水果蛋糕上的裝飾，但當地人卻直接當零嘴點心食用。粗大的莖用於糖漬，也有做成青蛙等形狀，作為伴手禮很受歡迎。而奶油狀的歐白芷可以塗在麵包上食用。

歐白芷的法語也被稱為L'herbe des Anges(天使之草)，如同天使般將大家從可怕的鼠疫中拯救出來。

栽植歐白芷的濕地地帶。

除了糖漬之外，還有酒類和奶油類。

超市也能發現各種酥餅(Broyé)。

4.【當地的糕點】奶油的香氣爆棚 大家分享食用的 大型餅乾

當地有兩種大型餅乾。一是普瓦圖酥餅(Broyé du Poitou)、還有一種是夏朗德酥餅(Galette charentaise)。

前者主要在夏朗德的北部製作，後者則在南部製作。夏朗德酥餅裡會加入尼歐爾(Niort)名產歐白芷，而且使用大量普瓦圖-夏朗德的A.O.C.奶油，因此會比普瓦圖酥餅更加鬆軟。

曾經兩者都是在慶祝活動等家族聚會時享用，但普瓦圖酥餅是從敲碎(Broyer)這個詞衍生而來，源自於將餅乾放在桌上用拳頭打碎，然後大家分享食用，是個吃法豪邁的糕點。

Broyé是隨機敲碎的意思。

現在兩種酥餅都會搭配水果、卡士達醬、或是佐葡萄酒來享用，若是有剩下的還會作為翌日早餐。

順便說一下，當地的維埃納省(Vienne)普瓦捷(Poitiers)周邊，曾二度成為歷史上著名的戰場。第一次是732年，法蘭克公爵查理・馬特(Charles Martel)擊敗了從地中海沿岸頑強進攻法國西南部的阿拉伯人。之後，查理・馬特的兒子，矮子丕平(Pépin le Bref)開創了卡洛林王朝(les Carolingiens)，孫子查理曼(Charlemagne)登上法蘭克王國的王位且成為羅馬皇帝。第二次的戰爭，是1356年由約翰二世(Jean II)指揮，對戰英格蘭軍，以戰敗收場。

5.【黑色焦糖乳酪蛋糕 Tourteau fromagé】加熱冒煙 濃郁焦黑的 乳酪點心

在法國，乳酪蛋糕算是比較少見的點心，但在不同的地區也有傳統製作的方式。在普瓦圖地區，他們會做出濃郁焦黑的乳酪蛋糕。首先，會用獨特的模具鋪上塔皮，然後倒入乳酪麵糊，以烤箱冒煙的高溫烘烤。烘烤至表

一次可以同時烘烤數個的機器。

似淺缽盆般的Tourteau模型。

面變硬，看起來有點像螃蟹的甲殼，因此用意思是螃蟹的「Tourtau」，再結合乳酪的「Fromagé」，這兩個詞組合成為正式名稱「Tourteau fromagé」。最早使用的乳酪，是阿拉伯人在700年傳入的山羊乳酪，但現在大多數人使用的是牛奶製成的乳酪。當地人說焦黑也是味道的一部分，吃的時候，上下一起咬下去最美味。

表皮焦黑的黑色焦糖乳酪蛋糕(Tourteau fromagé)。

我也造訪了當地製造黑色焦糖乳酪蛋糕的工作室，一踏進去的瞬間，黑煙就迎面而來。那是從高溫烘烤的烤箱冒出來的煙，烤箱上已經覆蓋著厚厚的蓋子。時常會有卡車進出，將烤好的黑色焦糖乳酪蛋糕運送到法國各地。這種點心不是在烘焙坊，而是要在乳酪專賣店才買得到。

Poitou-Charentes

L'historiette column 01

黑色焦糖乳酪蛋糕也可以用塔模在家製作。乳酪若買不到色佛爾乳酪（Chevrot），就以瑞可塔乳酪（Ricotta）或茅屋乳酪（Cottage cheese）替代。蛋黃2個、砂糖40g、乳酪100g和麵粉20g一起攪拌，然後再混入用砂糖35g和蛋白2個打發的蛋白霜，倒入鋪好塔皮的模具裡，用250℃烤25分鐘，烤到表面焦黑。

曾經的鹽田成了名為 Claire，歐洲最大的生蠔養殖場。

6.【生蠔】歐洲最大的產地 得天獨厚 受惠於大西洋

濱海夏朗德省（Charente-Maritime）面向大西洋的馬倫奧萊昂灣（Marenne-Oléon），是歐洲最大的生蠔養殖場，佔法國生蠔產量的50%。

這裡的生蠔，最後階段是在曾為天然日曬鹽田的淡水與海水混合的養殖池（Claire）裡進行，因此味道與其他牡蠣有所不同而受到好評。其中還有因為吃了底部藻類而帶有淡綠色，被稱為Vert de Marennes瑪倫尼綠色、或Vert de Claire克萊爾綠色的生蠔，據說特別稀少且珍貴。

其他還有一種稱為日本品種（Japonaise）的長生蠔，相對於過去的葡萄牙（Portugaise）品種培養週期為5年，日本品種生蠔養殖期縮短為3年，能及早出貨是優點。但是這裡的日本品種並不是由日本傳入，而是從加拿大引進的品種，似乎是名稱被誤傳了。

生蠔開殼專用刀。

帶著淡綠色的Vert de Marennes生蠔。

種植在干邑區的葡萄園。主要品種是白戊妮(Ugni Blanc)。

7.【干邑白蘭地 Cognac】
琥珀色的光芒
世界名酒
誕生的秘密

這個地區從公元前就開始釀造葡萄酒。但在十六～十七世紀間，隨著貿易的興盛，品質明顯不如波爾多葡萄酒，也無法承受長途運輸，於是想出了蒸餾的方法，干邑白蘭地(Cognac)因此而誕生了。只有在橫跨夏朗德省(Charentes)和濱海夏朗德省(Charente-Maritime)地區，稱為干邑(Cognac)這個城鎮周邊區域生產的白蘭地，才可以稱為干邑白蘭地。當然，也必須獲得A.O.C.認證。

釀造干邑白蘭地，主要使用白戊妮(Ugni Blanc)品種的葡萄作為原料進行發酵。待酒精濃度到達7%左右，就使用傳統的夏朗德式蒸餾器進行兩次蒸餾，將酒精濃度提高到70%。之後裝入利穆贊酒桶內至少2年使其熟成。最後再將酒精濃度調整為40%。

長期熟成中的干邑白蘭地。2～3%蒸發的就是給天使的份額(Angels' share)。

最終的陳年由當地的大型企業進行，但製造的第一步始於葡萄農民釀造葡萄酒的地方。釀好的葡萄酒交給干邑酒生產商，他們進行蒸餾，將新鮮的白蘭地酒賣給大型企業。這些企業會購買各種新鮮的白蘭地酒進行混合，並將其轉移到自己的老桶中進行長期陳年。在陳年期間，每年約有2到3%的酒精和水份蒸發，這被稱為「天使的份額 Angels' share」。

干邑白蘭地瓶身上會記載V.S.或V.S.O.P.等字樣，代表陳年的年份，而干邑白蘭地顯示年份的單位是康特(Compte)。干邑白蘭地是由每年4月1日到隔年的3月31日作為1單位的Compte康特數來表示，以收成隔年的4月1日開始起算。Compte康特數和熟成度數如下列說明。需要注意的是，蒸餾年份會標示為Compte 00。

- ◉ Three stars：Compte 2以上
- ◉ V.S.(Very Special)：Compte 2以上(平均熟成年度數4～7年)
- ◉V.S.O.P.(Very Special Old Pale)：Compte 4以上(平均熟成年度數7～10年以上)
- ◉ Napoléon：Compte 6以上(平均熟成年度數12～15年左右)
- ◉ XO(Extra Old)：Compte 10以上(平均熟成年度數20～25年)

使用了干邑白蘭地的當地代表性飲料，就是夏朗德皮諾酒

被稱為阿蘭比克夏朗德(Alambic charentais)的夏朗德式蒸餾器，是從阿拉伯傳入。

(Pineau des Charentes)。葡萄果汁裡加入干邑白蘭地混合後使其熟成，就成了甜葡萄酒，冷卻至5～6℃作為開胃酒、或是搭配肥肝作為開胃前菜，也可以搭配餐後甜點和水果一起享用，是令人回味無窮的酒款。這款酒也在1945年獲得A.O.C.認證。

Poitou-Charentes
L'historiette column 02

稱為阿蘭比克夏朗德(Alambic charentais)的夏朗德式蒸餾器，最初是由阿拉伯的煉金術士所發明。成為現在的形式是在九～十二世紀，以此製造出來的蒸餾酒對鼠疫有療效，因此被傳入當時鼠疫正在蔓延的歐洲，被稱為是「生命之水 Eau de vie」。也因此有了白蘭地、威士忌等的誕生。

8.【山羊奶乳酪】名稱和製造方法留存了阿拉伯歷史享受味道的變化

山羊奶乳酪(Chabichou du Poitou)是用山羊乳製作的乳酪，但其歷史卻與阿拉伯人入侵息息相關。

在中世紀的歐洲、亞洲，以推廣伊斯蘭教為目的的阿拉伯勢力強大。在歐洲被稱為撒拉森人(Saracen)的阿拉伯人，入侵西班牙，之後直接進入法國攻入普瓦捷(Poitiers)。732年，在普瓦捷被後來成為法蘭克國王的第一代神聖羅馬帝國皇帝，查理大帝(Charlemagne)的祖父查理•馬特(Charles Martel)擊敗。據說因為打敗仗而被留下的撒拉森人，向當地居民傳授飼養山羊的方法和乳酪的製作法。

名稱來自阿拉伯語的Chabichou。
©Ikuo Yamashita

當時撒拉森人，以阿拉伯語意思為山羊的Chabli稱呼這款乳酪，雖然因時代變遷成了“Chabichou”。普瓦圖-夏朗德地區飼養著法國80%的山羊，是山羊奶乳酪的主要產地。

為了製作150g的山羊奶乳酪，必須使用1公升的山羊乳。年輕的山羊奶乳酪整體呈白色，口感比較柔軟濕潤。隨著熟成度漸漸增加，會被白色或藍色的黴菌覆蓋，隨著熟成口感也會變硬，山羊奶的味道也更深濃。

伴隨著這種變化，搭配葡萄酒的話，年輕乳酪搭配白酒、熟成乳酪與紅酒更相適。

佇立在夏朗德河畔的十五世紀城堡。

Auvergne-Rhône-Alpes

奧弗涅－隆河－阿爾卑斯

Auvergne

奧弗涅

這是一個被中央山脈(Massif Central)與其他地區隔離的地方。雖然山間有溫泉以及聞名世界的礦泉水,但不適合農業,許多年輕人為了找工作而前往巴黎。過去,這些人在巴黎販售奧弗涅產的柴薪和木炭,並在倉庫為聚集的同鄉們開設咖啡館。因此,曾經有段時期,巴黎很多咖啡店的男侍者們(Garçon)都出身於奧弗涅。

這個地區特別值得一提的是,從十二世紀開始信仰聖母瑪利亞。以優質小扁豆(Lens culinaris)聞名的勒皮昂韋萊(Le Puy-en-Velay),也是前往聖地牙哥-德孔波斯特拉(Santiago de Compostela)出發點的勒皮主教座堂(Cathédrale Notre-Dame du Puy)所在地,其中供奉著黑色瑪利亞神像。背後的科尼爾岩(Rocher Corneille)上,也聳立著高16公尺,巨大的紅褐色瑪利亞像。

當地的特色料理,有為了渡過嚴冬而衍生出的豬肉加工品和蔬菜燉煮的燉肉鍋(Pot-au-feu)。另外,康塔乳酪(Cantal cheese)、聖內克泰爾乳酪(Saint-Nectaire Cheese)、薩萊爾乳酪(Salers Cheese)等乳酪,也是世界一流。還有一種象徵牛角的糕點,康塔省(Cantal)米拉(Murat)村的米拉牛角(Cornet de Murat)點心,也非常有名。

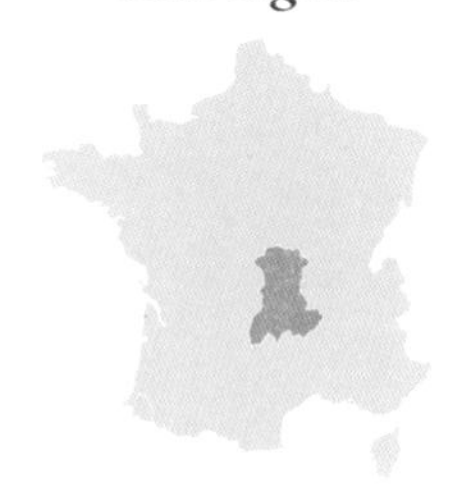

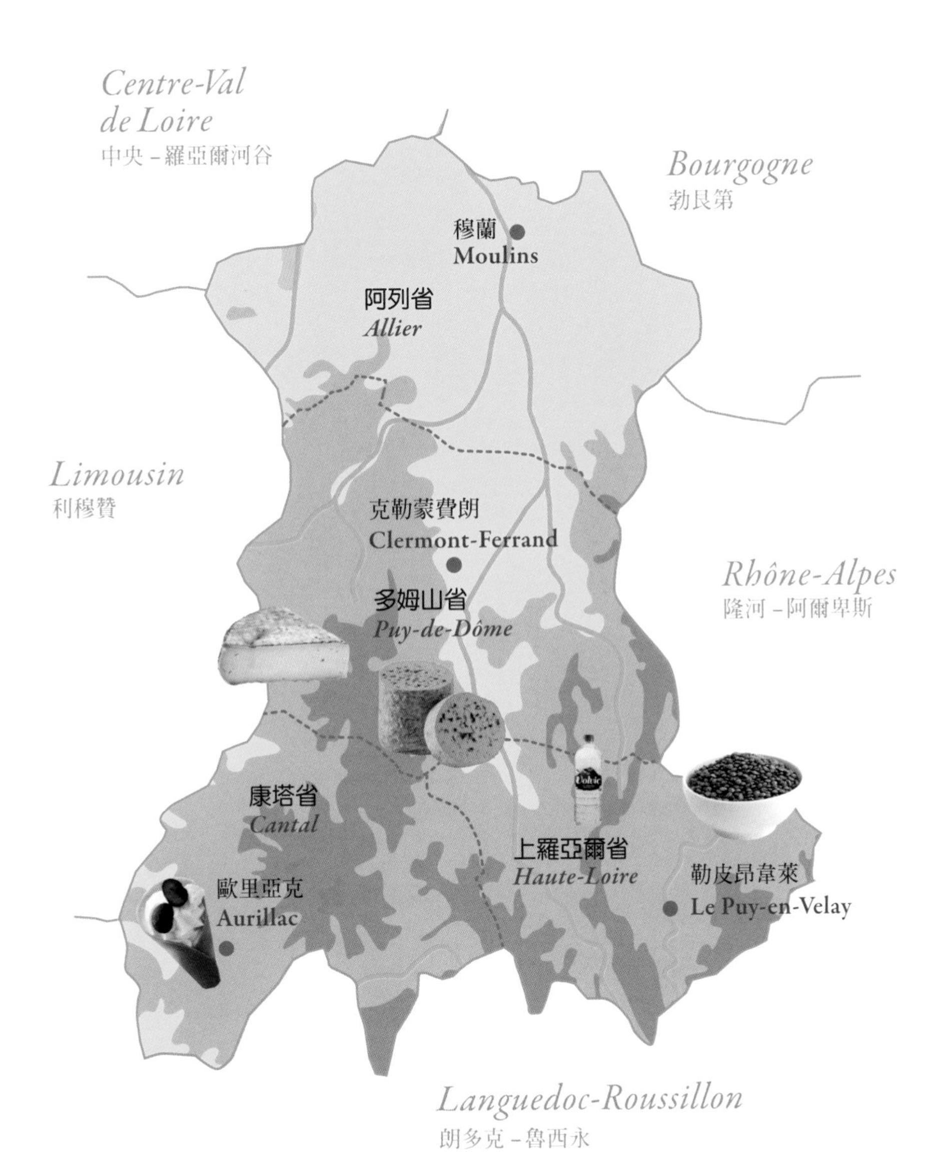
Centre-Val
de Loire
中央－羅亞爾河谷
Bourgogne
勃艮第
穆蘭
Moulins
阿列省
Allier
Limousin
利穆贊
克勒蒙費朗
Clermont-Ferrand
Rhône-Alpes
隆河－阿爾卑斯
多姆山省
Puy-de-Dôme
康塔省
Cantal
上羅亞爾省
Haute-Loire
勒皮昂韋萊
Le Puy-en-Velay
歐里亞克
Aurillac
Languedoc-Roussillon
朗多克－魯西永

小扁豆燉豬肉 Petit salé aux lentilles

法國市面上有很多豬肉加工品，也能買到鹽漬豬肉，但在此還是傳授簡單的鹽漬法。小扁豆不需要像其他乾燥豆類般泡水，可以直接烹調很方便。儘管是樸素的家常菜，但是扁豆可以吸收肉和蔬菜的風味，滋味豐富。

材料（4人份）

豬肩肉或腿肉	400g
鹽	略多於2大匙
小扁豆	100g
紅蘿蔔	1根（切成8mm的方塊）
洋蔥	1/2個（同上）
大蒜	1瓣（拍碎）
奶油	1大匙
液態油	1大匙
月桂葉	1片
水	適量
胡椒	少許
鹽	少許

勒皮昂韋萊（Le Puy-en-Velay）的小扁豆。特徵是綠色。

製作方法

準備

- 豬肉抹鹽靜置一夜。
- 小扁豆迅速沖洗用濾網過濾水份。

1. 鍋中放入大量的水（材料表外）和豬肉加熱。沸騰後熄火，繼續放置約7分鐘。

2. 在燉煮用的鍋中放入奶油和液態油加熱，拌炒紅蘿蔔、洋蔥和大蒜。加入**1**的豬肉、研磨的胡椒、月桂葉。

3. 倒入足以淹沒食材的水，用中火煮至沸騰，蓋上鍋蓋轉為小火，邊撈除浮渣邊烹煮20～30分鐘。

4. 過程中加進小扁豆，煮至豬肉和小扁豆變軟為止。

5. 嚐試味道加入胡椒調味，離火。蓋著鍋蓋地稍加放置（豬肉會釋出鹽份，若不足時可以再添加鹽）。

6. 取出豬肉，切成1cm厚片，連同其他食材一起盛盤。

龐蒂鹹蛋糕 Pounti

是康塔省(Cantal)部分地區的傳統料理。本來是使用像巨型菠菜般，名為莙薘菜(Blettes)的蔬菜來製作，在此使用的是菠菜。是一款兼具甜鹹、滋味獨特的菜餚。冷食也好吃，因此是野餐時很棒的菜色。也可以切片後用平底鍋加熱再搭配沙拉、或是作為肉類料理的配菜享用。

材料(容量600ml的陶製耐熱容器1個)

菠菜	1/2把
全蛋	2個
低筋麵粉	50g
泡打粉	2g
牛奶	100cc
火腿 (烤豬肉剩下的也可以)	50g(切成粗粒)
培根	30g(切成粗粒)
洋蔥	1/2個(切碎)
巴西利	2大匙(切碎)
洋李	去核6個
奶油	1大匙
鹽、胡椒	各適量

製作方法

準備

- 低筋麵粉和泡打粉一起過篩備用。
- 模型內側刷塗奶油(材料表外)備用。

製作方法

1. 菠菜放入加有少許鹽的熱水中燙煮，沖冷水，瀝乾水份切碎備用。

2. 在缽盆中放入雞蛋打散，加入過篩的粉類混拌，放進牛奶、洋蔥、菠菜和切碎的火腿及培根混拌，用鹽、胡椒調味。

3. 將**2**的半量倒入容器內，散放入洋李，再倒入另外半量，撒放撕成小塊的奶油，以180°C的烤箱烘烤約40分鐘。

＊用磅蛋糕模也能做出類似鹹蛋糕(Cake salé)般的成品。

也可以使用莙薘菜(Blettes也稱為牛皮菜)製作。

米拉牛角 Cornet de Murat

發源於康塔省（Cantal）米拉（Murat）村的糕點。圓錐形的麵團部分，以康塔乳酪（Cantal cheese）等材料製作，據說是象徵薩萊爾牛（Salers）的牛角。原始版本內餡為香緹鮮奶油，但也可以用其他內餡來製作。例如，填入肥肝醬慕斯，製成搭配開胃酒（Apéritif）的時尚開胃點心。

材料（7個）

麵糊

蛋白	30g
糖粉	30g
低筋麵粉	20g
融化奶油	30g

香緹鮮奶油

鮮奶油	150ml
糖粉	8g

製作方法

準備

- 過篩低筋麵粉

1. 製作麵糊。在缽盆中放入蛋白攪散，混拌糖粉，再依序加入低筋麵粉、融化奶油混拌。

2. 用湯匙將麵糊薄薄地在鋪有烤盤紙的烤盤上攤成直徑8～9cm的圓形。

3. 用180℃的烤箱烘烤約10分鐘。

4. 從烤箱中取出，趁熱捲成圓錐形後冷卻備用。

5. 製作香緹鮮奶油。鮮奶油中加入糖粉，打發成可以絞擠的硬度。

6. 將香緹鮮奶油擠入完全冷卻的圓錐形牛角中，以藍莓（材料表外）裝飾。

這款點心讓人想起米拉（Murat）村昔日宅邸的屋頂。

Auvergne La Découverte

奧弗涅

和其他扁豆比較起來味道特別好。特徵是扎實的質地和灰綠色外觀。

1.【扁豆】
山裡的魚子醬
色彩與風味
無與倫比

被稱為「奧弗涅的魚子醬」，這是世界各地生產的小扁豆中最頂級的。特色是灰中帶藍還混雜著黃色的美麗色澤，即使經過加熱也不會失去口感。

據說扁豆從公元2000多年前，就在中亞、中東、非洲、美洲大陸等廣泛種植。奧弗涅地區的火山灰土壤、乾燥的夏季和嚴寒的冬季氣候是小扁豆種植的理想環境。

曾經有一段時間，一些農民放棄種植收益低微的小扁豆，面臨衰退。但在1980年代因開墾火山灰地的聖弗盧爾(Saint-Flour)村為契機，重新開始種植扁豆。之後逐漸得到頂級主廚們的認可，於1996年獲得A.O.C.認證。

小扁豆在2～4月左右播種，7～9月收成，之後進行3個星期的熟成。和鹹豬肉一起燉煮的Petit salé、或作為沙拉的配料等，成為當地料理和餐酒館美食中不可缺少的食材。

另外，勒皮(Le Puy)是個被奧弗涅群山圍繞，二個岩山之間形成的村落，正式名稱是勒皮昂韋萊(Le Puy-en-Velay)。這裡有勒皮主教座堂(Notre-Dame du Puy)，從羅馬時代開始就是地方信仰的中心。有一塊被稱為「熱病石」能治癒不治之症的石頭，許多信徒長途跋涉不遠前來朝聖。因為那裡有十世紀，法國國王路易九世贈送的一尊黑色瑪利亞像，因此主教座堂便成了前往地牙哥－德孔波斯特拉(Santiago de Compostela)朝聖之旅的出發點之一，吸引了許多朝聖者前來。此外，從十六世紀開始，這裡的蕾絲工業興盛，據說全盛時期有7萬名女性從事蕾絲製作產業。

聳立於首都克勒蒙費朗(Clermont-Ferrand)的主教座堂(Cathédrale Notre-Dame-de-l'Assomption)。黑色的外觀，是因為使用了奧弗涅的火山岩。

蕾絲產業也從很早就開始發展。

昔日火山活動的遺跡已成為滋養世界的著名泉水。

2.【礦泉水】口感豐富多樣 古老火山留下的 眾多名水

在奧弗涅的山區，湧出了由二～七萬年前，因火山活動形成的火山層過濾而成，各種不同性質的礦泉水。

● 沙特爾東（Châteldon）

是多姆山省（Puy-de-Dôme）沙特爾東（Châteldon）的微氣泡水。被認為是法國最古老的礦泉水之一，富含鈉、鉀、氟，有利尿和促進消化的作用。據說路易十四的主治醫師法貢（Fagon）聽說了此水的功效，將水送至宮廷並得到國王的讚賞。被稱為「水的唐培里儂（Dom Pérignon）」，即使不喝酒的人也喜愛它優雅的口感。產量很少。

● 富維克（Volvic）

富維克，是多姆山省（Puy-de-Dôme）的一個城鎮名，水源地是4000公頃的國家公園，周圍禁止建造。是歐洲稀有的軟水，口感溫和。也很適合用於日本綠茶與製作高湯。

● 維希塞萊斯丹（Vichy Célestins）

知名阿列省（Allier）溫泉度假村的維希（Vichy）溫泉水。是微氣泡內含溫泉天然成分的碳酸氫鈉，因此會感覺略有鹹味。Célestins這個名稱，源自於中世紀建在溫泉源頭旁邊的修道院名。是目前14個泉源之中，唯一被裝瓶的。

● 聖熱龍（Saint-Géron）

水源地是上羅亞爾（Haute-Loire）省的聖熱龍。十九世紀末鑿井時，發現了許多硬幣，證明這裡的水從高盧羅馬時代就已被飲用。這是一種微氣泡的礦泉水，細緻口感在法國也深受美食家的喜愛。火山區的微氣泡水含有大量硝酸鹽，但聖熱龍卻罕見的不含硝酸鹽。並且據說鎂、鉀等等礦物質含量均衡。

Auvergne
L'historiette column 01

礦泉水中有硬水和軟水，取決於1公升的水中所含的鈣、鎂等的礦物質含量。礦物質量多的水是硬水，少的水就是軟水。WHO（世界衛生組織）規定的硬度標準如下。

軟水 ～60m/ℓ以下
中度硬水 60～120mg/ℓ
硬水 120～180mg/ℓ
非常硬水 80 mg/ℓ以上

日本的水是10～100mg的軟水，適合煮高湯或煮飯，歐洲的硬水，可以消除浮渣、去腥味，所以適合肉類料理。硬度會標示在瓶身背面。

可以參觀礦泉水的泉源。

在溫泉可以直接汲取湧出的泉水。

Célestins名稱源自修道院。

熟成的康塔乳酪被褐色外皮包覆。

3.【康塔乳酪 Cantal】【薩萊爾乳酪 Salers】
帶著花草香
有著山間氣息的
2種大型乳酪

此地生產的康塔乳酪(Cantal)和薩萊爾乳酪(Salers),兩者都是用牛奶製作,札實的大型半硬質乳酪。若要區分兩者的風味,據說連專家都覺得困難。不同的是名稱、製造期、獲得A.O.C.認證年份,以及是否為農家製作等重點。傳統的薩萊爾乳酪因乳量少且生產者少,製造期因而受限,所以只有農家製的產品。

康塔乳酪一整年都有製作,但薩萊爾乳酪只在4月中旬到11月中旬製作。製作方法也很獨特,在牛奶裡加入凝乳酶(Rennet酵素)製作凝乳後仔細切割,用壓榨器去除乳清,不斷重複。再進一步切割使其成為鬆散狀態後加入鹽,填充至模型後再次進行擠壓,翻面放置使其熟成。康塔乳酪表皮顏色會根據熟成度而有變化,每個熟成階段有不同的名字,從年輕至熟依序是jeune、entre-deux、vieux。經過180天熟成後,就會被粗糙的褐色外皮覆蓋。

使用康塔乳酪或薩萊爾乳酪製作的Truffade(焗烤馬鈴薯),是奧弗涅(Auvergne)具代表性的馬鈴薯料理。

4.【昂貝圓柱乳酪 Fourme d'Ambert】【蒙布里松乳酪 Fourme de Montbrison】
人畜同居
小屋中傳承的
古老製造方法

昂貝圓柱乳酪(Fourme d'Ambert)和蒙布里松乳酪(Fourme de Montbrison),都是用牛奶製作的藍紋乳酪。2002年之前被歸類為同一種。“Fourme”是源自於乳酪(Fromage)拉丁文中的“forma”。兩者都屬於法國古老乳酪的類型,使用的牛奶來自位於中央山脈(Massif Central)地帶標高600～1600m的佛爾山(Forez)高地草原所放牧的牛乳為原料,在二十世紀初期之前,佛爾山兩側山坡上有許多稱為Jasserie的小屋,這些小屋是一種暫時性的房屋,家畜和人類在那裡同居,並根據古老的傳統製法製作乳酪。

雖是藍紋類型乳酪,口感卻很溫和的昂貝圓柱乳酪。
© Ikuo Yamashita

重達40kg大型的薩萊爾乳酪,100%農家製作。
© Caillou aux Hiboux

用木架進行熟成的蒙布里松乳酪。
© Vincent CHAMBON

生產蒙布里松乳酪的村落，Sauvain。© Vincent CHAMBON

這2種乳酪的辨別方法，昂貝圓柱乳酪的表皮薄且乾燥，明亮灰色的表皮上看得到帶有白色或微紅的黴菌。蒙布里松乳酪，表皮薄且呈深橘色，幾乎看不到黴菌。兩種都在1972年獲得A.O.C.認證。

5.【聖內泰爾乳酪 Saint-Nectaire】

麥桿的魔法改變表層
個性化的鄉村風
濃郁口感

聖內泰爾乳酪(Saint-Nectaire)，是當地長期以來製作的半硬質牛奶乳酪。名稱來自將乳酪呈獻給路易十四的亨利・德・塞內泰爾(Henri de La Ferté-Senneterre)元帥。還有一種名為「萊提耶」(laitier)的工廠製乳酪，以非殺菌牛奶製成。

是在裸麥的麥桿上撒鹽水進行熟成，由於裸麥草的作用，最初表面會呈現淡黃色，被白色或灰色黴菌覆蓋，隨著更加熟成後，會形成紅色或黃色的黴菌。

它最美味的季節是夏天到秋天，熟成4～6週是最佳品嚐時期，放置熟成更久也仍美味。略微黏稠的口感和讓人聯想到堅果的風味，令人著迷。直徑20～24cm，熟成期最少28天。在1955年獲得A.O.C.認證。

放置在麥桿上使其生成複雜的風味。

很適合當作伴手禮的維希糖。

6.【維希糖 Pastilles de Vichy】

成為糖果的溫泉水
方格紋的包裝
也是傳統

說到維希(Vichy)，以溫泉地而聞名。維希糖Pastilles de Vichy，是將溫泉水蒸發後萃取其中含有豐富礦物質的鹽，加上薄荷醇(menthol)和茴香調味做成的小糖果。在1914年之前，它只在藥房出售，但後來被改成八角形並取得註冊商標。

罐子上的圖案通常是小格子紋，據說這是因為維希曾以紡織工業而繁榮一時，因此在二十世紀初期發想出的創意。順帶一提，法國人仍然將小格子稱作「vichy」。它也是咖啡館桌布的經典花紋之一，對他們來說是一種特別親切的圖案。

Auvergne-Rhône-Alpes

奧弗涅—隆河—阿爾卑斯

Rhône-Alpes

隆河—阿爾卑斯

首都里昂（Lyon）是法國第二大城市，僅次於巴黎。從前，里昂是羅馬通往高盧（Gaule）的要塞，羅馬軍人凱撒（Gaius Iulius Caesar）曾以拉丁語稱此地為“Lugdunum”作為征服高盧的據點。在城鎮中漫步，您可以發現許多被稱為「Le Bouchon」的小酒館（bistro），能品嚐隆河-阿爾卑斯的美食。這些餐館始於十九世紀，是該地美食底蘊的展現。在 Le Bouchon 裡，您可以品嚐到各地風味獨特的豬肉加工品，像是：香草乳酪蘸醬（Cervelle de canut 直譯為：紡織工人腦髓）、梭形肉丸（Quenelle）、肝臟餃等，還有著名的焗烤馬鈴薯（Gratin dauphinois）、焗通心麵（Macaroni gratiner）等。最推薦配上當地隆河產區（Côtes du Rhône）的葡萄酒。

美食之旅不僅在里昂，若是再往鄰接瑞士的薩瓦地區（Savoie），你可以在美麗的小鎮安錫（Annecy），品嚐使用 Alpage（夏季高原放牧）的牛隻所產的牛乳製成的乳酪，製作的烤瑞克雷乳酪（Raclette）等料理，或在山間小屋餐廳裡享用當地特色菜餚，這裡被譽為「法國的威尼斯」。此外，萊芒湖（lac Léman）畔有著名的依雲（Evian）礦泉水，小鎮的優雅風貌也令人印象深刻。

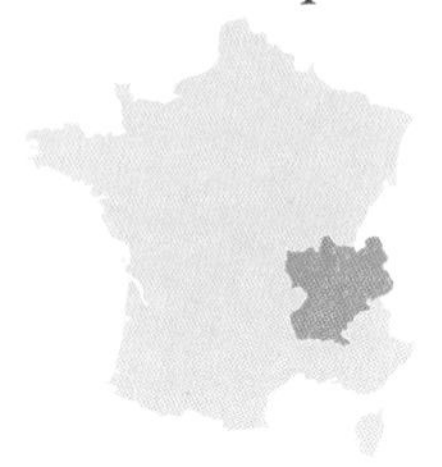

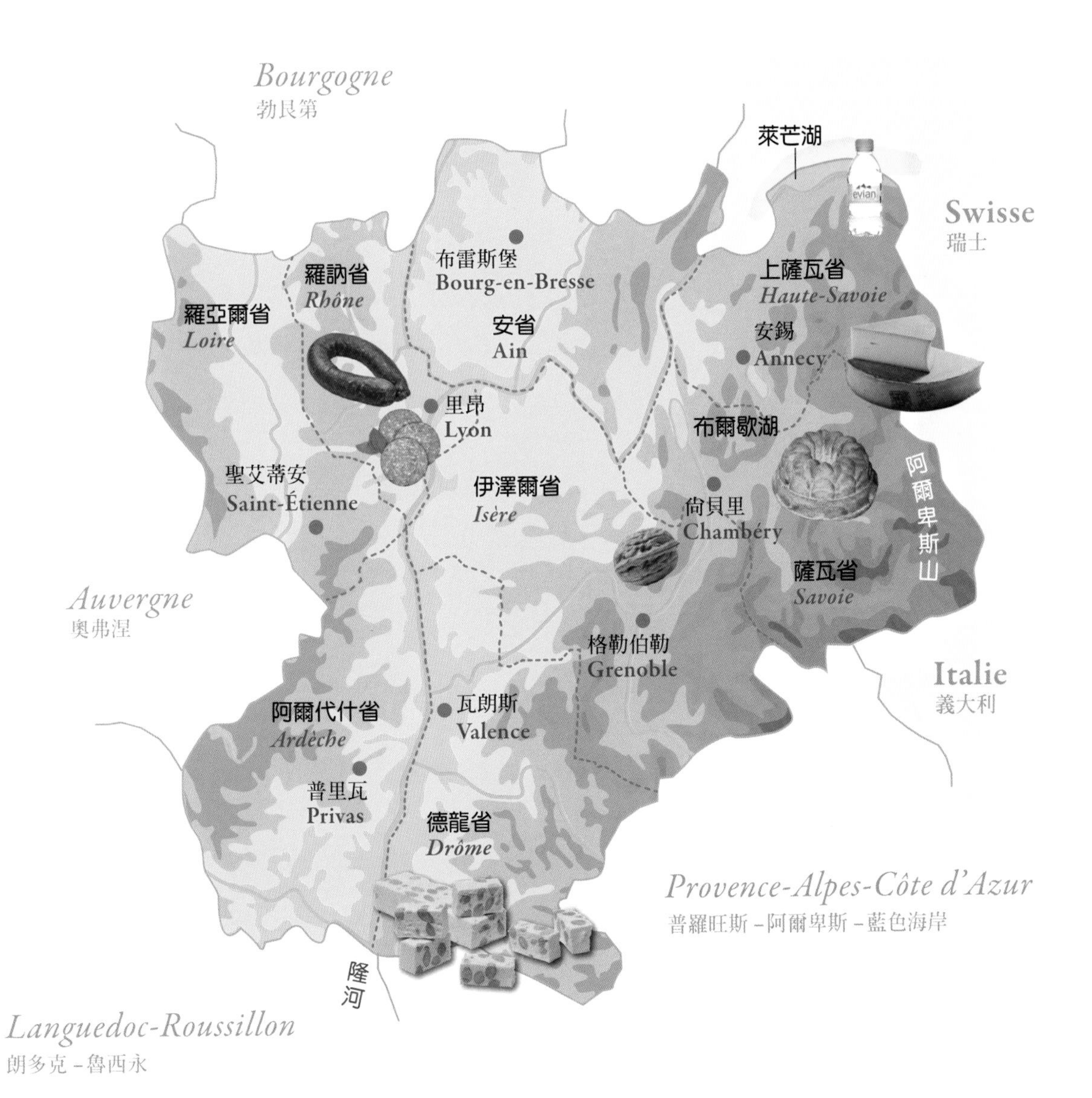
Bourgogne
勃艮第
萊芒湖
Swisse
瑞士
布雷斯堡
Bourg-en-Bresse
羅訥省
Rhône
羅亞爾省
Loire
安省
Ain
上薩瓦省
Haute-Savoie
安錫
Annecy
里昂
Lyon
布爾歇湖
聖艾蒂安
Saint-Étienne
伊澤爾省
Isère
尚貝里
Chambéry
阿爾卑斯山
薩瓦省
Savoie
Auvergne
奧弗涅
格勒伯勒
Grenoble
Italie
義大利
阿爾代什省
Ardèche
瓦朗斯
Valence
普里瓦
Privas
德龍省
Drôme
Provence-Alpes-Côte d'Azur
普羅旺斯－阿爾卑斯－藍色海岸
隆河
Languedoc-Roussillon
朗多克－魯西永

香草乳酪蘸醬 Cervelle de canut

Cervelle是腦髓、canut是紡織工人的意思。憧憬義大利絲製品的路易十一，廣招紡織技術者，並獎勵絹織業。至十六世紀之後，以里昂為中心發展起來。直譯為「紡織工人腦髓」的香草乳酪蘸醬，就是在這樣的背景中製作出來的。以新鮮乳酪（fromage blanc）、大蒜、香草等製成蘸醬（Dipping sauce）以麵包蘸取享用。

材料（6人份）

新鮮乳酪	200g（瀝乾水份的狀態）
洋蔥	切碎1大匙
大蒜	1/2瓣（切碎）
蝦夷蔥（ciboulette）	1大匙（切碎）
巴西利	1大匙（切碎）
白酒	2大匙
白酒醋	2大匙
鮮奶油	100ml
鹽、胡椒	各適量

製作方法

準備

・新鮮乳酪放在墊有紗布的濾網上約6小時瀝乾水份，預備400g。

1. 在缽盆中放入新鮮乳酪、洋蔥、大蒜、巴西利、蝦夷蔥混拌，再加入白酒和白酒醋拌勻。

2. 在另外的缽盆中確實打發鮮奶油，加入**1**中混拌。以鹽、胡椒調味。

3. 盛盤，撒上巴西利。搭配麵包享用。

當地乳酪店出售的香草乳酪蘸醬。

焗烤馬鈴薯 Tartiflette

乳酪和馬鈴薯是超強絕配。煮過的馬鈴薯放在瑞布羅申乳酪（Reblochon）上烘烤的焗烤馬鈴薯，就是一道很棒的料理。簡單輕鬆就能製作，因此喜歡登山的朋友們在山上也能以此為午餐。馬鈴薯是用白酒烹煮，所以帶著優雅的酸味。若手邊有薩瓦的葡萄酒更好！

材料（4人份）

馬鈴薯	3～4個
洋蔥	1/2個（切成薄片）
培根	80g（切成細條狀或短片狀）
奶油	1大匙
白酒	200～300cc
鹽、胡椒	各少許
瑞布羅申乳酪	200g

製作方法

1. 馬鈴薯去皮，用水煮成略硬的程度。切成8mm厚。也可以使用微波爐進行。

2. 在鍋中加熱奶油，拌炒洋蔥和培根。洋蔥變軟後加入馬鈴薯，倒入白酒至一半的高度，以小火加熱。

3. 過程中上下翻動，煮至馬鈴薯變軟，用鹽、胡椒調味。

4. 在耐熱皿中刷塗奶油（材料表外），放入**3**，再排放切成薄片的瑞布羅申乳酪。以250℃烤箱烘烤10分鐘，就能呈現美味的烘烤色澤了。

在煮過的馬鈴薯上擺放切成薄片的瑞布羅申乳酪。

薩瓦蛋糕 Gâteau de Savoie

雖然沒有固定的模型，但據說本來是象徵城堡的糕點，因此請試著用有凹凸形狀的模型來烘烤吧。麵糊是以分開蛋黃和蛋白再混合的方法製成。確實打發蛋白形成氣泡就是重點。粉類的半量使用玉米粉，因此完成時的口感也更加輕盈。

材料（直徑13cm的模型1個）

蛋黃	2個
細砂糖	70g
低筋麵粉	25g
玉米粉	25g
蛋白	2個

製作方法

準備

- 低筋麵粉和玉米粉混合過篩
- 在模型內側刷塗奶油，撒上高筋麵粉（皆材料表外）。

製作方法

1. 在缽盆中攪散蛋白，分數次邊加入細砂糖邊確實打發成蛋白霜。

2. 加入蛋黃輕輕混拌。

3. 加入粉類，避免破壞氣泡地混合均勻。

4. 倒入模型，以180°C的烤箱烘烤25分鐘。

一到夏季，花朵繽紛適合野餐的薩瓦山間。

聖傑尼布里歐 Brioche Saint-Genix

這款糕點，是十九世紀薩瓦地區在聖傑尼（Saint-Genix）一間名為『Labully』的飯店所構思製成的。形狀是以聖阿加塔（Sant'Agata）的乳房為意象。阿加塔是三世紀因拒絕羅馬高官的求婚而被切去乳房，之後重生為人們帶來希望，因此以聖人之名封為聖阿加塔。粉紅色的焦糖堅果（praliné）也是此地的著名糖果。

材料（直徑18cm的蒙克模 manqué1個）

布里歐（brioche）麵團

高筋麵粉	200g
鹽	2g
乾燥酵母	4g
細砂糖	40g
全蛋	2個
奶油	60g

完成裝飾

粉紅色的焦糖堅果（praliné）	100g（預留數顆其餘切成粗粒）
珍珠糖粒	適量

製作方法

準備

・奶油放置成常溫。

1. 製作麵團。在工作檯上將高筋麵粉中混入鹽，攤成環狀，中央處放入乾燥酵母、細砂糖、全蛋液。

2. 用刮板從環狀內側慢慢將粉類推入混合。

3. 整合至某個程度後，彷彿摔打般在工作檯上揉和約5分鐘左右。待表面呈現光滑狀，壓平麵團並擀壓，放入1/4用量的奶油。縱向橫向地包覆起來，使奶油融入地揉和麵團。

4. 其餘的奶油份3～4次混入，每次都揉和至表面光滑平順為止。

5. 最後的奶油放入揉和後，將麵團滾圓放入缽盆中，包覆保鮮膜置於28～30℃環境中約1小時發酵。

6. 將麵團分成2等分，各別使其成為橢圓形後，用擀麵棍擀壓成寬10cm。

7. 將切成粗粒的焦糖堅果碎擺放在**6**的麵團上，從長邊折起包覆焦糖堅果碎。另外的一份麵團也相同地完成。

8. 如同繩索般將**7**編起，形成圓形地放入內側刷塗了奶油（材料表外）的模型中。

9. 在28～30℃的環境中約1小時使其發酵，待發酵成2倍大的程度時，在表面刷塗蛋液（材料表外），在麵團上劃出小切口，將預留下的粒狀焦糖堅果插入切口裝飾。撒上珍珠糖，以180℃的烤箱烘烤20～25分鐘。

隨著時代滋味也被升華了。

1.【達芬麵餃 Ravioles du Dauphiné】在法國也有手作的義大利餃 女廚師的手藝引起轟動

一提到義大利餃（Ravioli），人們首先想到的是義大利料理，但在隆河－阿爾卑斯的德龍省（Drôme）和伊澤爾省（Isère），也有傳承自義大利的達芬麵餃（Ravioles du Dauphiné）。據說傳入當地是在十五世紀左右，當時填入的是蔬菜，屬於貧困者的餐食，或是Carême(四旬期 Quadragesima：復活節前的斷食日）食用的節慶食物，到了十九世紀，填充內餡就換成了埃曼塔乳酪（Emmental cheese）或康堤乳酪（Comté），以及巴西利等。還出現了擅長製作達芬麵餃的女性廚師，在伊澤爾河畔羅芒（Romans-sur-Isère）的餐館中大展身手，留下了「Mère Maury」的稱號。

儘管手工製作一直是達芬麵餃的特色，但隨著機械技術的發展，從1935年就開始大量生產，現在已成為主流。1998年取得法國食品品質保證的紅標（Label Rouge）認證。

2.【核桃】產量與品質堪稱歐洲第一的堅果女王

食用的堅果類（樹果類），第一個獲得A.O.C.認證，就是1938年的格勒伯勒（Grenoble）核桃。濕氣和乾燥強風交替的氣候，形成了此地核桃纖細且新鮮的風味。採收時期是9～11月。

在標高150～180m的瓦勒迪伊澤爾（Val d'Isère）溪谷，從十一世紀開始就有採收記錄。

十九世紀時，核桃樹受到疾病侵襲，之後進行了新的種植試驗，發展至今能輸出7000噸至美國。現在每年產量超過1萬2000噸，堪稱歐洲第一，也輸出至義大利、德國、瑞士等。

品種有法蘭克特（Franquette）、瑪耶特（Mayette）和巴黎人（Parisienne）3種，其中法蘭克特品種顆粒大且殼薄，容易取出果肉，最受歡迎。

當地才看得到，盛滿核桃的塔。

剝核桃是秋冬夜間的樂趣。

自古便在這片土地上生長的核桃樹。

與6名僧人共同建造修道院的聖布魯諾。

3.【蕁麻酒 Chartreuse】
山上的香草利口酒
是傳道士傳承的
秘密配方

蕁麻酒(Chartreuse)是法國代表性草藥類利口酒，名稱源於製作的大沙特勒斯修道院(Grande Chartreuse)。大沙特勒斯修道院於德國科隆(Köln)的聖布魯諾(St. Bruno of Cologne)連同6名僧人在海拔1000m的格勒伯勒(Gr-enoble)山裡，建造了加爾都西會(Ordre des Chartreux)的修道院，僧人們遠離世俗日日祈禱，日常從事農業、林業。

現今仍有近30名的修道士在內祈禱。

用130種香草製出的蕁麻酒。

蕁麻酒(Chartreuse)是利用這個修道院周圍栽植的130種的藥草來製作，酒精濃度70度。亨利四世(Henri IV)的寵妃－加布麗埃勒•代斯特雷(Gabrielle d'Estrées)的兄長，代斯特雷元帥在1605年將配方傳至加爾都西會，於1735年開始生產。

藥草酒雖然受到當地人的親睞，但因法國大革命而導致修道院關閉，蕁麻酒的製造也因此幾乎停止，至拿破崙時代才再次恢復生產。幾經時代變化，配方保存至今，但知道這個秘方的，只有2-3名修道士。蕁麻酒分為verte＝綠和jaune＝黃兩種，綠色具有辛辣的香草風味，酒精濃度是55度。黃色則是柔和蜂蜜風味，酒精濃度則是40度。

4.【絲製品】
以絲製品而繁榮的城鎮
當地的美味
來自紡織工的餐桌

香草乳酪蘸醬(Cervelle de canut)是在未熟成的新鮮乳酪(Fromage blanc)中添加切碎香草等混拌的簡單料理。名稱直譯為"紡織工人腦髓"這樣特殊的名稱，與里昂興盛的絲製品工業歷史有深刻的關連。

十五世紀受到義大利絲製品的啟發，法國國王路易十一世，從義大利召聘技術人員至南法，推廣養蠶及絲織業。此後，以里昂為中心發展起來，但實際上被稱為紡織工人(canut)的人們卻承擔著過度嚴苛的勞動。而香草乳酪蘸醬(Cervelle de canut)就是它們簡單且便宜的餐食。在十九世紀中期，號稱世界第一的法國絹織業，至1855年時因蠶蟲疾病而衰落，挽救這個狀況的是日本的蠶。出於這樣的緣由，日本設立富岡紡紗廠時，也曾邀請法國技術者來擔任指導。

支撐當地經濟的紡織工人們。

並沒有固定使用的模型，在當地可以看到各種多樣形狀的薩瓦蛋糕。

5.【薩瓦蛋糕 Gâteau de Savoie】
高聳的糕點 是山上的風景 或是伯爵的計策

大膽且優雅形狀的薩瓦蛋糕(Gâteau de Savoie)，是薩瓦地區的傳統糕點。這個形狀有一說是像聳立於背後，以白朗峰(Mont Blanc)為首的群山，但另一個說法具有法國風味的故事，關於美食和社交。

在十四紀時，統治這個地方的薩瓦伯爵阿梅迪奧六世(Amedeo VI di Savoia)親自招待宗主國的神聖羅馬皇帝(Imperator Romanus Sacer)，盧森堡大公國(Groussherzogtum Lëtzebuerg)的查理四世(Karl IV)至香貝里(Chambery)城堡共進晚餐。伯爵為了讓查理四世提升自己的地位，而籌劃了一個計策。 絕對要呈現一道令皇帝都能驚嘆的糕點，賭上自己的前程。因此糕點師傅們想到的就是模擬香貝里城堡的糕點。皇帝吃了這個從未見過、從未嚐過的點心後，感到非常驚喜，進而延長在城堡滯留時間。雖然最後阿梅迪奧六世的籌劃失敗，未能得到公爵之位，但之後由其孫輩阿梅迪奧八世(Amédée VIII)成為公爵。

即使在餐廳也會作為甜點供應。

材料僅用了雞蛋、麵粉、砂糖，是一種簡單但令人吃不厭倦的點心，它的形狀不固定，即使是相同的地區也會因手工製作而有各式各樣的外形。這是因為在多山的地方，即使在同一個地區，由於山區交通不便，以前人們沒有機會進行信息交流，所以無法統一形狀，每個村莊都有自己的模型來製作點心。

無論如何，薩瓦蛋糕的共通的特點就是山形和凹凸不平的外觀。正中央有孔洞，有一說是象徵城堡內的庭院，但真正的真相不得而知。

6.【栗子】
Marron是不能吃的？ 法國最具代表的 栗子產地

栗子的法文被稱為 Marron，但正確而言七葉樹(Marronnier)的果實 Marron無法食用。食用的栗子，是從稱為板栗(Châtaignier)樹上摘採，稱為Châtaigne的果實。板栗有隔膜地將果實分成幾個，但Marron只有1個。另外，栗毬的外觀也不同。

阿爾代什省(Ardèche)栗子收成數量達法國總產量的50%，產出1萬噸以上的栗子，被稱為阿爾代什栗(Châtaigne de l'Ardèche)，在2006年得到A.O.C.的認證。

在日本也能看到Clément Faugier公司的栗子泥(Marron

使用名產栗子的栗子泥。

cream)也是用阿爾代什省的栗子加工製成，原是該公司在1885年發想出用糖漬栗子(Marron glacé)碎粒作成栗子泥販售的點子。阿爾代什省每年秋天都會舉行稱為Les Castagnardes的秋栗節。

7.【牛軋糖 Nougat】

堅果和蜂蜜 象徵著豐饒大地的 南方糕點

在法國一提到牛軋糖(Nougat)，最有名的就是德龍省(Drôme)蒙特利馬(Montélimar)的牛軋糖，此地開始製作牛軋糖始於十六世紀。再更進一步出現添加打發蛋白霜製作的牛軋糖，則是在十七世紀左右。

牛軋糖的前身是添加了核桃，

可在工作坊中參觀牛軋糖的製作。

被稱為哈爾瓦酥糖(Halwa)，起源於阿拉伯的糕點。在法國是用核桃和蜂蜜製作，傳入了被希臘統治的馬賽(Marseille)，因南法的杏仁果產量豐富，因而以較耐久保存的杏仁果取代了核桃。

牛軋糖依蜂蜜含量區分成3個種類。單純稱為「牛軋糖」的蜂蜜含量5%、「蒙特利馬的牛軋糖」則是16%、「蜂蜜牛軋糖Nougat au miel」正如其名，蜂蜜含量有25%，蜂蜜含量越多則被視為高級品。

營養滿點的牛軋糖材料。

當地專賣店內現作的牛軋糖。

在當地形狀及內容都充滿著各種變化。

8.【依雲 Evian】

全世界都熟知的 礦泉水之鄉 華麗的渡假勝地

依雲是全球熟知，被認為鈣質和礦物質有極佳均衡的礦泉水品牌，這個礦泉水名同時也是泉源湧出的城鎮名。正式名稱是Evian-les-Bain埃維昂-萊-班。城鎮名稱最後的Bains，表示此城鎮具有礦泉。埃維昂-萊-班是上薩瓦省(Haute-Savoie)的北部，位於橫跨瑞士與法國的萊芒湖靠近法國的中央位置，好天氣時能遙望對岸的瑞士。

若沿著步道鑲嵌的水滴標示前行，就會到達卡莎泉(Source de Cachat)，可以從設置於此的水龍頭免費取水回家。這個渡假勝地保存了十九世紀後半至二十世紀初的新藝術運動(Art nouveau)建築，除了溫泉及SPA之外，還有賭場等娛樂場所。

城鎮內前往泉源的引道指標。

代表品質令人印象深刻的風味。
© Ikuo Yamashita

9.【瑞布羅申乳酪 Reblochon】

無論夏或冬
單獨也能成為料理的
人氣阿爾卑斯乳酪

稱為瑞布羅申乳酪（Reblochon）的名稱，是由reblocher（再次擠乳）這個動詞而來。

十四世紀時，開墾牧草地的農家被徵收稅金，金額就是以一天的擠乳量來計算。因此農家在監察官的面前不會擠光全部的牛奶，等監察官離去後，才擠出全部的牛奶，製作出這個乳酪。

表面的橙色，是因為用混入了胭脂樹紅（annatto）色素的鹽水進行洗浸，放在雲杉（spruce松科的樹木）的棚架上使其熟成，因木材的酵母和黴菌作用而呈色。有著新鮮花生般的風味和濃縮牛奶的滋味，口感如乳霜般綿密。與馬鈴薯和培根等一起烹調的焗烤馬鈴薯（Tartiflette），或是融化乳酪澆淋在馬鈴薯上，這款乳酪都不可或缺。熟成至少要15天，在1958年取得A.O.C.認證。

使用專用器加熱，使其融化成糊狀，

再倒在馬鈴薯上的瑞布羅申乳酪。

這款乳酪的內部非常軟嫩，特色是有著榛果風味。

生產瑞布羅申乳酪的農家也提供料理。

眼睛有著深色勾邊的阿邦丹斯牛。

10.【阿邦丹斯 Abondance】

正如其名
外觀原料滋味
都豐饒馥郁

所謂的Abondance，意味著豐富、豐收等意思的字彙。乳酪曾經是高級品，是金額高昂的交易，這款乳酪也不例外。在十四世紀時，由阿邦丹斯的修道院製作，修道士們每天都以提升品質為目標。當羅馬教皇被幽禁在亞維儂（Avignon），遴選下任教皇的會議時，這款乳酪就曾提供在會議中食用並留下記錄。

生產於上薩瓦省（Haute-Savoie），夏季高山放牧（Alpages）的阿邦丹斯牛乳10公升能製作出1公斤的乳酪，被茶色外皮包覆著的內部是淡黃色，緊致札實的口感有著圓融的堅果和香草風味。農家製作的是橢圓形，工廠製作的是四角形。至少需要90天的時間使其熟成。1990年取得A.O.C.認證。

凹陷處是為了以繩索縛綁，
以便馬匹運送。
© Ikuo Yamashita

11.【博福特乳酪 Beaufort】
拯救漫長嚴寒的
冬季高地生活
具高保存性的乳酪

博福特乳酪（Beaufort）是薩瓦（Savoie）地區所生產的巨大圓盤狀乳酪。有著如蜂蜜般柔和溫順的風味，同時也有著榛果與木質香氣的硬質乳酪。

側面的凹陷處是以山毛櫸材料的模型製成，這個位置是考量以繩索縛綁以便馬匹運送而來。6～10月底夏季高山放牧（Alpages）的牛隻，因食用新鮮牧草，因此較冬季產出的乳酪色澤及風味更濃郁，被稱為夏季的博福特乳酪（Beaufort été）。此外，山上放牧小屋中有每次早晚擠奶製作乳酪的傳統，這個僅限於阿邦丹斯乳酪（Abondance）和博福特乳酪（Beaufort）。

博福特乳酪的熟成至少需要5個月。當然可以直接食用，也能用於乳酪鍋等各式料理中。1968年獲得A.O.C.認證。

上方照片是專用壓盤，正在瀝乾乳酪的水份。下方照片是熟成庫房。

12.【聖馬塞蘭乳酪 Saint Marcellin】
質地細緻
奶油乳霜風味
熟成型乳酪

聖馬塞蘭乳酪（Saint Marcellin）是直徑7～8cm、厚2cm左右的乳酪。是在多菲內（Dauphiné）製作的。過去是農家製作的山羊奶乳酪，現在則是在酪農工場以殺菌過的牛奶為原料。因熟成的方法，有略為乾燥或是乳霜般的兩種口感。據說是保羅・博古斯（Paul Bocuse）將其運用於餐廳，才廣為人知。

質地細緻的風味、溫和沈穩的酸味。在鐵路通車後，也推廣至里昂。

13.【山丘著名糕點】
毫無疑問的美味
優質食材做出
傳統質樸的滋味

里昂近郊的小小高丘上，存留著中世紀街道的美麗村莊佩魯日（Pérouges），以電影『三劍客 Les Trois Mousquetaires』的拍攝地而聞名。這裡著名的糕點佩魯日烤餅（Galette Pérougienne）是扁平圓形的糕點。這個構想出自名為「維尤克斯佩魯日酒店 Hostellerie du Vieux Perouges」的老闆。只使用隱約帶著檸檬香的發酵麵團和奶油、砂糖，製作出的簡單糕點，表面香酥、內裡柔軟的對比使糕點別具魅力，佐以附近生產的濃郁奶油一起食用。

剩餘的佩魯日烤餅可以略微溫熱後作為早餐。

14.【GRAND MAISON】由媽媽們(Mère)打造的法國美食之都也舉行世界大會

里昂是僅次於巴黎，法國第二大城市，活躍著將法國料理推廣至全球的名廚－保羅·博古斯(Paul Bocuse)的餐廳，以及維持超過37年(截至2021年)米其林三星評價的『Georges Blanc』等，法國具代表性的餐廳遍布近郊。培育出如此食饗(Gastronomy)的土地，是由二代前的女士們所打下的基礎，才能有現今的榮景。

這些女士們被稱為Mère(媽媽)，以傳統菜餚聞名。其中，布雷齊爾媽媽(Mère Brazier)創造了一道名為「喪服風格的Poularde en demi-deuil」的料理，是在布雷斯雞的雞皮和雞肉間，夾入切成薄片的黑松露所製成的燉肉鍋(Pot-au-feu)，並以此留名。並且『Georges Blanc』餐廳最初是由他的祖母Mère Blanc開始經營。像她們這樣擅於料理的女性，被稱為Cordon Bleu(藍帶)。

散發香草香氣的香草乳酪蘸醬。

小酒館的經典菜色法式焗洋蔥湯。

里昂除了有三星餐廳「GRAND MAISON」之外，也有可以路過輕鬆享用，統稱為「小酒館 Bouchon」的地方，有魚或肉漿混合蛋白和奶油，再配上螯蝦醬汁的梭形肉丸(Quenelles)、洋蔥湯、香草乳酪蘸醬(Cervelle de canut)、小牛頭及豬內臟料理、烤布雷斯雞、夏洛來(Charolais)牛的牛排等，正因為在里昂，才能購得並品嚐到這些著名食材的料理。

而且，每二年里昂會舉行一次「世界烹飪大賽 Bocuse d'Or」和糕點的「世界盃糕點大賽 Coupe du Monde de la Pâtisserie」，有24個國家的選手參加競賽。世界烹飪大賽由一位料理人以大拼盤著手魚類、肉類料理；糕點大賽則是由3名糕點師組成小組，在10小時內完成冰雕、糖塑、巧克力雕塑、多層蛋糕(entremets)。

1981年持續保有三星的Georges Blanc。

Rhône-Alpes L'historiette column 01

里昂的料理中有一道名為梭形肉丸(Quenelles)。梭形肉丸是用蛋白或澱粉糊(panade)將肉或魚漿結合後，做成雞蛋般地梭形，放入熱水中煮熟的料理。里昂的梭形肉丸是用狗魚漿(Esox)製作，連同螯蝦醬汁一同享用。濃郁醇厚的醬汁充分沾裹口感輕盈的梭形肉丸，配上美酒更是一絕。在德國料理中也有類似的菜餚，叫做Knödel(馬鈴薯丸子)也十分著名喔。

Vin 隆河溪谷的葡萄酒

隆河－阿爾卑斯的葡萄酒

發源於瑞士的河川，在里昂改變方向流往法國東南部、注入地中海的就是隆河。這個流域的城鎮從維埃納（Vienne）到尼姆（Nîmes）附近，橫跨約250km的丘陵上有隆河丘（Cote du Rhone）的葡萄園。在日曬良好此地栽植的葡萄，充分成熟且果實味道豐富，葡萄酒的特徵是有著強勁風味及香氣。

丘陵分成南北，北方是海洋型氣候，冬季寒冷多雨，土壤以花

具香料風味的希哈，是紅酒的主要品種。

Route Touristique des Côtes du Rhône

崗岩為主體。南方是黏土石灰質砂岩，為地中海型氣候，沐浴在太陽下，夏季炎熱少雨。北部僅產紅酒的希哈（Syrah）品種，白酒主要是維歐尼耶（Viognier）與使用單一品種葡萄生產的葡萄酒，南部釀造的則是多品種混合，或混釀的葡萄酒。以下是代表性的 A.O.C. 產地。

隆河－阿爾卑斯北部

1. 羅第丘產區（Côte Rôtie）

生產以希哈（Syrah）品種為主體的紅酒。所謂Côte Rôtie，意思就是被烘烤過的山丘，也就是曝曬的山丘。在如此環境下栽植的葡萄釀造的紅酒，有著濃重紅寶石色澤的醇厚風味。

北部生產具代表性的葡萄酒，能品嚐出太陽恩賜的風味。

2. 恭得里奧（Condrieu）

羅第丘產區（Côte Rôtie）南方梯田般的葡萄園，生產著維歐尼耶（Viognier）品種，帶有杏桃（apricot）、紫羅蘭等華麗香氣的白酒。

3. 聖約瑟夫（Saint-Joseph）

沿著隆河（Rhône）的葡萄園。紅酒90%以希哈（Syrah）品種釀造，有著香草、成熟果香的強勁風味，是北部葡萄酒的典型酒款。少量的白酒是以瑪珊（Marsanne）或瑚珊（Roussanne）品種釀造。

4. 艾米達吉
(Hermitage)

代表北部A.O.C.認證的葡萄酒產地。據說契機是十字軍的騎士們在藏身處種植葡萄而開始。以希哈(Syrah)品種釀造出各式超熟成類型的札實紅酒，白酒則是以瑚珊(Roussanne)和瑪珊(Marsanne)品種釀造出主體略帶酸味的葡萄酒。

●北部及其他主要的A.O.C.地區

Château Grillet

Cornas

St-Péray

Crozes Hermitage

隆河－阿爾卑斯南部

1. 教皇新堡
(Châteauneuf-du-Pape)

意思是「教宗的新城堡」。1309年教宗被捕並囚於亞維儂時，在這個村莊建築了教宗臨時莊園的緣故。使用了包括格那希(Grenache)在內，13種葡萄品種，釀造出酒精濃度高、深濃紅寶石色澤具香料風味的紅酒。

2. 吉恭達斯(Gigondas)

以格那希(Grenache)品種所生產，高酒精濃度且具強勁酒體的紅酒，和少量的粉紅酒，被稱為「火紅葡萄酒」。

3. 彭姆－德－韋尼斯的蜜思嘉
(Muscat de Beaumes-de-Venise)

由蜜思嘉(Muscat)品種葡萄釀造的自然甜葡萄酒(Vins Doux Naturel)最為著名。與Beaumes de Venise是同一產區。

●南部及其他主要的A.O.C.地區

Tavel

Lirac

Rasteau

Vacqueyras

Ventoux

Luberon

未限定地區 隆河的主要A.O.C.

1. 隆河產區
(Côtes du Rhône)

在南部生產的幾乎都有，大多是以格那希(Grenache)為主體的紅酒。

2. 隆河丘村莊
(Cote du Rhone Villages)

在南部約20個市鎮釀造，標籤上記載著各別的村名。

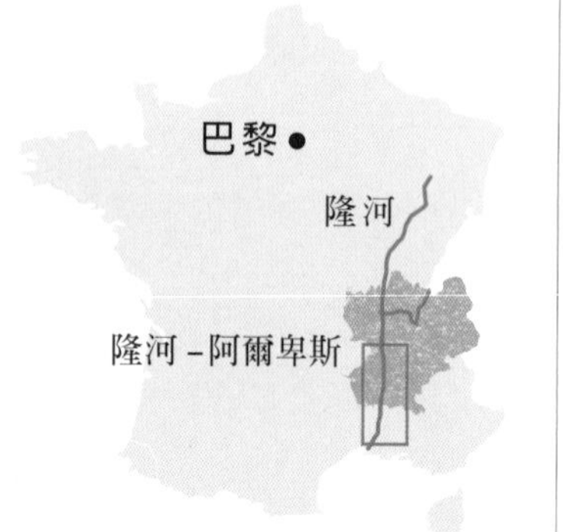

Rhône -Alpes 葡萄酒地圖

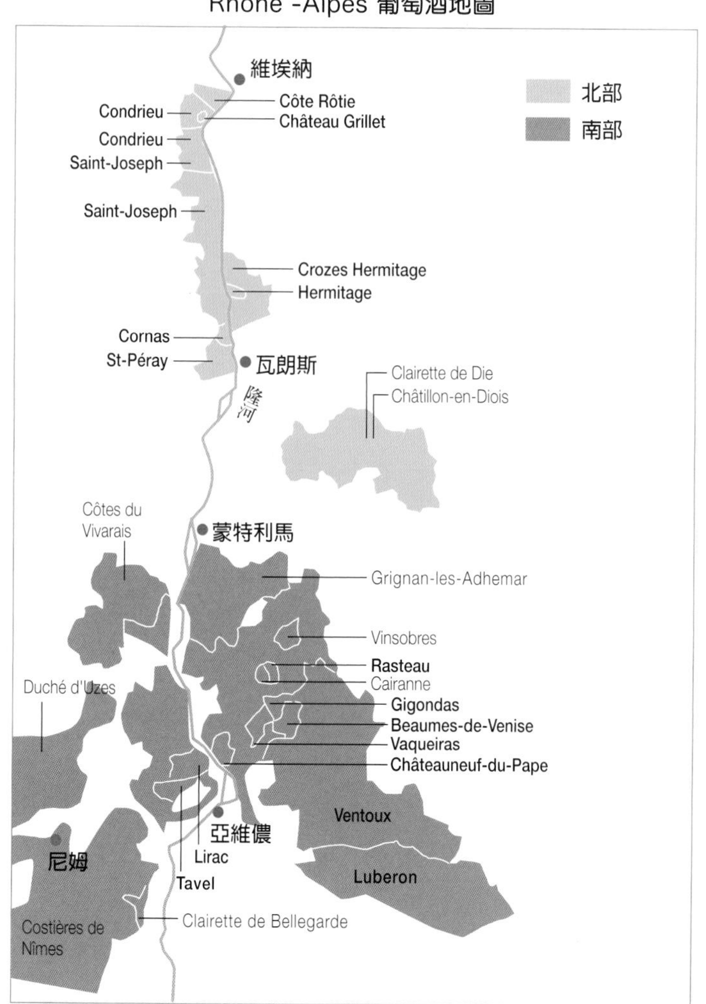

薩瓦的葡萄酒

阿爾卑斯山脈的斜面，位於萊芒湖（lac Léman）南方，海拔200～450m的葡萄園，從萊芒湖可以向南眺望美麗的伊澤爾河（Isère）流域。生產的葡萄酒幾乎都是不甜的白酒，纖細且力道強勁。夏天和秋天受惠於氣候，但冬季嚴寒，因此栽植的葡萄也是能耐住寒冬的品種。白酒使用的是阿提斯（Altesse）或是胡塞特（Roussette）等品種。黑葡萄品種則是蒙德斯（Mondeuse）、加美（Gamay）等。土壤是石灰岩和泥灰土，與冰河帶下的沖積土混合。A.O.C.認證的葡萄酒，主要分為薩瓦葡萄酒（Vin de Savoie）和薩瓦胡塞特（Roussette de Savoie），有些葡萄酒的名稱還會附加Cru（葡萄園名稱）。

正如同涼冷土地般，清爽感十足。

1. 薩瓦葡萄酒（Vin de Savoie）

由蒙德斯（Mondeuse）、加美（Gamay）、黑皮諾（Pinot noir）等品種釀造，輕盈且纖細的紅酒，用阿里哥蝶（Aligote）、夏多內（Chardonnay）釀造的是清爽不甜的白酒和粉紅酒。

2. 克雷皮的薩瓦葡萄酒（Vin de Savoie Crépy）

克雷皮（Crépy）是薩瓦葡萄酒（Vin de Savoie）的Cru（葡萄園名稱）之一。以名為莎斯拉（Chasselas）的葡萄品種作為原料，釀造的不甜白酒。

3. 薩瓦胡塞特（Roussette de Savoie）

雖然與薩瓦葡萄酒（Vin de Savoie）為同一地區，但主要是在弗朗日（Frangy）附近較溫暖的地區釀造。品種是阿提斯（Altesse），令人聯想到蜂蜜和杏仁果風味的白酒。

4. 賽塞爾（Seyssel）

以阿提斯（Altesse）品種，釀造出白色花朵般清新氣息的葡萄酒。

其他、氣泡酒

莫塞克斯 - 薩瓦氣泡酒（Vin de Savoie mousseux）

賽塞爾 - 薩瓦氣泡酒（Seyssel mousseux）

薩瓦傳統釀造氣泡酒（Vin de Savoie pétillant）

Savoie 葡萄酒地圖

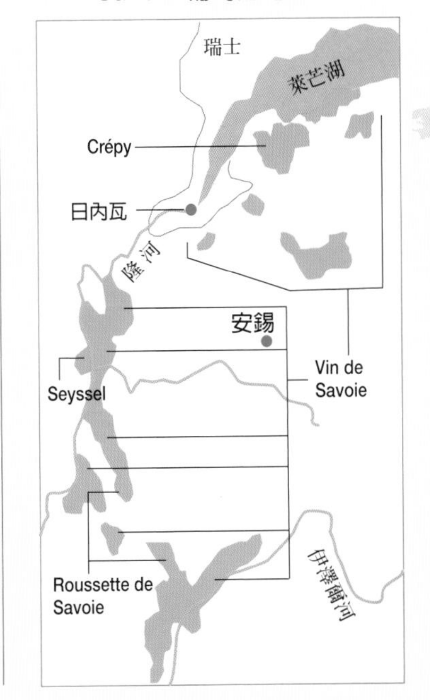

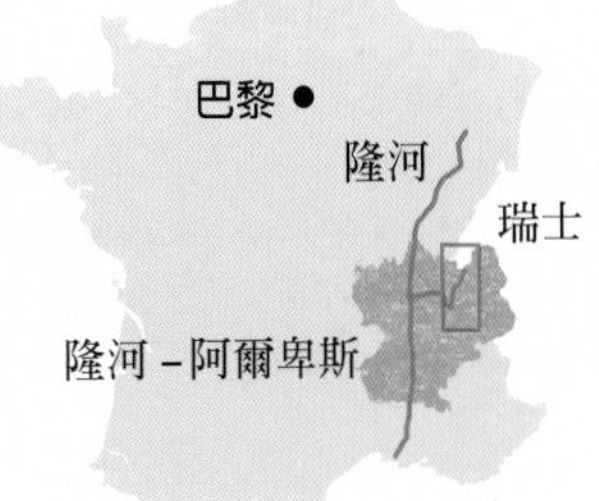

Bourgogne-Franche-Comté

勃艮第－法蘭琪－康堤

Bourgogne

勃艮第

“Bourgogne”之名，是源自五世紀時從波羅的海（Baltic Sea）移居而來的 Burgondes族。此後形成的勃艮第公國（Duché de Bourgogne）在十四～十五世紀時，成為現在的比利時、荷蘭等國的統治者，繁華一時足以凌駕法國。首都第戎（Dijon）的勃艮第公爵宮（palais des ducs et des États de Bourgogne）、博訥（Beaune）的伯恩濟貧院（Hospices de Beaune）等歷史建築物中仍然可以看到當時的風華。

伯恩濟貧院（Hospices de Beaune）是為貧苦的人們所創設的醫院，同時也擁有葡萄園，每年11月的第3個週末，會舉行「榮光三日」的拍賣會。勃艮第是法國具代表性的葡萄酒產地，由第戎往南走，可以看到生產高級葡萄酒的金丘（Côte-d'Or）、馬貢（Mâcon），還連綿著以薄酒萊新酒（Beaujolais Nouveau）為人所熟知的薄酒萊（Beaujolais Nouveau）葡萄園。葡萄園的葉子，可用來培育勃艮第代表性美食之一的蝸牛，葡萄酒也是第戎黃芥末製作時不可或缺的材料。此外，提到第戎，從中世紀開始流傳的香料麵包（Pain d'épices）最有名，其發展也與勃艮第公國（Duché de Bourgogne）息息相關。

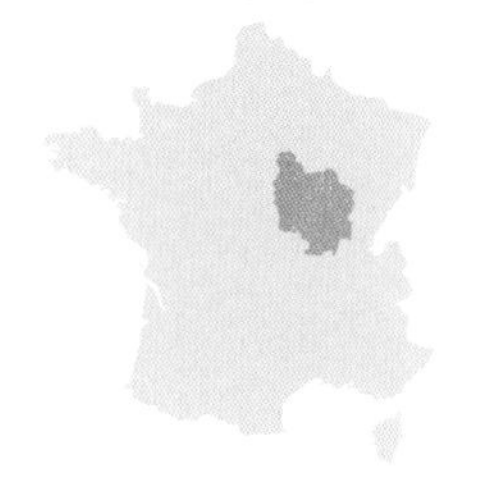
Bourgogne

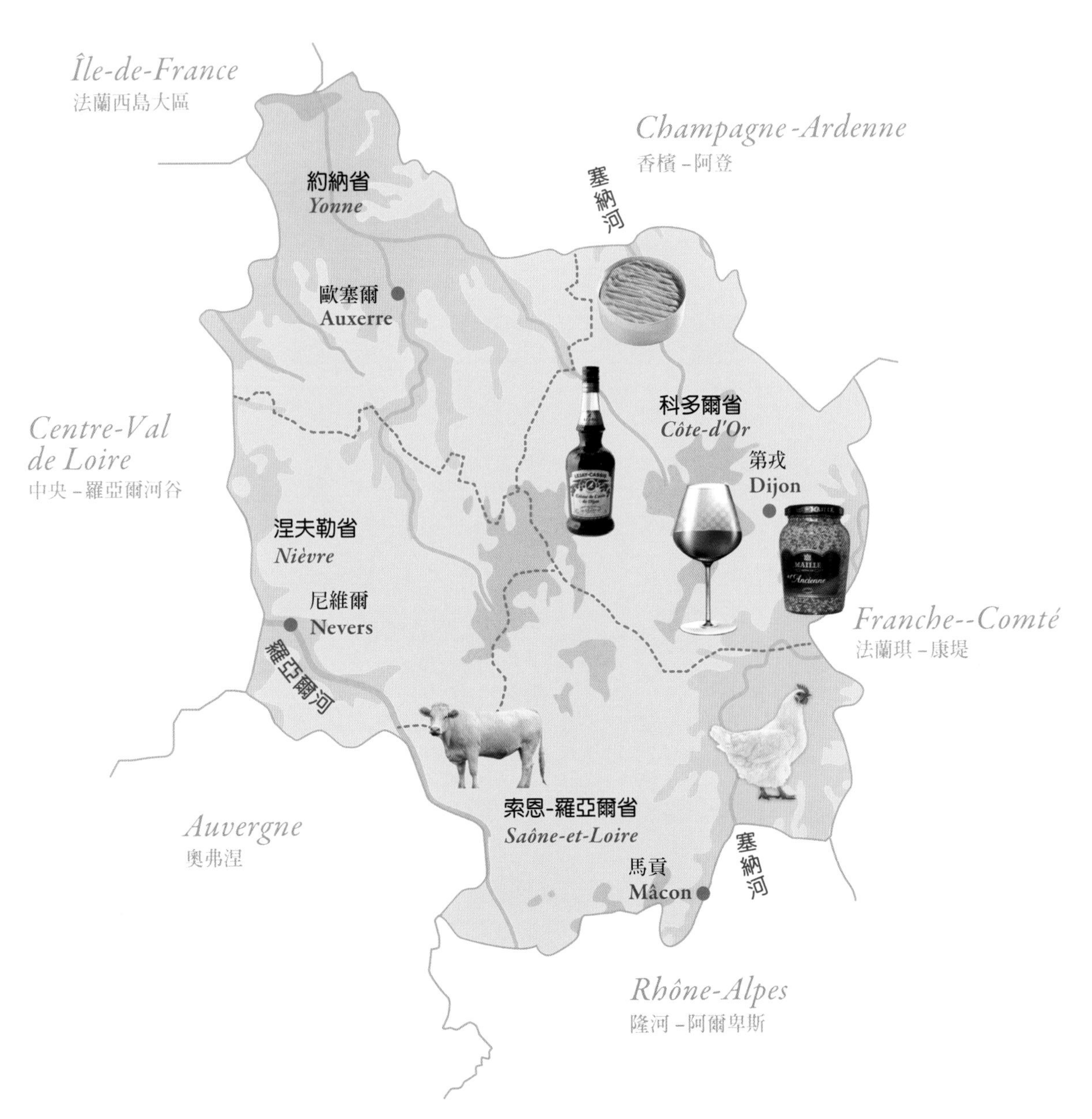
Île-de-France
法蘭西島大區
Champagne-Ardenne
香檳－阿登
塞納河
約納省
Yonne
歐塞爾
Auxerre
科多爾省
Côte-d'Or
第戎
Dijon
Centre-Val
de Loire
中央－羅亞爾河谷
涅夫勒省
Nièvre
尼維爾
Nevers
羅亞爾河
Franche--Comté
法蘭琪－康堤
索恩-羅亞爾省
Saône-et-Loire
Auvergne
奧弗涅
馬貢
Mâcon
塞納河
Rhône-Alpes
隆河－阿爾卑斯

勃艮第紅酒燉牛肉 Bœuf bourguignon

bourguignon的意思是「勃艮第的」。使用當地產勃艮第紅酒、具代表性的牛肉料理，也是小酒館的特色，因此只要點了這道就能測試出大廚的身手。花時間燉煮就是最重要的訣竅，時間造就的美味。

材料(3～4人)

燉煮用牛肉	400g(切成5cm塊狀)
紅蘿蔔	1/2根(切成1cm方塊)
洋蔥	1/2個(切成1cm方塊)
大蒜	1/2瓣
香草束(Bouquet garni)	1束
紅酒	1/2瓶(375ml)
水	適量
奶油、液態油	各1大匙
番茄糊	1大匙
麵粉(高筋或低筋麵粉)	1大匙
肉高湯塊	1個

製作方法

1. 在厚實的鍋中放入奶油和液態油加熱，放入預先抹過鹽、胡椒的牛肉用大火煎，至全體呈現烤色時取出。捨棄多餘的油脂。

2. 在**1**的鍋中放入蔬菜，用中火拌炒，加進番茄糊和麵粉，與蔬菜混拌沾裹，使麵粉確實受熱。

3. 在**2**中放入表面煎過的牛肉、紅酒、肉高湯塊，略加入鹽、胡椒，用大火煮至沸騰後撈除浮渣，蓋上鍋蓋用小火燉煮2～3小時。過程中水份不足時再補入。

4. 牛肉煮至柔軟後取出，用鋁箔紙覆蓋使其保溫，同時過濾分出蔬菜和湯汁。此時用木杓等按壓蔬菜，確實擠出煮汁。

5. 熬煮**4**的煮汁，至產生稠濃後，用鹽、胡椒調味。

6. 盛盤，佐以另外準備的蔬菜及麵包塊(crouton)。

搭配的蔬菜及麵包塊

- 紅蘿蔔：削皮的紅蘿蔔1根，切成3mm的厚度，用足以淹沒食材的水份、鹽、砂糖、奶油等煮至柔軟。
- 洋菇：1/2盒的洋菇，去蒂切成薄片後，用奶油香煎，撒上鹽、胡椒。
- 麵包塊(crouton)：切成8片厚度的吐司，用心型切模按壓後，在吐司兩面刷塗奶油烘烤，再蘸上一些切碎的巴西利。

法式鹹乳酪泡芙 Gougères

在勃艮第，餐前開胃酒和下酒菜，必定是基爾酒（kir）和法式鹹乳酪泡芙。基爾酒是用當地產的黑醋栗利口酒與葡萄酒混合而成。據說基爾酒的名稱，是將這種喝法推廣開來的市長名。法式鹹乳酪泡芙中添加的乳酪份量，也可隨個人喜好。但用量過多時會感覺沈重，泡芙麵糊也會無法膨脹。

材料（方便製作的份量）

奶油	50g
牛奶	60ml
水	60ml
鹽	少許
低筋麵粉	35g
高筋麵粉	30g
全蛋	2個
葛瑞爾乳酪（Gruyère）	50g
肉荳蔻	少許

製作方法

準備

- 奶油切成牛奶糖大小。
- 低筋麵粉和高筋麵粉混合過篩。
- 磨碎葛瑞爾乳酪。

製作方法

1. 在鍋中放入牛奶、水、奶油和鹽，加熱至沸騰。離火，一次加入全部粉類，用木杓混拌。

2. 再次用中小火加熱鍋子，不斷混拌使水份揮發。

3. 將攪散的全蛋少量逐次地加入**2**中，每次加入後都充分混拌。混拌至用木杓舀起時，麵團會緩慢落下的程度即可。

4. 加入葛瑞爾乳酪和肉荳蔻混拌。

5. 將麵團放入裝有直徑1.5cm圓形擠花嘴的擠花袋內，擠在鋪有烤盤紙的烤盤上，用170°C的烤箱烘烤40分鐘。

加入磨碎的葛瑞爾乳酪。

香料麵包 Pain d'Epices

十三世紀蒙古帝國的成吉思汗帶到戰場的糕點。最初，這種甜點並不含香料，但在傳到中東後，人們為了保存而加入了香料，進一步傳播到歐洲時也採用了這種做法。這種點心是由法蘭德斯（Flandre）傳入勃艮第。

材料（15×8×高5cm的磅蛋糕模1個）

麵糊

低筋麵粉	120g
小蘇打	3g
蜂蜜	140g
全蛋	36g
細砂糖	36g
奶油	36g
糖漬橙皮	24g
糖漬檸檬皮	24g
肉桂、肉荳蔻、丁香粉	混合3g

製作方法

準備

- 將烤盤紙舖入模型中。
- 低筋麵粉和小蘇打粉混合過篩。
- 糖漬橙皮、糖漬檸檬皮切碎。
- 一起溫熱蜂蜜和奶油，使奶油融化。

製作方法

1. 在缽盆中放入全蛋和細砂糖混拌，倒進溫熱的蜂蜜和奶油混拌。

2. 加入糖漬橙皮、糖漬檸檬皮、香料粉類混拌，最後加入低筋麵粉和小蘇打粉混合均勻。

3. 倒進模型中，以180℃的烤箱烘烤40～45分鐘左右。

香料麵包專賣店。中央是稱為 Nonnette的圓形香料麵包。

Bourgogne La Découverte

勃艮第

1.【第戎的芥末籽醬】

柔和的辣味
正因為有葡萄
是餐桌上不可或缺的調味

冠以勃艮第的首都第戎(Dijon)之名的芥末籽醬，十四世紀巴黎就開始享用，十五世紀時已制定品質把關的規章。此土地上盛行芥末籽醬的製造，與勃艮第為葡萄酒生產地有關。

首都第戎的代名詞，這是粒狀的芥末籽醬。

芥末和芥末籽醬，是以十字花科(Brassicaceae)植物的種子為原料，主要有黑芥(Brassica nigra)、白芥(Sinapis alba)、棕芥(Brown Mustard)、黃芥，日本的芥末醬，是由其中最具辛辣的黃芥製成。另一方面，第戎芥末醬(Moutarde de Dijon)和芥末籽醬(Moutarde à l'Ancienne)使用的是黑芥和棕芥。

製作方法也不同。日本是種子脫脂後先製作成粉類，再溶於水。而第戎芥末醬是將種子浸在verge(未成熟的葡萄汁、酸味的葡萄酒中)或葡萄酒醋中，然後將種子完全搗碎，過篩。粒狀的芥末籽醬則是粗略地壓碎種子，不進行過篩。

使用葡萄汁製作的方法，從十八世紀就開始。曾經使用未發酵稱為moût的葡萄汁。芥末

當地才有的芥末專用陶器。

這個法語單字Moutarde的語源，是由moût和ardent(熱烈燃燒)組成的，就是所謂的“非常熱的葡萄汁”，實在精妙。

相比於日本的芥末醬，葡萄酒或醋的酸味可以抑制產生辣味的酵素，因此能製成溫和的味道。這個製作方法在1937年即有法律規定，原材料及產地則沒有限制。

對法國人而言，芥末醬是日常餐桌上不可或缺的調味。在以簡單的烤肉或燉肉鍋(Pot-au-feu)，或是作為醬汁、製作美乃滋等，必不可少的存在。

芥末籽醬的種籽浸泡在葡萄汁製成，葡萄酒產地才有的特產。

留存勃艮第公國之名的第戎。

以茴香糖聞名的奧澤蘭河畔弗拉維尼(Flavigny-sur-Ozerain)。

2.【茴香糖 Anis de Flavigny】外觀漂亮散發茴香香氣 美麗村莊 的傳統糖果

位於法國科多爾省的奧澤蘭河畔弗拉維尼(Flavigny-sur-Ozerain)是一個美麗的村莊，也是2000年上映，由茱麗葉・畢諾許(Juliette Binoche)主演，『濃情巧克力 Chocolat』的電影取景地。自1500年後半，就開始製作茴香風味、白色小顆粒的糖果－茴香糖(Anis de Flavigny)。

茴香和這個村的名字，是在西元前此一地區被羅馬人征服並被稱為 Arésia 時，由一個名為 Flavian 的羅馬人帶來的。八世紀初，由本篤會(Ordo Sancti Benedicti)的修道士們，製作出這款糖果的前身。現在，除了經典的茴香籽味道外，外層糖衣還有玫瑰、檸檬、黑醋栗等各種變化，但中間都夾著傳統的茴香片。包裝上也別具魅力，有各種圖案，其中以牧羊人將這個糖果送給戀人的圖案最為經典。

清涼感十足的茴香花和種子。

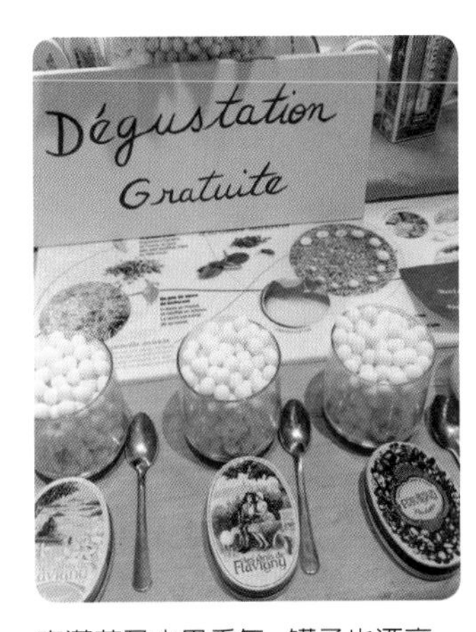

充滿花及水果香氣，罐子也漂亮。

3.【黑醋栗酒 Crème de cassis】美食家市長的功勞 水果風味的 開胃酒女王

法國有一種名為基爾(Kir)的國民開胃酒，以稱為 Crème de cassis 的黑醋栗利口酒和白酒混合製成。白葡萄酒特別採用一種名為阿里哥蝶(Aligoté)的葡萄品種釀造而成。阿里哥蝶葡萄特色是具有酸味，過去人們會加入黑醋栗糖漿以減緩酸味。據說二十世紀中葉，當時擔任第戎市長的費利克斯・基爾(Félix Kir)，將這款開胃酒(Apéritif)以自己的名字 Kir 命名，並將其推廣。

基爾酒(Kir)的基底，黑栗醋利口酒。

黑醋栗(cassis)是直徑1cm左右的黑色果實，有相當強烈的酸味，因此相較於生食，幾乎都加工製作成果醬、果泥和利口酒。這種水果在夜丘(Haute Côte de Nuit)的葡萄酒產區得以栽培，原因是當地的葡萄因為十九世紀末根瘤芽蟲(Phylloxera)的病蟲害侵襲，轉而大量栽培黑醋栗。

具有強烈酸味及濃紫黑色的黑醋栗果實。

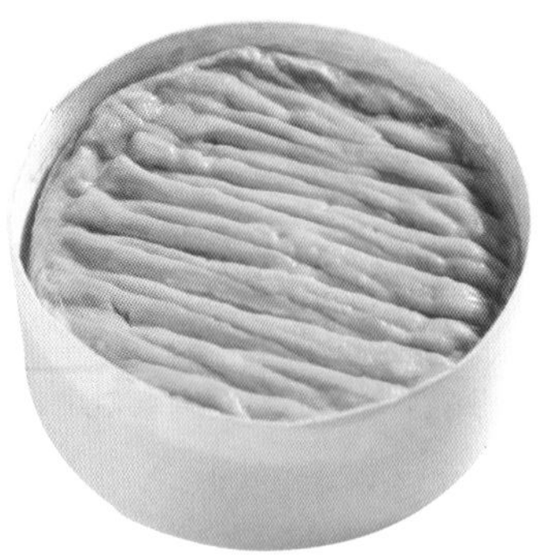
©Ikuo Yamashita

在當地也運用在牛排醬汁中。

4.【蝸牛 Escargot】
在葉片陰影中品嚐美食
居住在葡萄園的
悠閒食材

在勃艮第，蝸牛是一種會搭配大蒜、巴西利碎的奶油一起享用的著名料理。蝸牛最愛葡萄葉，因此在葡萄酒產地的勃艮第，自古就有大量的蝸牛生長。

因農藥的影響，蝸牛數量也大為減少，近年隨著 BIO(有機栽植)的葡萄園增加，數量也有恢復的趨勢。

烹煮野生的蝸牛時，會先使其斷食數日或給予乾淨的食物，將消化道處理乾淨是必要的步驟。

在葡萄葉間有蝸牛。

大大的蝸牛是勃艮第產的醍醐味。

5.【艾帕斯乳酪 Époisses】
經過不斷磨練
終於完成的
乳酪王者

「告訴我你吃什麼，我就知道你是怎樣的人 Dis-moi ce que tu manges, je te dirai ce que tu es.」留下許多名言，以美食家聞名的布里亞•薩瓦蘭(Brillat-Savarin)，稱為乳酪王者的艾帕斯乳酪(Époisses)，在1991年取得 A.O.C. 認證。

在科多爾省(Côte-d'Or)的艾帕斯村，用牛奶製作出的洗浸式乳酪。特徵是具有強烈香氣和濃醇美味。特色是以鹽水並加入蒸餾釀造葡萄酒時被稱為榨渣(Marc)的混合液，來沖洗表面，藉由強烈高酒精的榨渣提引出強烈的香氣。

艾帕斯乳酪是十六世紀時，由當地建立修道院的熙篤會(Cistercians)修道士們製作，據說法國大革命後修道院被破壞，離去的修道士們將乳酪的配方留給居民。之後經過二次世界大戰，艾帕斯村農家減少，同時村裡的牛奶也被大型企業獨佔收購，所以個人農家曾經無法生產乳酪。

當時站出來發聲的是羅伯特•貝爾托(Robert Berthaut)先生，他是現在艾帕斯乳酪生產的領袖，也是貝爾托公司的創始人，熱愛艾帕斯乳酪。1957年將農家改造成乳酪生產廠，生產出正統道地的艾帕斯乳酪。當時如果沒有他的決定，我們也許現在不會享受到艾帕斯乳酪的美味了。

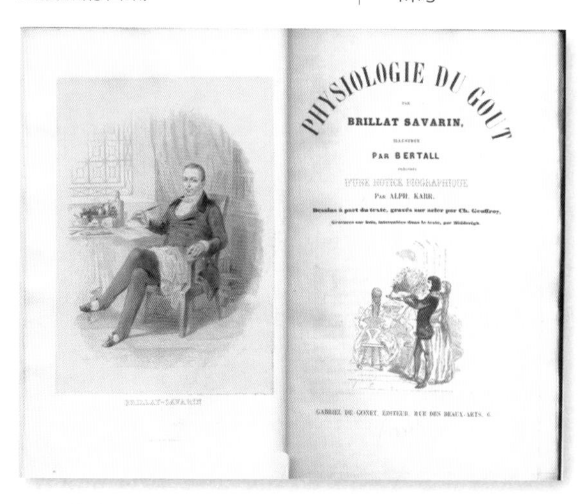
BRILLAT-SAVARIN

PHYSIOLOGIE DU GOUT
PAR
BRILLAT SAVARIN,
ILLUSTRÉE
PAR BERTALL
PRÉCÉDÉE
D'UNE NOTICE BIOGRAPHIQUE
PAR ALPH. KARR.

GABRIEL DE GONET, ÉDITEUR, RUE DES BEAUX-ARTS, 6

1825年布里亞．薩瓦蘭的著作「美味禮讚 味覺的生物學」。

法蘭德斯出身的公主，出嫁時帶入勃艮第的香料麵包。

6.【香料麵包 Pain d'Epices】
營養豐富
風味絶佳
存在感十足

香料麵包的前身，據說可追溯到十世紀左右，在中國用麵粉和蜂蜜製作的糕點「Mi-kong」，當時還沒有糖。這種營養豐富的點心，在十三世紀受到與中國對戰，蒙古成吉思汗的喜愛，於是在西征前往歐洲的途中教給了有親屬關係的土庫曼人（Turk-men）。隨後因土庫曼人入侵土耳其，而將這款糕點傳至阿拉伯。因十字軍（十一～十三世紀）而傳入歐洲。糕點添加了香料，據說香料是在經過中歐時加入的。

之後，匈牙利、德國、荷蘭、比利時、義大利等，也開始使用裸麥粉製作。在法國，1369年法蘭德斯（Flandre）的瑪格麗特（Marguerite）公主，嫁給勃艮第公國（Duché de Bourgogne）勇敢的菲利普二世（Philippe II l'Hardi），將香料麵包帶入第戎。但是第戎沒有裸麥，因此使用小麥，也因為這個契機使得歐洲同時存在著2種香料麵包。裸麥粉的比利時類型和小麥粉製作的的第戎類型。

1796年創業的第戎香料麵包專賣店『Mulot et Petitjean』內，販售著磅蛋糕形狀、或是包入黑醋栗果醬，小型麵包等數種的香料麵包，創業初始就有正方形的《Pavé》。曾經也被稱為Pavé de santé（健康麵包）。不使用奶油、添加了大量蜂蜜，對於食品健康上的追求，無論是現在或過去，都是不變的真理。

香料麵包會因蜂蜜的種類而有不同的風味，一般最昂貴的，是添加了薰衣草蜂蜜的產品。即使在市場或市集等，也能看到排放著各個店家，各種不同風味的香料麵包。

Mulot et Petitjean本店。

無論是糖果或是瓶罐，都很別緻的尼格斯焦糖（Le Négus）。

7.【尼格斯焦糖 Le Négus】
豪華巧克力糖果
致力於實現
衣索比亞王的野心

尼格斯焦糖是用糖液包覆巧克力風味的牛奶糖，能享受到2種口感的豪奢糖果，據說最早出現在1901年。

從它的構造和外觀美感來看，很難想像是100年前就作出的高完成度成品。Négus是對衣索比亞皇帝的尊稱。糖果容器是罕見的深綠色。糖果本身的光澤和棕色色調中可以感受到其格調和氛圍。

二十世紀初，法蘭西第三共和國（La Troisième République），衣索比亞強烈希望能脫離義大利墨索里尼政權獨立。索羅門王和席巴女王子孫的衣索比亞皇帝－孟尼利克（Menelek），為尋求現代國家建立的指導原則而前往法國時，獻上的就是這款糖果。

據說糖果的發明者是來自尼維爾（Nevers）的糖果師格雷利耶（Grelier），至今也同樣地用叉子插入巧克力口味的牛奶糖，浸入150℃的糖漿，只需1秒就可以完成。這時的溫度和時間是美味和美麗光澤的關鍵。

令美食家們垂涎的夏洛來牛(Charolaise)。

8.【夏洛來牛 Charolaise】
厚切最美味
健康程度也是
受歡迎的理由

夏洛來牛(Charolaise)原產於索恩-羅亞爾省(Saône-et-Loire)的夏洛來村周邊,現在則被飼育在法國各地。被認為是法國最高級的牛肉,身軀大且呈奶油色,特徵是額頭上的卷毛。母牛體重約700kg、公牛可達1噸。

Bourgogne
L'historiette column 01

在法國餐廳點了牛排時,會被問到熟度。一分熟(Rare),稱為 Saignant,若喜歡比 Saignant更生一點時,點餐時可以說 Bleu。五分熟(Medium)是 à point,確實烘烤的則是 Bien cuit。大家喜歡的部位大多是稱為 Bavette的牛腰肉和橫隔膜肉、隔柱肌肉(Onglet)等稍有硬度的部位,煎烤熟度也多是 Saignant居多。

由羅馬人帶入法國,被飼育作為役牛和乳牛,據說是法國最古老的牛,從十八世紀左右開始,肉質就廣受好評。1867年萬國博覽會中被視為一級品,也廣受巴黎的老饕們喜愛。

特徵是紅肉且少脂肪,肉質風味濃郁且豐軟又留有餘韻。雖然年輕牛隻即可出貨,但法國人喜歡的是生產過二次或三次,經產牛的牛肉,在市場上交易的是3～7年的牛隻,滿足特定生產條件,才能給予法國紅標(Label Rouge)認證。

9.【布雷斯雞 Bresse】
藍白紅三色
是法國美食的印記
頂級中頂尖的雞

布雷斯(Bresse)產的雞,雞身雪白、有著紅冠以及青足,是三色的象徵。1957年取得A.O.C.認證。

所謂最頂級肉質的嚴格規章,首先必須是在橫跨勃艮第的索恩・羅亞爾省(Saône-et-Loire)、

布雷斯雞被視為高級雞肉的象徵。

Bourgogne
L'historiette column 02

布雷斯雞太高價無法入手,也有分辨其他美味雞隻的方法。那就是法國紅標(Label Rouge)的紅色標章。1965年相較於生產量,更尊重以品質為優先的飼育方法而受到高度重視,農業部門為了保證優良品質,設立了這個標章。法國紅標是針對被保證安全性及品質的肉類、乳製品、生鮮食品、海產等進行標示,瞭解這款標章也是分辨優質食品的方法之一。

是星級餐廳菜單中的常客。

隆河-阿爾卑斯(Rhône-Alpes)的安省(Ain)以及法蘭琪-康堤(Franche-Comté)的汝拉省(Jura)地區飼育。因為這個地區的土壤是黏土質的濕地,多蚯蚓和蟲,是雞隻們最喜歡的食物。

並且,雛鳥的飼育必須在室溫30℃,最大為50m²的小屋內。飼料是玉米和非基改的麵粉等。另外,群養最多是500隻,每隻給予約10m²的天然草原。從中世紀開始就被飼育至今,在1800年代因美食家們而聞名全國。

Bourgogne 勃艮第的葡萄酒

有一款名為羅曼尼-康帝(Romanée-conti)的著名葡萄酒，這也是葡萄園的名稱。這個葡萄園是在夜丘產區(Côtes de Nuits)的沃恩-羅曼尼(Vosne-Romanee)村，以稱為羅曼尼-康帝的特級葡萄園中採收的葡萄為原料製作的葡萄酒，也是勃艮第A.O.C.認證中的頂級酒，要達到特級園的等級可分成4個階段。

也擁有葡萄園的伯恩濟貧院(Hospices de Beaune)。

請參考下方的等級圖就可以得知，稱為原產地最下層是只有"Bourgogne"和地方名稱或地區名稱等的地區(Régional)，接下來是村名(Communal)，再上去是一級園(Premier Cru)，最高等級是特級園(Grand Cru)。

勃艮第的A.O.C.等級圖

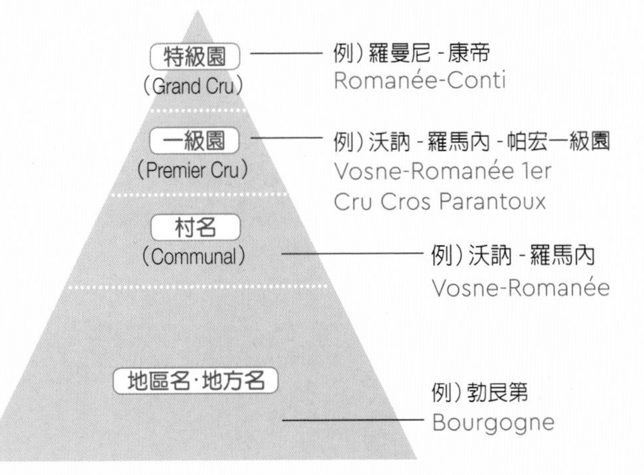

勃艮第葡萄酒的特徵並非像波爾多(Bordeaux)般，以城堡或稱莊園(Château)(生產者)為單位地劃分葡萄園，而是以葡萄園為主軸地生產葡萄。從葡萄的栽植到葡萄酒的生產，都是以小單位家族經營的"酒莊Domaine"為釀造者居多。

羅曼尼-康帝(Romanée-conti)的葡萄園。

焦點落在勃艮第葡萄酒的釀造者身上，也是因為這個原因，若是沒有自己的葡萄園，而是購買別人採收的葡萄來釀造生產的，相對於“酒莊 Domaine”，會稱之為“酒商 Négociant”。

為什麼這個地區的葡萄酒釀造會變成以葡萄園為單位呢？這個就要追溯至勃艮第葡萄酒的歷史，是在西元前600年因瑞士人開始種植，中世紀時因熙篤會(Cistercians)修道院對土壤及釀造的研究，而確立了勃艮第葡萄酒的基礎。之後教會及貴族們持有葡萄園，革命導致持有者被更替，使得葡萄園被分割成小塊。

勃艮第紅酒的代表品種是黑皮諾(Pinot noir)、白酒則是夏多內(Chardonnay)。這些葡萄釀造出的許多葡萄酒都以其優雅、柔順和強烈的特色吸引了許多人。

各地區的特徵

葡萄酒風味會被“Terroir風土”(土壤或氣候)影響。勃艮第的土壤因地區不同而有石灰質、泥灰質、花崗岩質等不同種類，是因為地質活動產生斷層，因複雜的變化而形成豐富多樣的土壤。此外，由於內陸型氣候，使得早晚溫差劇烈變化，平均氣溫比波爾多低。葡萄的種類，紅酒是黑皮諾(Pinot noir)、加美(Gamay)等。白酒則是夏多內(Chardonnay)、白皮諾(Pinot Blanc)、阿里哥蝶(Aligoté)等。生產地區從第戎至里昂，綿延五個地區和第戎西北部的夏布利(Chablis)，共六個地區。

1. 夜丘(Côte de Nuits)

從第戎至尼伊聖喬治(Nuits-Saint-Georges)村為止約20km的地區。東或東南向、日曬良好，由石灰質和泥灰土中孕育釀造出長期熟成類型的黑皮諾(Pinot noir)紅酒。羅曼尼－康帝(Romanée-conti)、梧玖莊園(Clos de Vougeot)、尚貝坦(Chambertin)等都是世界著名的葡萄園。

2. 博訥丘(Côte de Beaune)

夜丘產區(Côte de Nuits)南方，位置平緩的丘陵，有山谷能防北風及霜降，黏土質的石灰石土壤，主要生產的是黑皮諾。此外，也生產少量的夏多內，蒙哈榭(Montrachet)、高登查里曼(Corton Charlemagne)、默爾索(Meursault)等，以白酒釀造而廣為人知。

*夜丘產區和博訥丘合稱為金丘(Côte-d'Or)。

3. 夏隆內丘(Côte Chalonnaise)

由連續的小丘陵構成，位於博訥丘(Côte de Beaune)南邊。葡萄園以牧場或草原間隔開，方向也各有不同。生產的紅酒是黑皮諾，白酒則是夏多內，雖然不是特級園(Grand Cru)，但在蒙塔尼(Montagny)、梅克雷(Mercurey)、乎利(Rully)仍然生產美味的葡萄酒，也生產大多作為開胃酒飲用的阿里哥蝶(Aligoté)。

4. 馬貢內(Mâconnais)

是勃艮第最大的白酒產區。該區位於從夏隆內丘(Côte Chalonnaise)向南延伸的丘陵區域。索呂特雷-普伊(Solutré-Pouilly)附近地勢陡峭，但在聳立山丘的斜面生產著以夏多內(Chardonnay)釀造的優秀白酒，也有生產普伊-富賽(Pouilly-Fuisée)、聖-維宏(Saint-Véran)。馬貢(Mâcon)周圍也生產紅酒，主要的葡萄品種是加美(Gamay)。

馬貢索呂特雷(Solutré)的石灰岩山。

5. 薄酒萊(Beaujolais)

每年11月第3個星期四開封的薄酒萊新酒(Beaujolais Nouveau)產地。處於勃艮第最南的位置，起伏平緩的丘陵和溫暖的氣候是種植葡萄的理想土地。北部是花崗岩的土壤，生產薄酒來村莊(Beaujolais-village)和10個薄酒萊特級園(Crus Du Beaujolais)。

南部是黏土質土壤，孕育出完全不同風味的葡萄酒。以加美(Gamay)品種釀造，令人聯想起紅色莓果的果香葡萄酒，大多是新酒類型，當然其中也有適合長期陳年的酒款。

10個薄酒萊特級園(Crus Du Beaujolais)如下,已取得A.O.C.認證。

1. **Brouilly**
2. **Côte de Brouilly**
3. **Chénas**
4. **Chiroubles**
5. **Fleurie**
6. **Juliénas**
7. **Morgon**
8. **Moulin -à-vent**
9. **Saint-Amour**
10. **Régnié**

其他的薄酒來村莊(Beaujolais-village)南部的薄酒萊(Beaujolais)也取得A.O.C.認證,因此在薄酒萊地區(Beaujolais)共存在12個產地認證(Appellation)。

6. 夏布利地區(Chablis)

以約納省(Yonne)夏布利(Chablis)為中心,生產不甜的白酒。在日曬充足的丘陵地,含有石灰質稱為啟莫里階土(Kimmeridgian)的土壤,最適合夏多內(Chardonnay)的生長。不甜清爽的風味,適合搭配魚貝類。

「榮耀三日 Les Trois Glorieuses」的葡萄酒拍賣會

每年11月第3個星期六開始開始,為期三天的活動由葡萄酒業者主辦。任命葡萄酒騎士,第一天晚上在梧玖莊園(Clos de Vougeot)舉辦晚宴、第二天在伯恩濟貧院(Hospices de Beaune)舉行拍賣會、第三天則是在默爾索城堡酒莊(Château de Meursault)舉行盛大豐收慶典。

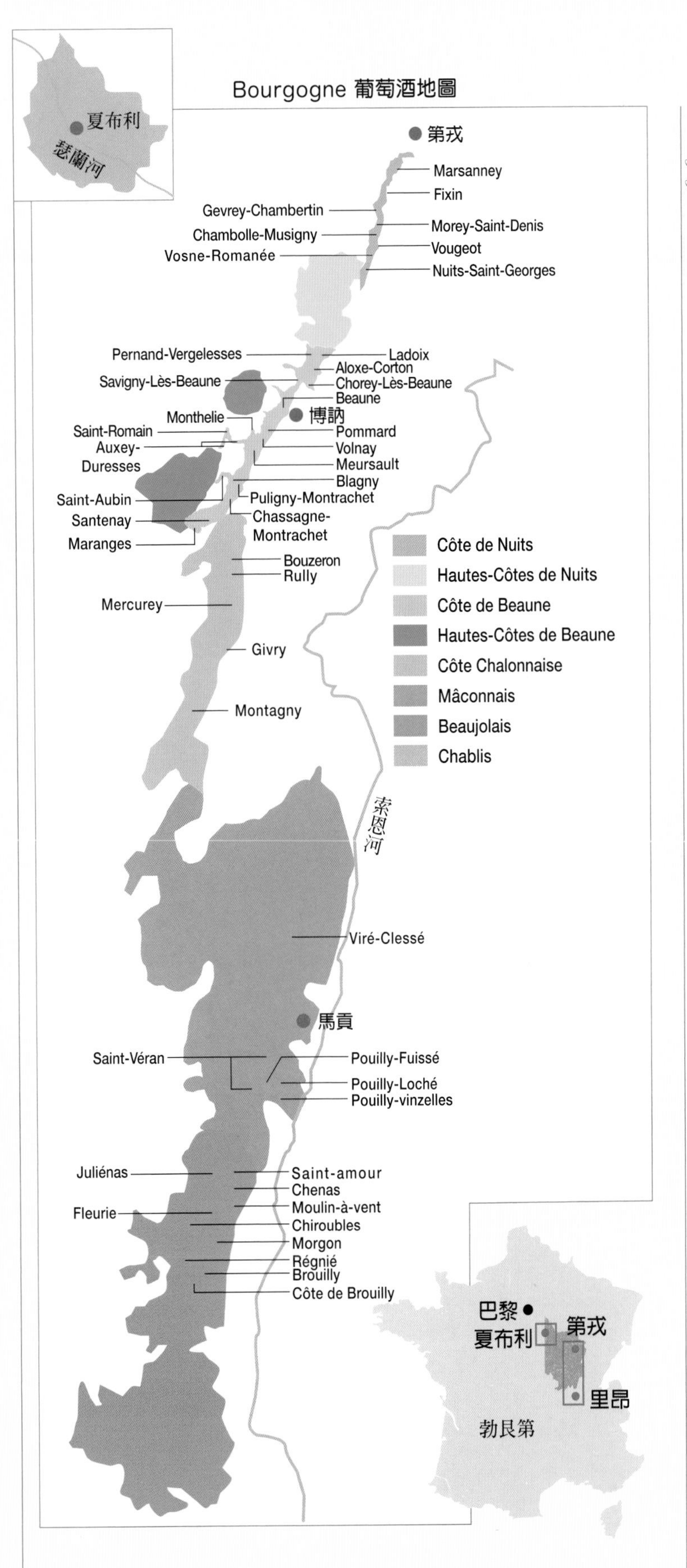

Bourgogne-Franche-Comté

勃艮第－法蘭琪－康堤

Franche-Comté

法蘭琪－康堤

這個地區毗鄰瑞士和德國，在法國也屬邊境地帶。在中世紀時，這個地方屬於勃艮第伯爵（Franche Comté de Bourgogn）的領地，因此當地名稱保留了意思為伯爵的"Comté"。勃艮第伯爵（Franche Comté de Bourgogn），因為被免除對統治整個歐洲的神聖羅馬帝國皇帝效忠的義務，因此該地區成為「自由伯爵領地」，法語就以其意思稱為"Franche-Comté"。

在與瑞士接壤的汝拉山脈（Jura）西側，以及孚日山脈（Vosges）南部，皆是中高程度的山地、其西側寬廣的台地、還有索恩河（Saône）上游與幾個支流沖刷的平原等，有著豐富起伏地勢的地區。高地牧場在融雪後，就變身成宛如樂園般的美麗花田。在此放牧的牛隻，生產出全法國最受歡迎的康堤乳酪（Comté）。此外，杜省（Doubs）的莫爾托（Morteau）產的莫爾托肉腸（Saucisse de Morteau），是法國東部最頂級的美味。提到最能代表這個地方的料理，莫過於「黃葡萄酒燉雞 Poulet au vin jaune」，黃葡萄酒在酒桶中不經沈澱地熟成釀造，帶著黃色是汝拉（Jura）地區獨特的葡萄酒。

Franche-Comté

乳酪鍋 Fondue comtoise

與此地糕點師們共進午餐時，提到了乳酪鍋的這個話題，於是發現大家選擇乳酪的種類各不相同，似乎會因地區與家庭習慣而異。在此用的是康堤乳酪（Comté）來製作，也有人會加入葛瑞爾乳酪（Gruyère）和莫爾比耶乳酪（Morbier）。傳統上不是使用蔬菜，而是以麵包蘸取享用。

材料（4～5人份）

康堤乳酪（Comté）	400g
汝拉的白酒	200ml
櫻桃酒（kirschwasser）	10ml
玉米粉	10g
大蒜	1瓣
胡椒	適量
肉荳蔻	適量
麵包	適量
酸黃瓜條	適量
沙拉葉	適量
生火腿	適量
水煮馬鈴薯	適量

製作方法

準備

- 磨碎康堤乳酪。
- 用玉米粉沾裹康堤乳酪備用（放入塑膠袋內，撒入沾裹即可）。

1. 在乳酪鍋內側，以大蒜切口摩擦塗抹使香味轉移至鍋中。

2. 在**1**中煮沸葡萄酒，少量逐次地放入乳酪，並不斷地混拌使其融化。

3. 混入胡椒、肉荳蔻和櫻桃酒。

4. 將切成一口大小的麵包沾裹乳酪，依個人喜好搭配酸黃瓜條、水煮的馬鈴薯、沙拉葉等一同食用。

在阿爾卑斯山脈的風景下享用乳酪鍋。

黃葡萄酒燉雞 Poulet au vin jaune

這道料理是以汝拉地方生產，風味近似雪利酒的黃葡萄酒，和使用森林中採收的羊肚蕈（Morilles,Morchella esculenta）為特色。在蕈類中香氣極佳的羊肚蕈，乾燥後香氣更明顯。有這二大要素，雞肉也不負重望地呈現具此地“Terroir風土”的美妙滋味。

材料（2～4人份）

帶骨雞腿肉	2隻
紅蔥頭	3大匙（切碎）
乾燥羊肚蕈	6～10個
黃葡萄酒	160ml
鮮奶油	250ml
鹽、胡椒	各適量
液態油	適量

製作方法

準備

- 乾燥羊肚蕈用水浸泡還原，若沾附土壤時也在水中洗淨。
- 在雞腿關節處切開為二。

＊還原乾燥羊肚蕈的水可以過濾，用作燉煮料理或醬汁使用。

1. 在鍋中加熱液態油，香煎雞腿以固定表面。
2. 先暫時取出雞肉，除去多餘的油脂，放入紅蔥頭拌炒。
3. 將雞肉、還原的羊肚蕈放回鍋中，倒入黃葡萄酒，蓋上鍋蓋用小火烹煮約10分鐘左右。
4. 加入鮮奶油，再煮至雞肉完全熟透，約15～20分鐘。
5. 用鹽、胡椒調味。

受到地區及採收期限定的稀有羊肚蕈，是黃顏色的蕈菇。

藍莓塔 Tarte aux myrtilles

薩瓦和法蘭琪 - 康堤的山間，一到夏季就會長出很多野生的藍莓。野生藍莓顆粒小又容易壓碎不利搬運，但栽植的藍莓顆粒大且適合運輸。因為不容易滲出汁液，很適合用於製作蛋糕或瑪芬。

材料（直徑18cm的塔模1個）

酥脆塔皮麵團（pâte brisée）

低筋麵粉	100g
奶油	50g
全蛋	20g
鹽	1小撮
細砂糖	1小撮

奶蛋液（appareil）

鮮奶油	150ml
糖粉	10g
藍莓果醬	適量
藍莓	250g

製作方法

1. 製作酥脆塔皮麵團。將全蛋之外的全部材料放入食物料理機內混拌。

2. 至呈鬆散狀後，加入全蛋，使其整合成團後，包覆保鮮膜靜置於冷藏室中至少2小時。

3. 擀壓成2mm厚鋪至模型中，放置重石，用200℃烤箱烘烤5分鐘，拿掉重石再烘烤18～20分鐘。置於網架上冷卻。

4. 鮮奶油中放入糖粉打發。

5. 在冷卻的塔底塗抹果醬，填入**4**，再擺放藍莓。

栽植的藍莓顆粒大且適合運送。

杜河和首都貝桑松。貝桑松是每年9月舉行國際音樂節的舞台。

1.【臘腸】
山區特有 豐富的種類 和壓倒性的份量

莫爾托肉腸(Saucisse de morteau)是法蘭琪-康堤代表性的香腸，在杜省(Doubs)的山區製作。長20cm直徑有5～6cm，重量約是300g左右，很具震撼感的尺寸。

在當我拜訪位於這個地區首府貝桑松(Besançon)的朋友時，他利用工作空檔煮了這款肉腸，並用壓力鍋烹煮馬鈴薯，迅速的為我完成午餐，我還記得被它的份量和美味所感動。肉腸和蔬菜一起烹煮，稱為Potée的燉煮料理也非常好吃。此外，乾燥的成品可以直接作為開胃酒(Apéritif)小菜，也很受歡迎。

當地從過去就盛行臘腸、培根等豬肉加工食品的生產。這種加工品，一般的方法是鹽漬後使其乾燥燻製完成。鹽漬方法有2種，浸漬在添加了辛香料和香草，稱為鹽漬滷水(Saumure)的鹽水中，以及直接將鹽塗抹在肉類上的方法。因地區而各有不同，東部是使用鹽漬滷水為主，西部則是盛行塗抹鹽的方法。

主菜風格的莫爾托肉腸。

在特殊的煙囪(Tuyé)空間中燻製。

莫爾托肉腸的特色，是在稱為Tué或Tuyé的空間內，用松木或雲杉等針樹葉進行燻製，這個空間像一個12～15m的金字塔型煙囪般，設置在家裡的中心。這樣的特殊的煙囪(Tuyé)，是十六世紀時居住在汝拉(Jura)和上杜(Haut-Doubs)地方的人們，以森林木材建築房屋時發明的方法。由外觀來看，它們像煙囪一樣突出在屋頂上。在此燻製豬肉加工品的同時，也能進行保存。

柔軟充滿香料氣息的蒙貝利亞肉腸。

與莫爾托肉腸相同製作方法的，還有蒙貝利亞肉腸(Saucisse de Montbéliard)，這款肉腸較莫爾托肉腸小，且燻製香氣較為柔和。特徵是添加了辛香料風味。

2.【莫爾比耶乳酪 Morbier】

神秘的黑色線條
源自於乳酪農家的
節儉精神

在汝拉省（Jura）的莫爾比耶（Morbier）製作的牛奶乳酪。橫向有著黑色線條的標記，令人印象深刻。十九世紀末將其冠以產地的村名。

早晨擠出的牛奶凝固後，為避免蟲害地在凝乳（curd）（蛋白質凝固的部分）上撒木炭灰，接著將第二次擠出牛奶的凝乳（curd）放至木炭灰上，因而形成這樣的黑色線條。

現在製作方法當然已經改變了，黑色線條使用的是食用炭，最短的熟成期間是45天，最佳

生產出此地乳酪的蒙貝利亞（Montbéliard）牛。

山的恩賜，熟成溫和的風味。

食用期是2～3個月，口感柔軟、帶著果香的溫和風味。過去這種乳酪是農民自家生產的，但因為乳酪可以從牛奶中賺取利潤，因此被稱為“Fruitière”，意思是“果實生產者”，形成共同的乳酪製造工廠生產。在2000年取得了A.O.C.的認證。

3.【康提乳酪 Comté】

現在作為日常品享用
從前則是長途旅行的夥伴
最受歡迎的硬質乳酪之一

可用於三明治或沙拉，是法國人消費最多的硬質類乳酪。以放牧在法蘭琪-康堤、食用新鮮花草的蒙貝利亞（Montbéliard）牛的牛乳製成。這樣的靜謐景色療癒了我們，同時也是對牛隻最佳的無壓力環境。

康提乳酪是由名為Fruitière共同的乳酪製造工廠所製作，由牛乳生產者、乳酪生產者，再加上專門熟成業者共同協力製作而成，製作一個大型康提乳酪需要500公升的牛奶。

熟成時間至少需要4個月，即使是熟成期間短的康提乳酪，也能直接感受到牛奶的味道，十分美味。隨著熟成的進行，風味更佳，可以慢慢地品味餘韻。於1952年取得A.O.C.認證。

隨著熟成的推進，可以看見氨基酸結晶的康提乳酪。
© Ikuo Yamashita

4.【拉克萊特乳酪 Raclette】

融化後就削下來
凝聚山間美味
還有家用的專用烤盤

這是一種來自瑞士、法蘭琪-康堤、薩瓦地區製作的牛乳乳酪。曾經被山區看守和僧侶們當作冬季能量來源的食物，通常會在暖爐邊使其融化，搭配火腿、酸黃瓜、馬鈴薯一同食用。現在，它已經成為常見的食品，人們可以在家裡專用的烤盤上輕鬆地融化它。

從融化的外側開始削下。

在專門的餐廳中，會將圓盤狀的拉克萊特乳酪（Raclette）對半切，一邊使切口受熱一邊削下融化的部分，澆淋在馬鈴薯等食材上享用。雖不及葛瑞爾乳酪（Gruyère）般濃郁，但卻有著堅果般香氣及柔和的味道。也有經過燻製的成品、或是加入火腿、添加芥末籽醬等的拉克萊特乳酪。此外，適合家庭烤網專用，非圓形而是四角形的拉克萊特乳酪產量也增加中。Raclette的名字是由racler(削下）這個動詞而來。

5.【坎庫洛特乳酪 Cancoillotte】
濃縮的乳酪鍋
能嚐到各種風味的
方便抹醬

坎庫洛特乳酪是一種像抹醬（Spread）般，可以塗抹在麵包上享用的乳酪。乍看之下像是融化了的乳酪，很柔軟，可以像醬料一樣舀起來的膏狀乳酪。在巴黎也有販售，是早餐或開胃菜的好選擇。

生產於法蘭琪-康堤的四個省，基礎材料是一種名為梅頓（Metton）的乳酪，以牛乳為原料。坎庫洛特乳酪是在梅頓乳酪中混入了奶油、鹽、牛奶、白酒、大蒜、櫻桃白蘭地等。以這些食材來看，就像是濃縮了的乳酪鍋（Fondue）。沾裹熱騰騰的馬鈴薯、混拌炒蛋（scrambled eggs）都很美味。即使冷卻也是稠濃的狀態，也被稱為夏季的乳酪鍋。

熱騰騰的沾裹住食材。

加入汝拉白酒後放入烤箱烘烤。

6.【金山乳酪 Mont-d'Or】
食用時以湯匙作出凹槽
倒入葡萄酒
就是冬季的饗宴

Mont-d'Or的意思是"黃金的山"，是在與瑞士交界，高約1440米的地區生產的一種乳酪。

這種乳酪屬於洗浸式乳酪，具有堅果香且濃郁的風味，以雲杉的樹皮製成棚架進行熟成，再放入雲杉木箱中追加熟成地完成製作，側面也會用雲杉包捲。雲杉是一種傳統材料，由稱為Sangrlie的人們進入森林中尋找，使其乾燥後使用。

生產期從8月15日起至隔年3月為止，販售時間從9月起至隔年5月中旬。熟成的成品可以直接用湯匙舀食，或是在舀取後的凹槽內撒上大蒜或麵包粉，再倒入汝拉的白酒，放進烤箱烘烤成金山乳酪糊（Fond d'Or），就是冬季饗宴。1981年取得A.O.C.認證。

Vin 汝拉的白酒

汝拉(Jura)的葡萄園位於阿爾伯 (Arbois),這是著名的化學家巴斯德(Louis Pasteur)的出生地與故居,他發現了酒精發酵和殺菌作用。該地區的葡萄園位於海拔250～500m日曬極佳的斜坡,土壤是石灰石和黏土混合的泥灰土。由於這裡的秋天比較暖和,因此收成較遲,產量雖然不多,但生產紅、白、粉紅、氣泡酒。其中黃葡萄酒(Vin jaune)、麥桿葡萄酒(Vin de paille)還有甜的汝拉香甜酒(Macvin du Jura),都是當地獨特著名的葡萄酒。

細菌學之祖－巴斯德(Louis Pasteur)的出生地。

1. 黃葡萄酒(Vin jaune)

僅用薩瓦涅(Savagnin)品種葡萄釀造的白酒。以櫟木酒桶至少放置6年熟成,酒桶內不放至全滿,殘留空氣層。空氣層的酵母會浮在葡萄酒表面,成為叫做Fino的皮膜,釀造出如同不甜雪莉酒般的風味。裝入620ml名為Clavelin的特殊低矮瓶中。是阿爾卑斯山麓夏隆堡(Château-Chalon)地區最高等級的酒,已取得A.O.C.認證。

瓶子的形狀也很獨特,是來自汝拉地區的黃葡萄酒。

2. 汝拉香甜酒(Macvin du Jura)

在汝拉地區生產的白、粉紅、紅的未發酵葡萄酒中,混入法蘭琪-康堤產的蒸餾酒Marc du Jura後陳年,製成酒精濃度16～22度的甜酒,據說非常適合搭配巧克力享用。

3. 麥桿葡萄酒(Vin de paille)

採收後的葡萄放在在麥桿上至少晾乾2個月(現在大多採用竹簾,或吊於天井),使水份蒸發,濃縮糖分釀造出天然的甜酒。葡萄品種有薩瓦涅(Savagnin)、特盧梭(Trousseau)、普薩(Poulsard)、夏多內(Chardonnay)等。糖度高,酒精濃度約16度,熟成期間至少3年。分裝至稱為Pots的瓶內供應,主要作為甜點酒(Dessert wine)。

Jura 葡萄酒地圖

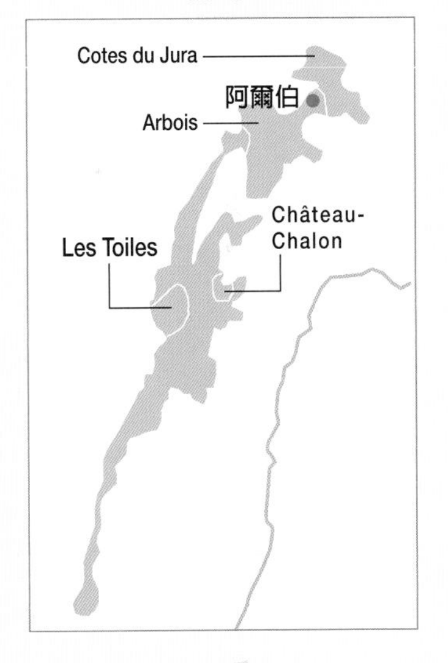

Occitanie

奧克西塔尼

Languedoc-Roussillon

朗多克－魯西永

地中海沿岸地區是預言家諾查丹瑪斯（Nostradamus）學習醫學的地方，以蒙佩利爾（Montpellier）為中心繁榮發展。然而，一但進入內陸，就展現嚴峻中央山脈（Massif Central）的荒蕪自然景觀。但在這樣的自然洞穴中，生產出讓羅馬教皇都為之讚嘆的洛克福乳酪（Le Roquefort）。

此外，設置雙重城牆的要塞城市－卡卡頌城堡（Cité de Carcassonne），在九世紀時，擊退查理大帝（Karl der Große）的女領主（Dame Carcas）敲響勝利鐘聲（Sonner），而以此得名。同時，因為鵝、豬等肉品的燉肉鍋「卡酥來砂鍋 Cassoulet」，因此被認為是本土料理的起源。至十七世紀止，屬於西班牙加泰隆尼亞（Catalunya）的佩皮尼昂（Perpignan）和科利烏爾（Collioure）的領地，仍留有要塞城鎮氣氛的西班牙色彩。被稱為魯斯基（Rousquille）的白色甜甜圈糕點，源自西班牙的油炸點心。此外，多彩多姿的街道與太陽，激發馬諦斯（Benoît Matisse）、德蘭（Derain）等畫家創作靈感的科利烏爾（Collioure），還有著鯷魚工廠，由此輸出至世界各地。

Languedoc-Roussion

Auvergne
奧弗涅
Rhône-Alpes
隆河－阿爾卑斯
Provence-
Alpes-
Côte d'Azur
普羅旺斯－阿爾卑斯－
藍色海岸
Midi-Pyrénées
南部－庇里牛斯
洛澤爾省
Lozère
芒德
Mende
加爾省
Gard
尼姆
Nîmes
蒙佩利爾
Montpellier
埃羅河
埃羅省
Hérault
卡斯泰爾諾達
Castelnaudary
卡卡頌
Carcassonne
Mer Méditerranée
地中海
奧德省
Aude
佩皮尼昂
Perpignan
泰河
東庇里牛斯省
Pyrénées-
Orientales
科利烏爾
Collioure
Espagne
西班牙

卡酥來砂鍋 Cassoulet

Cassoulet的名稱，來自烹調用的陶器Cassole，是白腎豆和肉、臘腸製成的燉煮料理。關於卡酥來砂鍋的發源地，有卡斯泰爾諾達里（Castelnaudary）、卡卡頌（Carcassonne）、土魯斯（Toulouse）這三個地方眾說紛紜，現在仍議論不絕，會因地區而使用不同的肉類。

材料（約4～6人份）

豬肩肉	200g（切成一口大小）
大蒜	1瓣（切碎）
洋蔥	1/4個（切成薄片）
番茄糊	1大匙
水	200ml
臘腸	適量
油封鴨	1～2隻
白腎豆	200g（燙煮過）
白腎豆煮汁	150ml
鹽、胡椒	各適量
橄欖油	適量

製作方法

1. 在厚實的鍋中加熱橄欖油，用小火拌炒至大蒜散發香氣。加入洋蔥拌炒至透明狀，加入以鹽、胡椒調味的豬肉，輕輕拌炒。

2. 放入番茄糊混拌，倒入水煮至豬肉柔軟為止。

3. 加進臘腸、油封鴨、白腎豆以及煮汁，略用鹽、胡椒調味，烹煮約5分鐘。

4. 移至耐熱容器，以230℃的烤箱烘烤15分鐘。

卡斯泰爾諾達里（Castelnaudary），這個城鎮的卡酥來砂鍋傳統上會放入油封鴨。

橄欖油烤蔬菜 Escalivade

這個地方一部分至十七世紀為止，都隸屬於西班牙領地加泰隆尼亞（Catalunya），因此有許多傳承了加泰隆尼亞傳統的料理，橄欖油烤蔬菜就是其中之一。在西班牙稱為 Escalivada，剝除烤過的甜椒和茄子表皮，澆淋上橄欖油的熟食。搭配義大利麵或肉類料理享用。

材料（4人份）

茄子	1根（切成8mm厚的圓片）
甜椒（紅）	1個（去籽切成滾刀片）
甜椒（黃）	1個（同上）
青椒	2個（同上）
洋蔥	1/2個（切成薄片）
大蒜	1瓣（切碎）
鹽、胡椒	各適量
橄欖油	4大匙

製作方法

1. 全部的蔬菜放入缽盆中，澆淋橄欖油，撒上鹽、胡椒混拌。

2. 將**1**放入烤箱用容器內，以180°C的烤箱烘烤約1小時。

位於佩皮尼昂的加泰隆尼亞要塞城堡，薩爾斯堡（Salses-le-Château）。

加泰隆尼亞布丁 Crème catalane

據說是烤布雷（Crème brûlée）的原型，是加泰隆尼亞（Catalunya）的傳統糕點，也因為此地曾是西班牙加泰隆尼亞的領地而流傳至今。這個食譜是由佩皮尼昂（Perpignan）的飯店主廚直接傳授給我的，製作方法很簡單，任誰都會喜歡的甜點。

材料（容量200ml的焗烤盤2個）

蛋黃	3個
細砂糖	40g
玉米粉	10g
牛奶	120ml
鮮奶油	120ml
香草莢	1/3根

製作方法

1. 在缽盆中摩擦般混拌蛋黃、細砂糖，加入玉米粉。

2. 在鍋中放入牛奶、鮮奶油和剖開的香草莢及香草籽，煮至沸騰。

3. 將**2**倒入**1**中混拌，邊過濾邊倒回鍋中，不斷地混拌加熱至產生煮沸的聲音。

4. 倒入容器內降溫，再放入冷藏室冷卻。

5. 表面撒上細砂糖（材料表外），用烙鐵等使其焦糖化。

當地使用的專用陶器模型，以烙鐵使表面焦糖化。

Languedoc-Roussillon La Découverte

朗多克－魯西永

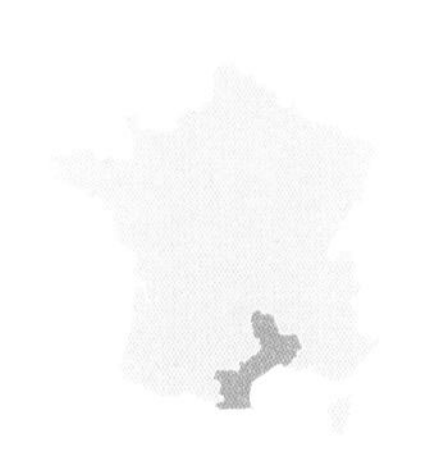

1.【佩茲納斯小肉派 Petits Pâtés de Pézenas】

鄉村小鎮的
傳統美食
竟是異國風味

佩茲納斯小肉派（Petits Pâtés de Pézenas），是將調味成甜鹹口味的羊肉、腎臟脂肪和檸檬等填入用豬脂或奶油和麵粉製作的麵團內烘烤而成，是埃羅省（Hérault）佩茲納斯（Pézenas）傳承的家常菜。

曾擔任印度總督的英國人，因為健康問題帶著印度廚師滯留在佩茲納斯（Pézenas）附近的城堡療養。某天晚餐時，這位廚師作出蘇格蘭風格的羊肉派招待客人，博得客人一致好評並紛紛詢問食譜做法。這個故事漸漸地傳開來，當地的糕點師傅們也開始在自己的店裡販售這道美食。

甜鹹口味的佩茲納斯特產。

依各店家而有不同的形狀及風味。

這款肉派形狀袖珍，在當地有著奇特的地位，有些人會將它當作沙拉的配菜，有些人則會搭配冰淇淋。印度廚師最初的構想，是將羊的內臟填入半個羊胃中蒸煮成一種布丁（Pudding），可以想成是蘇格蘭傳統料理羊雜布丁（Haggis）的前身。

2.【魯斯基 Rousquille】

能當早餐也能佐酒
具個性化
雪白的圈狀糕點

澆淋著白色糖衣（glaçage），檸檬或茴香風味、直徑6～7cm甜甜圈形狀的糕點，就是魯斯基（Rousquille）。在當地可以作為早餐搭配咖啡、或是晚餐時間佐開胃酒班努斯（Banyuls）、蜜思嘉（Muscat）等甜葡萄酒享用。

在有節慶活動時會用棒子串起來販售的這款糕點，是東庇里牛斯省（Pyrénées-Orientales）阿梅利萊班（L'Amélie-Les-Bains）一位名為羅伯特・塞古拉（Robert Segura）的糕餅師受到西班牙「Rosquilla」的啟發，而作成現今的形態，於1810年開始販售。

糖衣中使用了義大利蛋白霜。

特徵是糖衣中使用了義大利蛋白霜，因此呈現出蛋白霜糕點的鬆軟厚度，口感也隨之輕盈。現在主要在工廠生產，但偶而可以在糕餅店看到各式形狀，手工製的魯斯基，也別有一番風味。

3.【鯷魚 Anchois】

從中世開始流傳的名產
源自手工作業的
海中珍味

地中海的一部分，位於法國東南海岸的利翁灣（Golfe du Lion），自古就能捕獲鯷科的鯷魚、沙丁魚、鮪魚等。

鯷魚在羅馬時代是窮人的食物，至文藝復興時代才被認定其風味價值，經鹽漬後食用。十八世紀後，特別是靠近西班牙的港都，科利烏爾（Collioure）盛行

燦爛美麗的地中海陽光。

卡馬爾格是歐洲著名的紅鶴遷徙棲息地。

鹽漬加工業，現在已取得I.G.P.認證。

漁獲期是4～10月左右，鹽漬約一週後再拔除魚頭及內臟。魚與鹽交錯層疊在桶中鹽漬約3個月，就能完成鹽漬作業。油漬時，會去鹽去骨，略為乾燥後再注入液態油。

鯷魚本來就是小且柔軟的小魚，還要拔除魚頭及內臟這樣精細的作業，因此在科利烏爾(Collioure)的作業場中，大都是由女性們的雙手迅速完成，令人印象深刻。

女性們的手工作業。

轉瞬間就完成準備工作。

4.【卡馬爾格 Camargue】在濕地奔馳的白馬和粉紅鹽田也是稻米的產地

以阿爾勒(Arles)一分為二的隆河，以及地中海環繞的三角洲地帶，就是卡馬爾格(Camargue)。卡馬爾格的北部是農村，南部是濕地，濕地區是歐洲唯一的紅鶴(flamingo)遷徙棲息地，此地還有白馬和鬥牛等珍稀生物，也因此成為了旅遊勝地。這樣少見的生態系，被世界教科文組織指定為卡馬爾格生物圈保護區。

此外，卡馬爾格也是法國著名的鹽產地。因有小蝦及螃蟹棲息，所以鹽田呈現粉紅色而聞名。

農村地帶號稱產出法國98%的稻米量，生產短粒種的粳米(japonica)和長粒種的秈米(indica)，無論哪種都稱為《卡馬爾格米Riz de Camargue》。以鬥牛用公牛肉，搭配卡馬爾格米的牛肉燉菜(Gardianne de Taureau)，就是這片土地的代表性料理。

以法國第一的稻米產地聞名。

傳統的公牛肉(A.O.C.)燉煮料理。

白馬在濕地奔馳是卡馬爾格的象徵，半野生的白馬奔跑於濕地。

被雙重城牆圍繞的卡卡頌(Carcassonne)，現在仍有人居住。

5.【卡酥來砂鍋 Cassoulet】
三種各有其自豪之處
無止盡的
美味爭戰

“朝至拿坡里，夕死可矣”是義大利著名的格言，在法國則被用於“朝至卡卡頌城，夕死可矣”，由此可以得知，卡卡頌城別具魅力、令人深感興趣的程度。

城牆環繞的城鎮，在中世紀是對抗來自西班牙入侵者的堡壘，隨著時代而成為雙重城牆，當時發揮了相當大的作用，至1659年依照庇里牛斯條約(Treaty of the Pyrenees)制定了與西班牙之間的國境，城牆的作用逐漸減弱而被破壞。但到了十九世紀，因其歷史價值而復原，被稱為“Cité”（要塞城市）的城牆內，現在仍有1000人左右居住。

夏季的觀光客絡繹不絕，造訪當地時不容錯過的，還有代表這片土地的料理－白腎豆與肉類燉煮而成的卡酥來砂鍋(Cassoulet)。Cassoulet這個名字來自於用來製作它的“Cassole”砂鍋。

南部-庇里牛斯(Midi-Pyrénées)的土魯斯(Toulouse)，很自豪於這個卡酥來砂鍋(Cassoulet)，但位於卡卡頌(Carcassonne)和土魯斯(Toulouse)之間的卡斯泰爾諾達里(Castelnaudary)，也將卡酥來砂鍋作為引以為傲的傳統料理。這三個城鎮，究竟是哪個才是正統的呢？應該永遠爭論不休吧。無論如何，使用白腎豆和豬肉的部分是相同的，但卡卡頌會添加斑翅山鶉(Perdix dauuricae)、卡斯泰爾諾達里(Castelnaudary)是油封鴨、土魯斯(Toulouse)則是以羔羊來製作。

卡卡頌出身的偉大料理人，執筆『Le Grand Livre de la cuisine 烹飪大全』的普斯貝爾·蒙塔涅(Prosper Montagné)，對於這個無法爭論出答案的卡酥來砂鍋之爭，給予了宗教式的觀點，對各別的卡酥來砂鍋下了結論，卡斯泰爾諾達里(Castelnaudary)是“聖父”、卡卡頌(Carcassonne)是“神之子”，而土魯斯(Toulouse)則是“聖靈”。

只是實際上，至今這三個城市的卡酥來砂鍋之爭仍未落幕。無論怎麼吃，砂鍋中都有白腎豆，這就是卡酥來砂鍋的原貌。

依地區食材略有不同的卡酥來砂鍋，以專用砂鍋來烹調。

Languedoc-Roussillon
L'historiette column 01

卡酥來砂鍋(Cassoulet)的容器稱為Cassole，因此卡酥來砂鍋的名稱就是由容器而來。Cassole是一個內部上釉的圓錐形陶瓷容器，以紅黏土製成，一旦加熱後不易冷卻，因此可以直接端上餐桌。製造工房在卡斯泰爾諾達里(Castelnaudary)東北的伊瑟爾(Issel)村。

塞文山脈（Cévennes）悠然成長的山羊。

6.【塞文佩拉東乳酪 Pélardon】
恰到好處的酸味
乳霜般的
山羊奶乳酪

塞文佩拉東乳酪（Pélardon）是塞文地方（Cévennes）生產的山羊奶乳酪。外皮薄，中間是入口即化的軟滑乳霜。溫和的酸味，只有在剛完成製作時能才略微感覺的程度。

是在加爾省（Gard）和埃羅省（Hérault），包含塞文山脈（Cévennes）一帶生產。是留有古羅馬時代，加爾水道橋（Pont du Gard）和稱為Menhir（矗石）巨大石頭遺跡的地區。

塞文佩拉東乳酪（Pélardon）是語言學兼自然科學家的神父－博伊西耶·德·薩瓦吉斯（Boissier de Sauvages），記錄在1756年文獻中的乳酪，當時稱為「Pélardo」，之後又有「Paraldon」、「Pélardou」等不同名稱，至十九世紀末才統一成為塞文佩拉東乳酪（Pélardon）。尚未熟成時是入口即融，柔軟乳霜的口感。2000年取得A.O.C.認證。

自古在丘陵地製作。

7.【油炸點心】
從伊斯蘭
流傳至法國南部的
幾種油炸點心

奧雷耶特（Oreillette）是朗多克（Languedoc）地區的代表性油炸點心。雖然直徑約有20cm大小，但相對口感輕盈。據說是中世紀伊斯蘭教徒薩拉森人（Saracen）傳入，最初是將花朵油炸製成。

當時，油炸點心是在復活節前、斷食前的狂歡節食用的甜點，還有鬆餅和薄餅等。這些點心都不使用烤爐，可以用戶外篝火完成製作。至今仍留有這樣的習慣，在巴黎等地一到2～3月，油炸點心和薄煎餅店就開始出現，但油炸點心是全年都有的甜點，尤其是在南方地區，是日常販售的產品。

南法的油炸點心除了奧雷耶特（Oreillette）之外，還有梅爾韋（Merveilles）、布涅（Bugnes），在朗多克主要是以奧雷耶特為主。中世紀偉大的料理人被稱為Taillevent(宮廷廚師長)的紀堯姆·提爾（Guillaume Tirel）撰寫的料理書中也有這道點心的記載，所以其歷史可以追遡到十五世紀之前，它的形狀近似Oreille(耳朵)因此得名。

這個地方特有的油炸點心Oreillette。

古羅馬時代，西元50年為運水而建造的加爾水道橋（Pont du Gard）。

Vin 朗多克－魯西永的葡萄酒

朗多克-魯西永擁有17萬公頃的廣大葡萄園，葡萄酒產量堪稱法國第一。其中有30%是A.O.C.認證的葡萄酒栽植地。

在夏季熱且乾燥，冬天溫暖多濕的地中海型氣候之下，可以製作出札實酒體的酒款。並且因有廣大範圍的葡萄園，土壤也擁有各種不同的石灰質、砂岩、黏土砂質等，因此能釀造出特徵各異的葡萄酒。特別是朗多克，紅酒佔全體的65%以上，以下是部分受到A.O.C.認證的葡萄酒。

生產充滿果實風味、勁道十足的紅酒。

1. 密涅瓦（Minervois）

從卡卡頌（Carcassonne）開始的東北部。由格那希（Grenache）、希哈（Syrah）、慕合懷特（Mourvèdre）品種製作的紅酒，具有果香且含較少單寧。

2. 柯比耶（Corbières）

從卡卡頌（Carcassonne）開始至那邦尼（Narbonne）的廣大範圍，這個地區的葡萄酒生產歷史已經超過2000年，生產的紅酒札實且帶著野生果實和松露香氣。

3. 菲圖（Fitou）

柯比耶（Corbières）的西南，地中海沿岸部分及內陸部分。以格那希（Grenache）為主體的紅酒，有著野花及灌木香氣且具有札實酒體。

4. 利穆（Limoux）

奧德省（Aude）北方溪谷的石灰質土壤葡萄園。生產由莫札克（Mauzac）品種製作的利穆布隆給特氣泡酒（Blanquette de Limoux），還有以夏多內和白肖楠（Chenin）品種製作的利穆克蒙氣泡酒（Crémant de Limoux），二款氣泡葡萄酒，特徵是天然的甜味與柔和口感。

5. 福熱爾（Faugères）

葡萄園位於中央山脈東部塞文山脈（Cévennes）的山麓。土壤是片岩質形成，生產以希哈（Syrah）、格那希（Grenache）、佳利釀（Carignan）、慕合懷特（Mourvèdre）、神索（Cinsault）等品種的高酒精濃度紅酒和粉紅酒，特徵是滑順的紅色莓果風味。

變化組合豐富的當地葡萄酒。

6. 科利烏爾(Collioure)

生產使用黑格那希(Grenache Noir)的紅酒和粉紅酒。以片岩質土壤呈階梯狀葡萄園來栽植葡萄樹。深濃紅色、風味札實,另外也生產以白格那希(Grenache blanc)、灰格那希(Grenache Gris)等品種釀造的白酒。

自然甜味葡萄酒
Vin Doux Naturel

這個地區會在中途添加酒精以中止發酵,使糖分殘留地釀造出天然甜味葡萄酒「Vin Doux Naturel」而聞名。超過90%法國的自然甜葡萄酒都是從這個地區生產。

主要的 A.O.C.(法定產區認證)如下。

Muscat de Frontignan
Muscat de Mireval
Muscat de Lunel
Muscat de Saint-Jean-de-Minervois
Banyuls
Banyuls Grand Cru
Rivesaltes
Muscat de Rivesaltes
Maury

造訪葡萄酒莊時可以試飲。

Languedoc-Roussillon 葡萄酒地圖

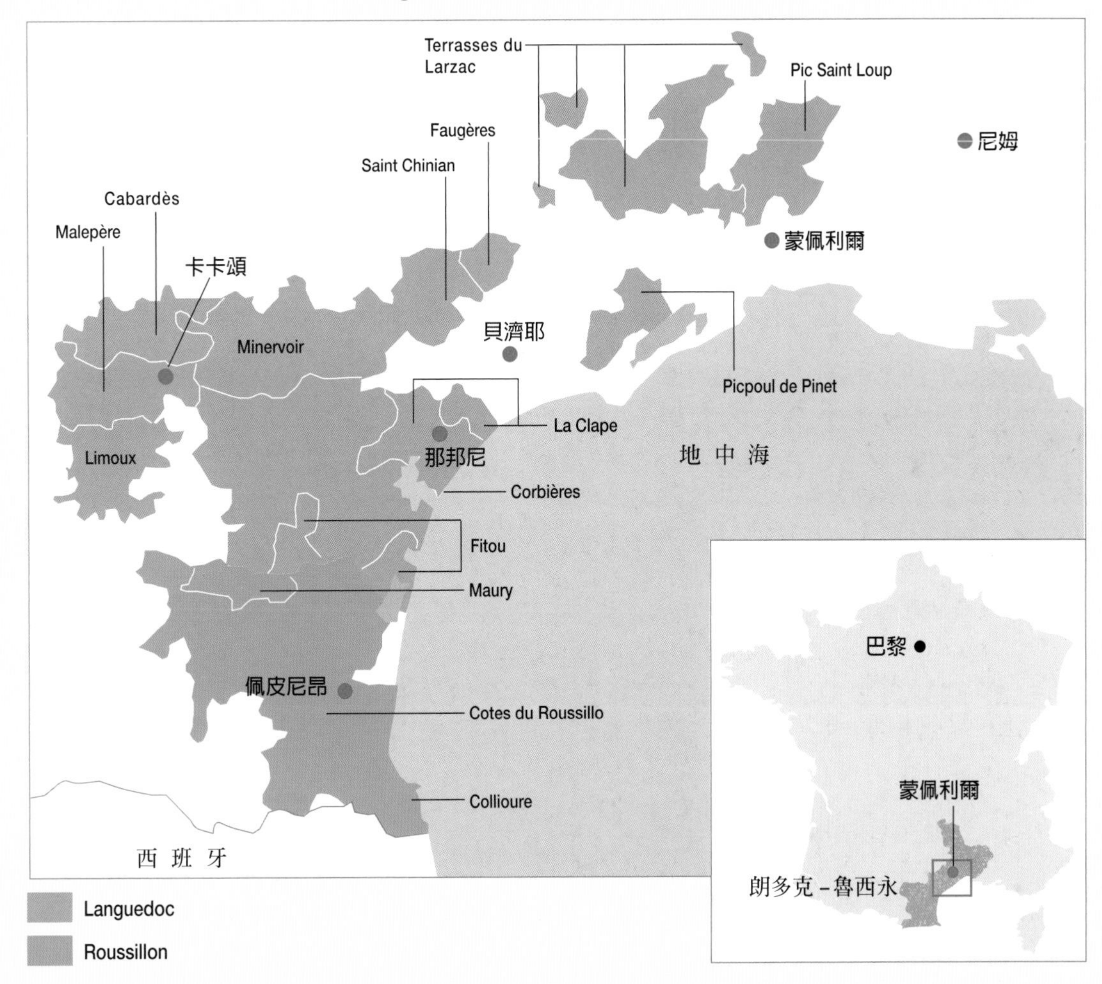

Occitanie

奧克西塔尼

Midi-Pyrénées

南部－庇里牛斯

鄰接西班牙，北部有中央山脈（Massif Central）、南部則被庇里牛斯山（Les Pyrénées）包圍著。石灰岩形成的險峻山間，完整地保留中世紀風貌的美麗村莊。山中洞窟製作出洛克福乳酪（le Roquefort），洛特河（Lot）流域是A.O.C. 認證，卡奧（Cahors）葡萄酒產地，特徵是厚實的風味和辛香料香氣，與同為當地食材的肥肝、松露相得益彰。

首都土魯斯（Toulouse）以使用紅磚建造的建築物而聞名，被稱為玫瑰色之城，以生產協和號客機（Concorde）和空中巴士而知名。土魯斯 - 羅特列克（Henri de Toulouse-Lautrec）出生地－阿爾比（Albi），在十一～十三世紀曾經是基督教異教徒活動的中心。他們視物質為罪惡，提倡禁慾、素食、非暴力，但受到天主教會的鎮壓，他們最終被迫退守於陡峭山頂的城堡中，最終全軍覆沒，留下了悲慘的歷史。據說這場悲劇的犧牲者在50年間高達100萬人。阿爾比（Albi）也是法國少數繼續製作中世紀糕點的城鎮之一。

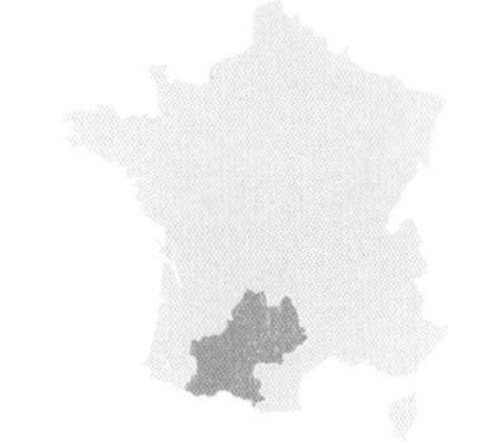

Limousin
利穆贊
Auvergne
奧弗涅
洛特省
Lot
卡奧爾
Cahors
羅德茲
Rodez
Aquitaine
阿基坦
塔恩-加隆省
Tarn-et-Garonne
阿韋龍省
Aveyron
阿爾比
Albi
蒙托邦
Montauban
熱爾省
Gers
土魯斯
Toulouse
塔恩省
Tarn
歐什
Auch
1958
DUPEYRON
上加隆省
Haute-Garonne
塔布
Tarbes
Languedoc-Roussillon
朗多克-魯西永
上庇里牛斯省
Hautes-Pyrénées
富瓦
Foix
庇 里 牛 斯 山
阿列日省
Ariège
Espagne
西班牙
加隆河

蒜泥蛋花湯 Aïgo boulido

這道料理原本是阿列日省（Ariège）簡樸的農民料理，料理的名稱是由 Ail bouillie（煮至碎爛的大蒜）而來。雞蛋和液態油難以入手的山間貧窮農家，會將麵包浸泡至湯中，這道料理添加了雞蛋，但是在此添加的份量比當地略多。

材料（約3～4人份）

水	700ml
白酒醋	1小匙
大蒜	2瓣（壓碎）
蛋白	1個
蛋黃	1個
橄欖油	1大匙
鹽、胡椒	各少許
鄉村麵包	適量

製作方法

1. 水煮至沸騰，放入醋及大蒜，用小火煮約5分鐘。

2. 攪散蛋白加入並混拌，再煮約10分鐘。

3. 蛋黃和橄欖油充分混拌後加入**2**中，大動作混拌使蛋黃加熱。

4. 用鹽、胡椒調味。

5. 盛盤，放入切片的麵包，再澆淋**4**。

阿列日河流域遍布著中世紀風格的石造房屋。

帕斯卡德薄餅 Pascade

像可麗餅（Crêpe）般的麵糊倒入模型中烘烤，側面隆起地形成凹槽形狀，阿韋龍省（Aveyron）的傳統料理。這個模型本身也被稱為 Pascade，請放入個人喜好的食材。在此試著放入沙拉製作，也可以用卡士達奶油餡或巧克力慕斯、水果，搭配作成甜點。

材料（直徑18cm的蒙克模 manqué1個）

全蛋	2個
鹽	少許
低筋麵粉	50g
高筋麵粉	15g
牛奶	110g
融化奶油	20g

食材舉例：沙拉
紅葉生菜（sunny lettuce）
卷葉生菜
生火腿
葡萄柚
蝦夷蔥（ciboulette）
沙拉醬汁

製作方法

準備

- 低筋麵粉和高筋麵粉混合過篩。
- 在模型中確實塗抹奶油（材料表外）。

1. 在缽盆中依序放入材料混拌，靜置約15分鐘。

2. 倒入模型中，以200℃的烤箱烘烤約10分鐘後，調降溫度至180℃再烘烤20～25分鐘。

3. 降溫後脫模，整理好形狀後，放入喜歡的食材。

在法國被登錄為最美的村莊之一阿韋龍省的孔克（Conques）。

蘋果酥 Croustade aux pommes

回溯歐洲糕點的歷史，就要回顧到阿拉伯。將砂糖帶入歐洲就是阿拉伯人，用於這款糕點的薄脆酥皮（Pâte filo），據說也是阿拉伯人入侵時傳入熱爾省（Gers）的歐什（Auch）。用相同麵團製作的奧地利維也納蘋果卷（Apfelstrudel）也是使用相同方法。

材料（直徑21cm的塔模1個）

薄脆酥皮（pâte filo）	3片
融化奶油	適量
奶油	40g
細砂糖	40g
全蛋	40g
杏仁粉	50g
低筋麵粉	1小匙
香草精	少許
蘋果	1個（去皮分切成4等分，再切成5mm厚的扇形）
雅馬邑白蘭地（Armagnac）	適量
糖粉	適量

製作方法

準備

・奶油放置回復室溫。

1. 薄脆酥皮切成較模型略大的形狀。

2. 各別在薄脆酥皮的兩面刷塗融化奶油，將酥皮的邊緣以略高於模型地各別錯開，重疊地舖入（請參照 P.307照片）。

3. 在缽盆中放入奶油，加入細砂糖、全蛋、杏仁粉、低筋麵粉、香草精拌混，製作杏仁奶油餡。

4. 放進裝有圓口擠花嘴的擠花袋內，在步驟**2**內擠出杏仁奶油餡。

5. 在步驟**4**表面緊密札實地排放好切成扇形的蘋果。

6. 將突出於模型的薄脆酥皮邊緣朝中心折疊，再將一片**1**的薄脆酥皮以漂亮的形狀擺放上去，以210°C的烤箱烘烤20 ～ 30分鐘。

7. 完成後，立即澆淋上雅馬邑白蘭地，並在全體篩上糖粉。

波斯提斯蛋糕 Pastis

並不是加入了茴香酒的蛋糕，它也被稱為「庇里牛斯山形蛋糕 Tourte des pyrénées」。即便是中央凹陷地進行烘焙，完成時還是會呈現山形隆起，令人聯想起庇里牛斯山脈的立體形狀。是一款不生產奶油地區的糕點，因此奶油含量很少，但卻令人百吃不厭的美味。有些地方也會將蘋果酥（Croustade aux pommes）稱作 Pastis。

材料（直徑13cm高6cm的布里歐模型1個）

奶油	65g
細砂糖	60g
磨碎的檸檬皮	1/2個
鹽	少許
全蛋	90g
低筋麵粉	100g
杏仁粉	15g
泡打粉	2g

製作方法

準備

- 奶油和雞蛋放置回復室溫。
- 低筋麵粉、杏仁粉、泡打粉混合過篩。
- 在模型中塗抹奶油撒上高筋麵粉（皆材料表外）。

1. 在缽盆中放入奶油，攪打成乳霜狀，加入細砂糖摩擦般混拌。

2. 加入檸檬皮和鹽，少量逐次地加入攪散的全蛋，每次加入後充分混拌。

3. 分二次加入粉類，加入後大動作混拌均勻。

4. 倒入模型中，使中央凹陷，用保鮮膜包覆放在陰涼處靜置2小時～一夜。

5. 以180℃的烤箱烘烤35～40分鐘。

標高3400m庇里牛斯山脈的山間小徑。

Midi-Pyrénées La Découverte

南部－庇里牛斯

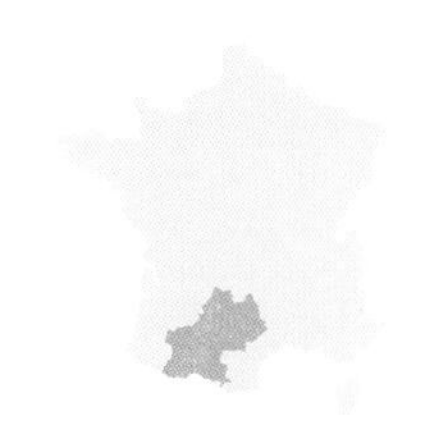

1.【當地糕點】

能搭配開胃酒也可保存
從中世紀流傳至今的
不甜點心

法國現在食用的糕點，幾乎大都是十七世紀左右開始製作，但在仍留存著中世紀石板街道風情的阿爾比（Albi），你可以找

以燙煮後烘焙製作的埃肖德（Échaudé）。

添加了大茴香籽（Anise）略薄的詹諾（Janot）。

埃肖德製成甜甜圈形狀的吉布爾特（Gimblette）。

到更早於中世紀就開始製作的糕點。雖然外形與當時不同，但製作方法仍然保持中世紀的風格，而且因為那個時代糖並不普遍，說是糕點，但卻不甜。與甜葡萄酒一起作為開胃菜享用，也恰到好處別有一番滋味。

這些糕點有三種類型，其中被認為最古老的就是埃肖德（Échaudé）。埃肖德最早的文獻記載是在十三世紀時，由來到法國西南部旅行的糕餅師傅開始製作。在阿爾比以其美好年代（Belle Époque）的酒吧和描繪在那裡工作的舞者等的畫家－托盧斯－羅特列克（Henri de Toulouse-Lautrec）的出生地而聞名。

當時就是一個發展中的城鎮，從阿爾比可以看到許多經由西班牙帶入的番紅花或茴香等辛香料。因此阿爾比地區開始製作的埃肖德（Échaudé）也開始添加茴香。

另一種是將埃肖德作成甜甜

街道存留著中世紀風情的阿爾比（Albi）。

描繪舞者是羅特列克（Lautrec）的代表作。

圈狀的吉布爾特（Gimblette）。據說十九世紀初活躍於巴黎的偉大糕點師安東尼・卡漢姆（Marie Antoine Carême）也曾製作過這種點心。

隨著時代的推移，這些糕點中添加了氨或碳酸鉀，製作出輕盈的口感。現在這些點心並非家庭製作，而是在當地的紀念品店出售。或許是因為製作方法近似於貝果，共通點都是彈牙的口感，也很適合保存，因此在西南部旅行時，被認為可以隨身攜帶又能填飽肚子的重要食品。

2.【雅馬邑 Armagnac】

一滴陳釀
不僅適用於餐後
也能搭配糕點及水果

雅馬邑（Armagnac）與干邑（Cognac）並列法國兩大白蘭地。干邑進行二次蒸餾，而雅馬

具有野性風味魅力的雅馬邑(Armagnac)白蘭地。

邑則是一次，是相異之處。因此，相對於干邑的滑順風味，雅馬邑嚐起來更具野性的風味。

與干邑同樣是餐後酒，或是搭配雞尾酒等用途廣泛。同時也適合搭配水果，因此也常被運用在糕點製作上。特別是此地的糕點－蘋果酥(Croustade aux pommes)在完成烘烤時必定會灑上雅馬邑白蘭地，與同地區的特產洋李，也非常適合。

干邑也是現在仍存在的地名，但並沒有名為雅馬邑的城鎮或村莊。曾經被稱為加斯科涅(Gascogne)(現在的熱爾省 Gers、上庇里牛斯省 Hautes-Pyrénées、阿基坦 Aquitaine 的朗德省 Landes)的名稱，就是雅馬邑名稱的由來。實際上生產地是在熱爾省(Gers)、洛特-加隆省(Lotet-Garonne)、朗德省(Landes)附近，以西部的下雅馬邑區(Bas Armagnac)、中部的鐵納黑茲(Ténarèze)、上雅馬邑區(Haut Armagnac)這三大區為主要釀造生產地。

葡萄品種是白福爾(Folle Blanche)、哥倫白(Colombard)、白玉霓(Ugni Blanc)、巴科(Baco)等。熟成是用加斯科涅(Gascogne)產的橡木桶進行，熟成年分標示是以每年5月1日開始至翌年的4月30日為一個單位的康特(Compte)數來表示，(比干邑晚一個月)，從收成隔年的5月1日開始起算，蒸餾年份則標記為康特(Compte)00。

- Three Stars：Compte 1 以上
- V.S.(Very Special)：Compte 2 以上
- V.O.：Compte 4 以上
- V.S.O.P.(Very Special Old Pale)：Compte 4 以上(平均熟成年度5～10年)
- Napoléon：Compte 5 以上(平均熟成年度6～12年)
- X.O.(Extra Old)：Compte 5 以上(平均熟成年度20 ～ 35年)

酒精濃度為40度。1936年取得 A.O.C.認證。

3.【洛克福乳酪 Roquefort】自然與偶然 產生的一小片乳酪 就是世界性的美味

這款藍紋乳酪深受歷代國王及羅馬教皇的喜愛，以羊乳製作，名稱來自阿韋龍省(Aveyron)康巴爾(Combalou)山腳下的同名村莊－蘇爾宗河畔洛克福(Roquefort-sur-Soulzon)，並且規定必須在該洞穴中進行熟成，最短的熟成期為3個月。

關於這款乳酪的起源有幾個傳說。據說有一位牧羊人在洞窟中遺忘了乳酪和麵包，回來時發現麵包和乳酪上都長滿了黴菌。懷著忐忑不安的心情嚐了一口乳酪後，意外地竟是如此的美味，這是最有名的說法。之後，這位牧羊人特意將乳酪帶到洞穴中培育黴菌。

背後有著康巴爾山的洛克福(Roquefort)村。

洞窟的自然環境生成的乳酪。

也能作為料理的提味。

蘇爾宗河畔洛克福（Roquefort-sur-Soulzon），小小村莊產出世界三大藍紋乳酪之一。

據說在這個地區沒有特色農產品的情況下，一位擁有洞穴的人提供了這個黴菌培養處給乳酪生產者使用，當地的文獻還留有記錄。就這樣洛克福的乳酪就成了村裡貴重的財源，並逐漸聞名。

1440年初，國王查理六世（Charles VI），在1666年的土魯斯（Toulouse）會議中，確立了洛克福的原產地保護，若是有其他地方生產、販售，會科以罰金。並且在1925年，這款乳酪首次獲得A.O.C（原產地保護）的認證。

以前為了製作這款乳酪，人們會用特殊配方製作酸麵包並培育黴菌，並將其用於乳酪上，但現在大多使用人工培養的菌種。洞穴的牆壁上有稱為fleurine（龜裂）的裂紋，使自然空氣進行循環，內部溫度是8～10℃，濕度則保持在90%。洛克福乳酪（Roquefort）的美味程度，會因羊乳的濃醇、黴菌以及在自然洞窟內的熟成時間而有不同。

收納瓶中的麵包黴菌。

綜合乳酪盤中，藍紋乳酪不可或缺。

4.【羅卡馬杜乳酪 Rocamadour】
堪稱世界遺產的小鎮
生產的可愛乳酪
小卻風味濃郁

羅卡馬杜乳酪（Rocamadour）是直徑5～6cm，能一次吃完的尺寸。1997年取得A.O.C.認證，因而出名。未熟成時，札實柔軟且帶著榛果的風味，一旦完全熟成後，就會形成山羊乳酪獨特的辛辣味。

這款乳酪產於洛特省（Lot）羅卡馬杜（Rocamadour）周邊，初時稱為Cabécou de Rocamadour，從十五世紀就開始製作。所謂的Cabécou，是中世紀普羅旺斯方言、奧克語（Lenga d'òc）中，“小山羊”的意思。現在的Cabécou成

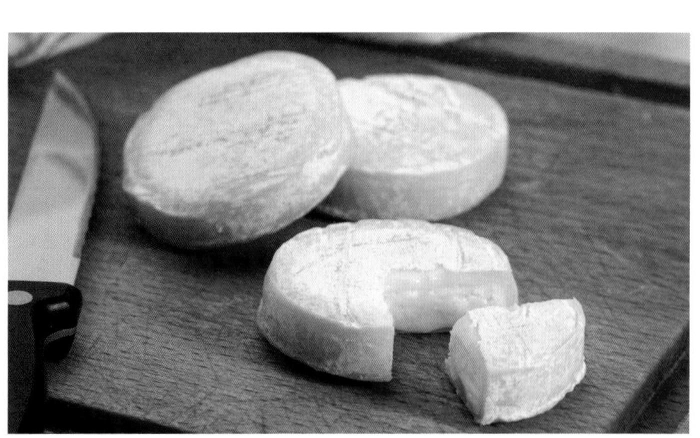
冠以村名的羅卡馬杜乳酪。

絕壁上的城鎮。世界遺產的羅卡馬杜(Rocamadour)。

了另外的乳酪名。

Rocamadour意思是“Amador亞瑪杜的懸崖”，自從1161年發現了聖亞瑪杜(Amadour)的骸骨之後，就成了聖地牙哥-德孔波斯特拉(Santiago de Compostela)朝聖地，登錄為世界遺產。懸崖絕壁上並排聳立的教堂和修道院令人印象深刻。聖母禮拜堂(Notre-Dame)的黑色瑪利亞像，據說能帶來治癒疾病的奇蹟，在朝聖者間十分著名。

5.【乳酪馬鈴薯泥 Aligot】
拉得長長的
美食之一
山間才能品嚐到的美味

乳酪馬鈴薯泥(Aligot)是用奧弗涅(Auvergne)的馬鈴薯，所製作的著名特色料理，據說發源於阿韋龍省(Aveyron)

一旦加熱就能拉出令人驚異長度的乳酪馬鈴薯泥。

的奧布拉克(Aubrac)村。

造訪此地，就能看到乳酪被高高地拉扯成絲狀的表演，並作為菜餚的配料一起上桌。乳酪馬鈴薯泥(Aligot)的普及，絕對不能忘了拉約勒(Laguiole)協會的努力。這道料理的乳酪是使用尚未熟成的新鮮康塔乳酪(Cantal)，或是薩萊爾(Salers)的鐸姆乳酪(Tome fraîche)，製造出拉約勒(Laguiole)乳酪刀之前，以新鮮乳酪、鐸姆乳酪和當地產的馬鈴薯泥、大蒜等製作。一旦過度加熱會造成分離也無法拉絲，因此在烹調上必需多加注意。

也有能輕鬆製作，即溶的乳酪馬鈴薯泥。

燉煮料理時不可或缺的白腎豆。

6.【白腎豆】
簡單並且
營養豐富
是地方料理的基礎

庇里牛斯的山腳下，塔布(Tarbes)周圍的氣候，融合了海洋型和大陸型的特點，而且由於地質上富含儲存日間陽光熱量的岩石，即使到了晚上也能保持溫暖，因此能栽植出優質的白腎豆。

白腎豆是在十六世紀時從南美引進至庇里牛斯周邊。豆子的皮非常薄，烹煮後柔軟且隱約中帶有甜味，深受當地人的喜愛，也常被運用在地方特色料理的卡酥來砂鍋(Cassoulet)上。

播種時間是5月，8～10月連同豆莢一起出售，經過自然乾燥成為乾貨的豆粒後上市，在市場上供應時不受季節的限制，成為一種常見的食材。1997年取得法國紅標(Label Rouge)認證。在法國不像日本，有將豆子煮成甜食的習慣，單純只用於料理。雖然也使用紅豆，但在巴斯克地區，主要與豬肉一起作為燉煮料理。

最初是粥品，玉米的米亞斯。

7.【米亞斯 Millas】
人類最早的料理
有七種變化
各地獨有的風味

約8000年前，隨著農耕的開始，人類最早是以搗碎大麥煮成粥食用。米亞斯（Millas）就是這種粥的名字。由此進一步演變出克拉芙緹（Clafoutis）、布列塔尼果乾布丁（Far Breton）、米布丁（Riz au lait）…等。

米亞斯在法國西南一帶製作，名稱原是代表玉米的“Millet”，因地區不同名稱及內容也各異，有點複雜。

在南部-庇里牛斯（Midi-Pyrénées），像是塔恩省（Tarn）阿爾比（Albi）附近，以及朗多克（Languedoc），是以玉米粉和牛奶製作的材料烘烤。然而，在阿基坦（Aquitaine）名稱變成米亞蘇（Millasou）或米亞（Milla），以南瓜和玉米粉製成，發音同樣和米亞斯（Millas）相同，只是寫成了Mias或Millas，並且使用牛奶、杏仁果、麵粉倒入模型中烘烤成扁平狀的成品。在利穆贊（Limousin）的科雷茲省，則是與阿基坦一樣，稱為米亞蘇（Millasou），但卻已經不是糕點，而是將馬鈴薯切成薄片，用鵝油香煎成為一道料理了。

塔恩省阿爾比的聖則濟利亞（Sancta Caecilia）大教堂，是法國紅磚瓦建造的最大建築。

保持原本形狀的糖漬紫羅蘭。

8.【糖漬紫羅蘭】
紫羅蘭的城鎮
羅曼蒂克的糕點
來自戀人的花束

土魯斯（Toulouse）是糖漬紫羅蘭的著名城鎮。從前，紫羅蘭是當地的特產，曾經種植並出口到外國。紫羅蘭花在這一地區的種植起源於一個美麗的傳說，據說是一位義大利士兵向住在靠近土魯斯（Toulouse）附近聖喬里（Sant-Jory）小鎮的戀人贈送了紫羅蘭花束。

正式成立工會，紫羅蘭花的種植業曾經非常繁榮，一度出口到歐洲各國和俄羅斯。但1956年因冬季嚴寒造成了重大損失，種植農家減少，生產逐漸衰退，種植組織也解散了。至1993年，才開始有保存傳統的『Terre de Violettes（紫羅蘭之地）協會』。開發出紫羅蘭花的利口酒、香水，還有糖漬等商品。每年一次的紫羅蘭節也吸引了很多人關注。

刀背上有蜜蜂的意象是其特徵。

9.【拉約勒 Laguiole刀具】
生存必須的一把刀
“隨身刀具”
開拓的美食之村

位於拉約勒(Laguiole)村的『Michel Bras』餐廳座落在一座丘陵上，該餐廳以一道名為加爾古伊(Gargouille)的野花、香草等組成的前菜風靡一時，並培養了許多崇尚這道料理的廚師。在這裡的餐桌上，會為每一道菜更換餐叉和湯匙，但刀子始終只有一把。他們會解釋說：「在這片土地上，有一項使用自己的刀的習慣，這把刀就是您今天用餐的刀具」。

這個地區多山脈，曾經有許多人以伐木為業。他們隨身攜帶一把刀，一早離家時用它處理一切事務。切麵包、切臘腸以及用它解決擋路的雜草。是必不可少的隨身物品。正因為這樣的傳統，這個村莊自古以來就以製刀技藝聞名，並以村莊名稱拉約勒(Laguiole)或拉格奧爾(La Guiòla，根據不同地區的發音而有所不同)來命名這種刀具。在米歇爾·布拉斯所在的丘陵腳下，有一排售賣刀具的店鋪。這片土地上並不廣為人知的刀具，連同『Michel Bras』餐廳一起被推擴至全世界。甚至在日本的法國料理餐廳，也常會出現以蜜蜂刻印為標誌的肉類刀具。

鮮摘花草料理的先驅『Michel Bras』的Gargouille。

實際上拉約勒(Laguiole)的刀具並沒有申請商標登錄，據說任何人都可以製造，但刀具本身的品質，毫無疑問的才是重點。

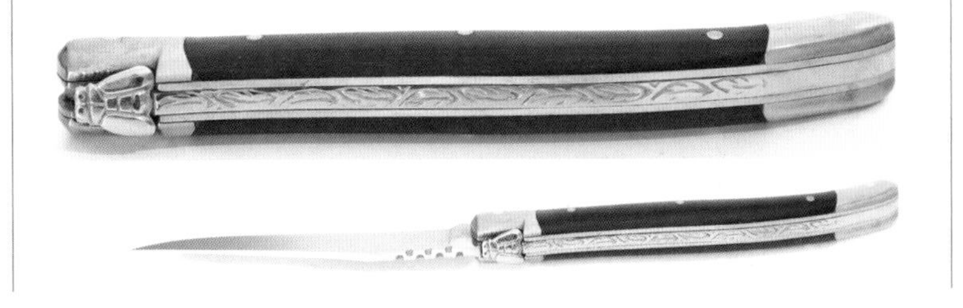

擺上麵團後烘烤。

10.【佛阿斯麵包 Fouace】
被歷史包圍
充滿香氣的
家庭麵包

佛阿斯麵包(Fouace)是羅亞爾省、普羅旺斯省等都能見到的麵包之一，但配方及製作方法卻各有不同的發展至今。

最早的佛阿斯麵包源自羅馬人，命名為Panis Focacius，是“家庭麵包”的意思。這樣的稱呼在法國，就被稱為Focacius或Fouasse了。

在法國，早在中世紀就開始製作，法國西南部的佛阿斯麵包是添加了玫瑰花水以增加香氣。現在則是添加了橙花水和檸檬皮的香氣。比較少見的是阿韋龍省(Aveyron)拉約勒(Laguiole)的佛阿斯麵包，表面會再擺放做成圓形的麵團烘烤，是其特別之處。

佛阿斯麵包曾經是五旬節(Pentecostes聖嬰降臨日)的糕點。現在則用於早餐、點心以及甜點食用，作為甜點時會佐以鮮奶油或與漂浮島(îles flottantes)一起供餐。

這個製作方法與年輪蛋糕類似。

在山中小屋烘烤。

11.【布羅許蛋糕 Gâteau à la broche】
從山上小屋至朝聖之路
粗獷的外觀
但卻是豐郁的滋味

布羅許蛋糕(Gâteau à la broche)類似年輪蛋糕(Baumkuchen)般的糕點，特別是阿韋龍省(Aveyron)所製作的。過去，這種蛋糕似乎是在每個家庭的壁爐中烘烤，但現在大部分只在夏天的山間小屋中烘烤。

Broche是"串烤"的意思，二個細長的圓錐模型連接在一起，架在暖爐上一邊轉動一邊澆淋麵糊烘烤。在該地區，這是婚禮、洗禮、接受聖餐等家庭和宗教儀式上必不可少的甜點。成品長而細，小型的約有20cm高、150g重，而在山間小屋中烘烤的約有80cm、高4kg重。

配方與卡特卡磅蛋糕(Quatre-quarts)相同，也就是等量的雞蛋、砂糖、粉類和奶油，但是不同之處在於蛋黃和蛋白會先分開。加入橙花水、蘭姆酒和檸檬增添香味，最後混入融化奶油，也常會加入糖漬水果。

麵團倒入包著鋁箔紙的模型(鐵釬)上，邊轉動模型邊不斷地澆淋麵糊烘烤。烘烤時，夏季小屋的溫度會上升到相當高的程度，令糕點師們汗流浹背。

架在暖爐邊烘烤，非常炎熱。

週邊因栽植蘋果，在小屋外的露台上與蘋果酒(cidre)一同享用，是最頂級的樂趣。能存放相當的時日，以西班牙的聖地牙哥-德孔波斯特拉(Santiago de Compostela)為目地的朝聖者們，每次在朝聖途中都會食用，因此而廣為人知，除了南部-庇里牛斯之外，朗多克(Languedoc)、阿基坦(Aquitaine)、魯西永(Roussillon)等，在沿著朝聖之路的西南各地都有製作。最近在巴黎的大型超市也能購得小型的成品。

阿韋龍省的孔克村是朝聖地之一。十一世紀時建立的聖斐德斯教堂(Sainte-Foy)，收藏著在12歲時殉教的聖斐德斯遺骸。

據說是阿拉伯人傳入的麵團。

12.【蘋果酥 Croustade aux pommes】由女性傳承充滿異國情調纖細的麵團

蘋果酥(Croustade aux pommes)使用了一種在法式糕點中不常見的麵皮。這種麵皮被稱為薄脆酥皮(Pâte filo),是一種極薄的麵皮。據說這是摺疊派皮的原型,摺疊派皮受到阿拉伯甜點麵皮的影響。

薄脆酥皮(Pâte filo)是阿拉伯糕點的麵團,奧地利的維也納蘋果卷(德文:Apfelstrudel)也使用這款酥皮。在法國據說是因為阿拉伯人的侵略而傳播至熱爾省(Gers)歐什(Auch)周邊的主婦們,至今這款酥皮的製作仍由女性來進行。此外,與奧地利相同,還有被阿拉伯人佔領的匈牙利,認為應該是最先傳至匈牙利,而後才傳入與匈牙利有相當淵源的奧地利。

像紙片般薄薄的薄脆酥皮上刷塗融化奶油,一層一層疊放。現在使用的是奶油,但過去塗的是鵝脂。然後將蘋果填入(也常會一起填入杏仁奶油餡)再次覆蓋上薄脆酥皮。

這個糕點有幾個名稱,有些會讓人有些混淆。一般被稱為Croustade,但還有其他的Pastis、Tourtière的名稱。"Pastis"在此地是另一種添加了泡打粉,烘烤成山形的糕點名稱,因此更加複雜。

以前熱爾省(Gers)日蒙(Gimont)的糕餅店『Philippe Urraca』內,會展示薄脆酥皮的製作過程。在專用的房間,由女性在寬大的桌面以熟練的手法將麵團擀壓推展成薄至能透出下方報紙印字程度。

製作麵皮需要適當的溫度和足夠的空間。蘋果酥需要在高溫下快速烘烤,並在最後噴灑上當地的白蘭地或雅馬邑就是關鍵。

Midi - Pyrénées L'historiette column 01

據說傳入法國的薄脆酥皮(pâte filo)是阿拉伯人帶來的,阿拉伯指的是以阿拉伯語作為官方語言的國家,或是阿拉伯聯盟成員國的地區名稱。它也是古代文明中飲食文化發展的地區之一。在西元前十二世紀的埃及,人們用麵粉製作類似現在薄脆酥皮的食物,每張餅皮上塗抹油脂並疊加多層,製成了一種甜點。而這種甜點進化成了現在所稱的「巴克拉瓦 Baklava」,是阿拉伯甜點的代表。

完成時會噴灑雅馬邑白蘭地。

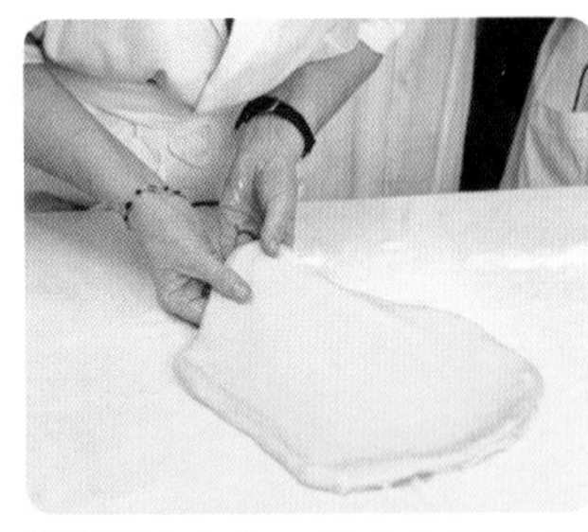
薄脆酥皮(Pâte filo)完全以手工進行。

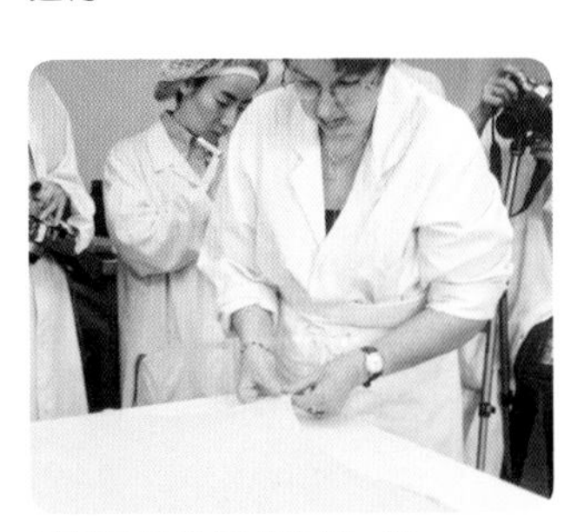
被薄薄地擀壓成像紙一般。

全部刷塗融化奶油。

將薄脆酥皮層疊地鋪放成略高於模型的程度。

Vin 西南地區的葡萄酒

西南地區最早由古羅馬人開始栽植葡萄，中世時期甚至教堂也開始釀造葡萄酒。其中有一種葡萄品種叫做馬爾貝克(Malbec)，原本是這個地區的土生品種。葡萄園分佈在波爾多東部的多爾多涅河(Dordogne)流域、土魯斯(Toulouse)北邊、卡奧爾(Cahors)週邊，以及與西班牙國境相鄰的庇里牛斯山附近，各地都生產出具有獨特個性的葡萄酒。此外，這個地區也以肥肝醬、松露等產地聞名，所以也生產出與這些高級食材相匹敵，口感豐富的葡萄酒。

土壤主要由石灰岩和黏土組成，白天受到石灰岩的熱力保暖，促進葡萄生長。氣候方面，西部屬於海洋型氣候，西北部屬於大陸型氣候，南部則屬於地中海型氣候，多樣性亦是其特點。過去曾生產廉價的葡萄酒，但自1956年霜害事件後，更加注重品質而非數量的葡萄酒釀造。

紅葡萄酒主要使用上述的馬爾貝克(Malbec)，其他還有卡本內・蘇維翁(Cabernet sauvignon)、梅洛(Merlot)，塔那(Tannat)等品種。白酒用的是榭密雍(Sémillon)、密思卡岱(Muscadelle)、白蘇維濃(Sauvignon Blanc)等來釀造。主要產區和A.O.C.(原產地命名控制)的葡萄酒包括以下地區。

1. 多爾多涅 / 貝傑拉克 (Dordogne/Bergerac)

紅酒的風味與波爾多幾乎沒有不同，因此以價格上來考量十分划算。

①貝傑拉克(Bergerac)
紅葡萄酒佔該產區葡萄酒總產量的70%。因十九世紀埃德蒙・羅斯丹(Edmond Rostand)的戲劇「大鼻子情聖 Cyrano de Bergerac」而聞名。它位於波爾多的聖愛美濃(Saint-Émilion)地區，沿著多爾多涅河(Dordogne)而上，生產以梅洛(Merlot)為主體的紅酒。白酒則是以榭密雍(Sémillon)為主，其也還有使用白蘇維濃(Sauvignon Blanc)的酒款，屬於適飲型的葡萄酒。粉紅酒是卡本內(Cabernet)類型的品種。

②蒙巴茲雅克(Monbazillac)
這是一種金黃色的甜白葡萄酒，以榭密雍(Sémillon)和白蘇維濃(Sauvignon Blanc)白葡萄釀製而成。清晨的霧氣滋生了貴腐菌，白天蒸發水份使葡萄的糖份濃縮，形成了甜美的口感。這款葡萄酒與該地區生產的肥肝醬等美食搭配得宜，推薦一試。

2. 加隆河(Garonne)

①比澤(Buzet)
釀造以梅洛(Merlot)、卡本內・蘇維翁(Cabernet sauvignon)、卡本內弗朗(Cabernet Franc)、馬爾貝克(Malbec)等果實類為主體的札實紅酒。白酒則是使用榭密雍(Sémillon)、密思卡岱(Muscadelle)、白蘇維濃(Sauvignon Blanc)釀造出清爽的

酸味。釀造出的粉紅酒能品嚐出單寧的水果風味。

3. 洛特（Lot）

①卡奧爾（Cahors）

沿著洛特（Lot）河往東北部延伸60km的地區，70%生產的是紅酒。味道深濃的這款葡萄酒，因其顏色濃重又稱「黑葡萄酒」，由馬爾貝克（Malbec）、梅洛（Merlot）品種釀造而成。

4. 塔恩（Tarn）

①蓋亞克（Gaillac）

在塔恩河兩岸延伸的產區，生產白、紅、粉紅、氣泡酒。使用的品種，紅酒是杜拉斯（Duras）、費爾莎伐多（Fer Servadou）等罕見品種，以及希哈（Syrah）、卡本內・蘇維翁（Cabernet sauvignon）。白酒則是蘭德勒（Len de l'el）、莫札克（Mauzac）等。這個地區使用了獨特的品種，釀造出具個性化的葡萄酒。

5. 加斯科涅／巴斯克（Gascogne/Pays Basque）

①馬迪朗（Madiran）

單寧強且深濃的紅酒。品種有50%是塔那（Tannat）。分成長期陳年型及早飲類型。

②居宏頌（Jurançon）

庇里牛斯山脈落山風的吹拂以及晝夜溫差，使得葡萄中水份蒸發，生產出殘留甜度和酸味的甜葡萄酒。品種是當地獨特的小滿勝（Petit Manseng）、大滿勝（Gros Manseng）。不甜的居宏頌（Jurancon Sec）。

③伊魯萊吉（Irouléguy）

在巴斯克地區的龍塞斯瓦耶斯隘口（Roncesvalles）山腳下生產。海洋型氣候和含有大量氧化鐵的土壤條件非常適合釀酒。以卡本內弗朗（Cabernet Franc）、塔那（Tannat）釀造出具有莓果香氣的紅酒及粉紅酒。白酒則是由大滿勝（Gros Manseng）、小滿勝（Petit Manseng）、庫爾布（Courbu）釀造。

6. 利穆贊（Limousin）

2017年從這個地區開始，生產以卡本內弗朗（Cabernet Franc）為主體的紅酒科雷茲（Corrèze）等，三個名稱都受到A.O.C.的證認。

西南地區的葡萄酒地圖

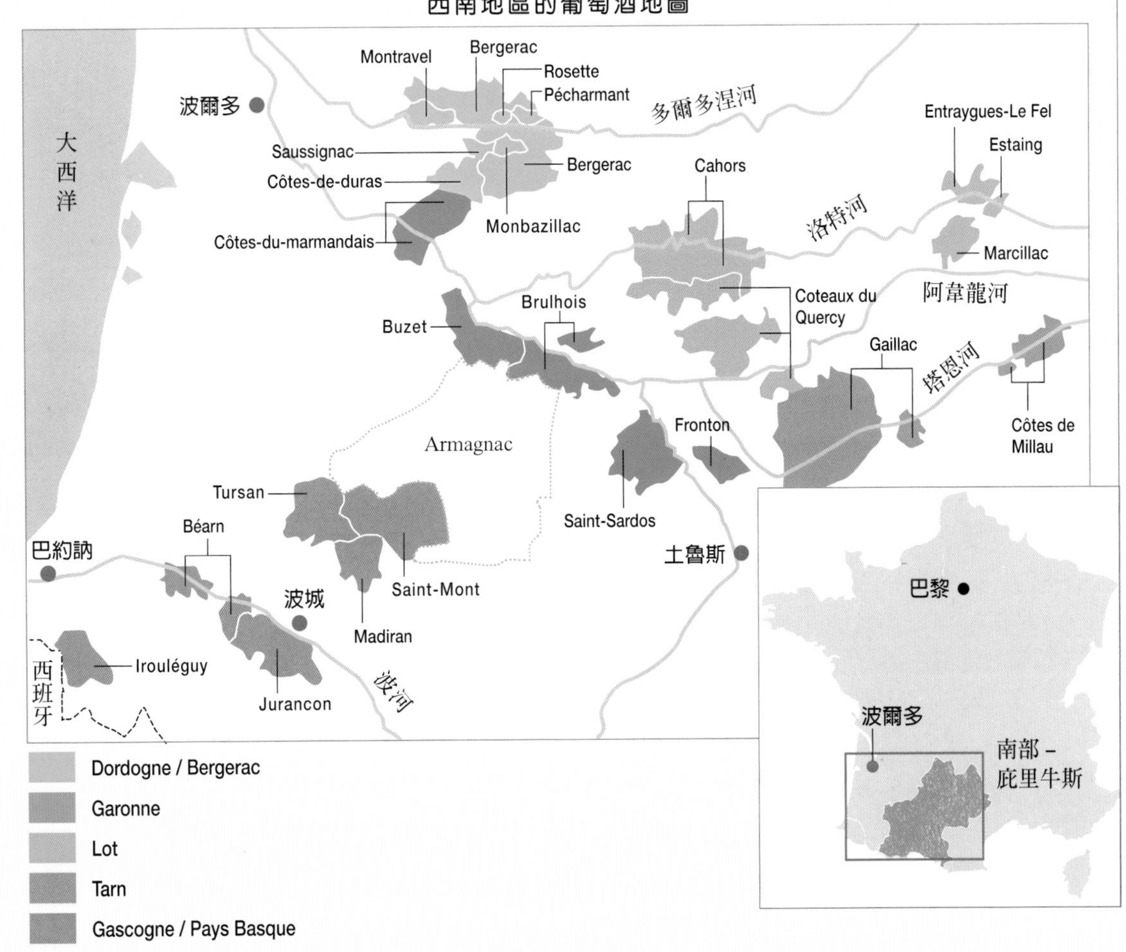

Provence-Alpes-Côte d'Azur
普羅旺斯—阿爾卑斯—蔚藍海岸

Provence-Alpes-Côte d'Azur

普羅旺斯—阿爾卑斯—蔚藍海岸

擁有陽光普照及閃躍海洋的這個地方，是法國人心目中的憧憬之地。在沿海的尼斯（Nice）和坎城（Cannes）等地的夏天充滿度假的人們和華麗的遊艇。然而，普羅旺斯（Provence）不僅僅是海洋，內陸地區有著南法獨特的自然生活方式。拉科斯特（Lacoste）村，有皮爾·卡登（Pierre Cardin）買下的薩德侯爵（Marquis de Sade）城堡，以糖漬水果及阿普特陶瓷聞名的阿普特（Apt），甜瓜產地的卡瓦永（Cavaillon），留有高盧羅馬（Gallo-Roman）文化時代遺跡的尼姆（Nîmes）和阿爾勒（Arles），還有在十四世紀時羅馬教皇曾居住過的亞維儂（Avignon）等。尼斯（Nice）過去盛產綿織品也是單寧布的發源地，此外亞維儂也因童謠『在亞維儂橋上 Sur le pont d'Avignon』而為人所熟知。

這個地區有著多種面貌，但在飲食方面，橄欖油和大蒜一直是核心。只要這二款食材再加上蔬菜，就是具代表性普羅旺斯料理－燉菜（Ratatouille），再加上番紅花和魚，就成了馬賽魚湯（Bouillabaisse）。此外，鯷魚也是鯷魚抹醬（Anchoyade）或尼斯洋蔥塔（Pissaladière）中不可或缺的食材。以普羅旺斯燉菜為首，料理都能在夏日冷食、在冬季溫熱享用，也是南法才有的特色。

Rhône-Alpes
隆河－阿爾卑斯
加普
Gap
上阿爾卑斯省
Hautes-Alpes
阿爾卑斯山
Italie
義大利
迪涅萊班
Digne-les-Bains
沃克呂茲省
Vaucluse
亞維儂
Avignon
上普羅旺斯阿爾卑斯省
Alpes-de-Haute-Provence
隆河
阿爾卑斯濱海省
Alpes-Maritimes
迪朗斯河
尼斯
Nice
隆河河口省
Bouches-du-Rhône
瓦爾省
Var
馬賽
Marseille
土倫
Toulon
Mer Méditerranée
地中海

尼斯洋蔥塔 Pissaladière

Pissaladière是義大利的一道家常菜。名為鹽漬魚＝ Peis salat是利古里亞（Liguria）的地方料理，尼斯（Nice）週邊曾經屬於義大利，在併入法國後，這道菜在南法也變得流行起來。據說，它的名字最初是以一位義大利政治家之名安德烈亞・比薩（Pizza all'Andrea）→ Pissalandrea，後來在法國被稱為 Pissaladière。

材料（25cm的方形烤盤1個）

麵團

高筋麵粉	200g
鹽	1/3小匙
乾燥酵母	4g
砂糖	1小匙
全蛋	1個
水	50ml
奶油	20g
橄欖油	10ml

配料

洋蔥	3個（切成薄片）
奶油	3大匙
砂糖	2/3大匙
紅酒醋	1大匙
鹽、胡椒	各適量
鯷魚	60g（切碎）
橄欖（去核）	5粒（切成圓片）

製作方法

準備

- 麵團用奶油放置成柔軟狀態備用。
- 鯷魚若鹹味較重時，先浸泡熱水釋出鹽份備用。

1. 製作麵團。在工作檯上將鹽混入高筋麵粉中，攤成環狀，中央處放入乾燥酵母、細砂糖、全蛋和水。水份不需全部加入，若麵團太乾感覺不足時，再補上。

2. 用刮板等，從環狀內側慢慢將粉類推入並混拌。

3. 整合至某個程度成團後，彷彿敲打般在工作檯上揉和。待表面呈現光滑狀後，壓平麵團，並在上面放置1/3用量的奶油和1/3用量的橄欖油揉和。縱向橫向地包覆奶油和橄欖油地折疊麵團。使全體融合地揉和麵團。

4. 重覆**3**的作業，揉入所有的奶油和橄欖油。

5. 待揉和至表面呈現光滑狀態時，將麵團整合成圓形放入缽盆中，包覆保鮮膜靜置於28～30°C環境下使其發酵約1小時。

6. 待麵團膨脹成約2倍大小時，壓平排氣，用保鮮膜等覆蓋，置於常溫中靜置約10～15分鐘。

7. 製作配料。在平底鍋中加熱奶油，拌炒至洋蔥變軟為止。加入砂糖，再次拌炒至呈現糖色（拌炒至變軟為止的步驟，也可以使用微波爐進行）。

8. 灑入紅酒醋，再拌炒揮發水份，用鹽、胡椒調味。

9. 將**6**的麵團擀壓成2～3mm厚，放在鋪有烤盤紙的烤盤上，放上**7**的洋蔥攤開。將鯷魚在洋蔥上排放成菱格狀，中間放入橄欖片。

10. 以200°C的烤箱烘烤約15分鐘。

燉蔬菜 Ratatouille

似乎各個家庭都有自己的製作方法。將茄子、櫛瓜等油炸後，用番茄燉煮的作法，可以增加蔬菜的甜味。在此介紹以較少油量的製作方式，無論冷熱都能享用的料理代表。澆淋一些醋享用也十分美味。

材料（4人份）

茄子	2個（切成7mm厚的圓片）
櫛瓜	1根（同上）
大蒜	1瓣（切碎）
洋蔥	1個（切成5mm的圓片）
甜椒（紅）	1個（去蒂切成滾刀塊）
甜椒（黃）	1個（同上）
大蒜	1瓣（壓碎）
番茄（罐頭）	250g
橄欖油	5大匙
鹽、胡椒	各適量

製作方法

1. 在平底鍋中加熱3大匙橄欖油，香煎茄子和櫛瓜的兩面。

2. 在鍋中加熱其餘的橄欖油，放入切碎的大蒜、洋蔥和甜椒略微拌炒。

3. 加入**1**的茄子和櫛瓜、番茄、壓碎的大蒜，混拌全體，稍稍用鹽、胡椒調味，以中火加熱。

4. 煮至沸騰後，蓋上鍋蓋轉為小火燉煮約15～20分鐘，最後用鹽、胡椒調整風味。

普羅旺斯的市場，有色彩繽紛的蔬菜，光是思考菜單也充滿樂趣。

松子可頌 Croissants aux Pignons

松子是一種從古羅馬時代就開始食用的食材。在南法地區，它從很久以前就被用於製作甜點，特別是在普羅旺斯地區，可以找到大量使用美味松子的塔、餅乾等，這在其他地方是罕見的。這種將松子散布在杏仁麵團上的甜點，是南法點心的象徵。

材料（約16個）

蛋白	40g
糖粉	125g
杏仁粉	125g
松子	60g

製作方法

1. 在缽盆中放入蛋白攪散，添加糖粉、杏仁粉和松子混拌。

2. 將**1**的麵團各別分成20g左右並整形成彎月形的可頌形狀，排放在舖有烤盤紙的烤盤上。

3. 以110°C的烤箱烘烤60分鐘。

這是普羅旺斯獨有的食材，在其他地方並不常見。

檸檬塔 Tarte au citron

說到法國的檸檬塔，主流的製作方式是將檸檬汁和大量的糖和奶油混合，以減輕其酸味。但也有輕盈並突顯檸檬風味的食譜，取決於巧妙的調配。這款塔也是其中之一。如果能使用檸檬的特產地蒙頓（Menton）的有機檸檬，味道將格外特別。

材料（直徑21cm的塔模1個）

甜酥麵團（pâte sucrée）

奶油	75g
糖粉	45g
鹽	少許
全蛋	25g
杏仁粉	15g
低筋麵粉	75g
高筋麵粉	75g

奶蛋液（appareil）

蛋黃	3個
細砂糖	48g
磨碎的檸檬皮	1個
檸檬汁	80ml
玉米粉	1.5大匙
奶油	15g
蛋白	2個
細砂糖（蛋白用）	30g

裝飾

鮮奶油	150g
糖粉	12g
檸檬	1/2片（圓切片）

製作方法

準備

- 奶油和雞蛋放置回復常溫。
- 混合低筋麵粉、高筋麵粉過篩，冷藏。

製作方法

1. 製作甜酥麵團。在缽盆中放入奶油，攪拌成乳霜狀。

2. 分2～3次加入糖粉混拌。少量逐次地加入全蛋，每次加入後都充分混拌，加入鹽。

3. 加入杏仁粉混拌，再加入粉類，按壓般地整合成團。待幾乎整合成團狀時，放入塑膠袋內使其平整，並置於冷藏室至少2小時，儘可能靜置一夜。

4. 製作奶蛋液。在缽盆中放入蛋黃攪散，加入細砂糖、磨碎的檸檬皮和檸檬汁、玉米粉、奶油，隔水加熱地混拌，攪拌加熱至材料呈現濃稠沉重狀。

5. 在另外的缽盆中放入蛋白和細砂糖，攪打製作蛋白霜，加入**4**中大動作混拌。

6. 靜置後的麵團擀壓成2～3mm厚，舖放至模型中，靜置於冷藏室30分鐘以上。

7. 刺出孔洞，壓上重石用200°C的烤箱烘烤10分鐘，除去重石，再空燒7～8分鐘。

8. 倒入奶蛋液，以180°C烘烤20分鐘，冷卻。

9. 在鮮奶油中加入糖粉打發，絞擠在表面裝飾。再擺放檸檬圓片裝飾（也可撒上刮下的檸檬皮）。

Provence-Alpes-Côte d'Azur La Découverte

普羅旺斯－阿爾卑斯－蔚藍海岸

1.【蒙頓 Menton的檸檬】

全年都是
清爽香氣環繞的
檸檬城鎮

提到普羅旺斯，柑橘類水果非常美味，其中又以蒙頓（Menton）尤其著名，深受知名廚師和糕點師的喜愛。只要避開強風，溫暖的氣候，一年四季都可以收穫檸檬。

蒙頓的檸檬從十五世紀左右開始栽培，早期就以其生產量和質量而自豪，並出口到俄羅斯、美國等地。2015年，蒙頓的檸檬取得I.G.P.(Indication Geographigque Protegee =（地理標誌保護），表明是在指定條件下生產的地區產品。

檸檬的酸味溫和，香氣獨特，因此除了用於食用外，還被用於製作精油等其他用途。附近的尼斯（Nice）或聖洛朗迪瓦爾（Saint-Laurent du Var）等也是檸檬的栽種地，但無一能勝過蒙頓。每年二月舉辦的檸檬節，整個城鎮被染上檸檬色，吸引來自世界各國的觀光客。到了蒙頓也務必前往熱愛著蔚藍海岸（Côte d'Azur）的尚・考克多（Jean Cocteau）美術館參觀。

鮮活多彩的蒙頓檸檬節。

檸檬塔在糕餅店內也有各種樣貌。

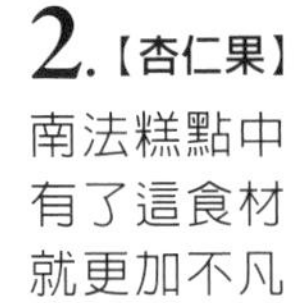

2.【杏仁果】

南法糕點中
有了這食材
就更加不凡

卡莉頌杏仁糖（Calisson）、糖衣果仁（Dragée）等糖果點心、糕點製作上不可欠缺的材料就是杏仁果。現今的法國大多使用西班牙產、美國產的杏仁果，但普羅旺斯也有杏仁栽培，據說其歷史可追溯到公元前的希臘。

杏仁樹在貧脊的土地也能展現強大的生命力，壽命可長達100年以上。它能長到6～12m高，春天時會直接從樹枝上開出白色或粉紅色的花朵，被視為普羅旺斯春天的象徵。

長在樹枝上的杏仁果。

採收新鮮的杏仁果是5～6月，收成乾燥的杏仁果則是9～10月。新鮮的杏仁果要剝掉綠色外殼，直接食用其中的果實。有10種以上的杏仁品種，其中被稱為Princese的品種最受歡迎，味道細膩，讓人聯想到開心果的風味。

3.【松露】

隱藏的大型產區
在南方土地下
森林的寶石

據說佔全球三分之一產量的法國松露。著名產地是阿基坦（Aquitaine）的佩里戈爾（Périgord），實際上法國有一半以上的產量是來自南法。從亞維農（Avignon）到普羅旺斯-艾克斯（Aix-en-Provence）周邊都可採收。

松露的採收時間是在12月至3月之間。主要出現在柏樹或枹櫟樹（Quercus serrata）、榛

松露犬發現了隱身在樹根的松露。

樹(Corylus heterophylla)的樹根附近，為了找到這些地點，需要靠松露犬的嗅覺。土壤酸度、濕度、溫度若達到一定的標準時，掉落在地上的孢子會長出菌絲而延伸至地底， 鑽進樹根長成松露。成長期約需200～290天，依照這個周期可大約計算出採收的時間。

法國松露最美味的時期是在1月中，產地的冬季常舉辦松露市集，在南法則略早的在11月開始，卡龐特拉(Carpentras)的松露市集最為著名。

當季時各地的市場隨處可見。

一望無際的薰衣草田，象徵南法的風景，其香味也能以蜂蜜的形態呈現。

4.【薰衣草】

風、太陽與花朵
濃縮了
普羅旺斯的風味

養蜂的歷史悠久，早在公元前十世紀就有收穫蜂蜜的記錄，而普羅旺斯也一直被視為高品質蜂蜜的產地，在十五世紀時就曾有義大利商人前來採購的紀錄。

提起典型的普羅旺斯蜂蜜，薰衣草蜜無疑是其中之一。而且不僅僅是一種，從大約1920年，開始收穫來自「薰衣草 Lavande」和「醒目薰衣草 Lavandin」(在日本主要稱為 Lavandin)這兩種不同香氣的蜂蜜。

薰衣草生長在海拔較高、涼爽的地區，而醒目薰衣草(Lavandin)是由「菲納 Fine」和「阿斯皮克 Aspic」這兩個品種混種而成，可以在海邊地區生長。

除了薰衣草外，普羅旺斯還生產迷迭香、百里香、月桂葉、菩提樹(Tilleul)等特色風味的蜂蜜。普羅旺斯的蜂蜜也是製作牛軋糖(Nougat)時不可或缺的材料。

種在高地的薰衣草。

> *Provence-Alpes-Côte d'Azur*
> **L'historiette column 01**
>
> 於十二世紀，成立於沃克呂茲省(Vaucluse)戈爾德(Gordes)的天主教熙篤會(Cistercians)的塞南克修道院(Abbaye Notre-Dame de Sénanque)，以擁有薰衣草花田而聞名。十五世紀捲入宗教戰爭的修道士們被胡格諾派(Huguenot)處以絞刑，修道院也遭到破壞。之後成為國家資產，幾經曲折的歷史，現在是十多名修道士們禱告祈福，同時從事薰衣草栽植之地。戈爾德是一個被稱為「鷹巢村」的村莊，房屋密集地蓋在懸崖壁上，人們為了避免撒拉森人(Saracen)的攻擊，將房屋建在高處。

有極佳精油功效的醒目薰衣草。

保留水果原狀的糖漬水果。

5.【糖漬水果】種類之多 美麗的顏色 如同百寶箱一般

糖漬水果（Fruits Confits砂糖醃漬水果）是出產豐富水果的南法才能製作的糖果（confiserie）。將水果用糖漿煮過，每天增加甜度的同時使糖分滲入水果中。可以直接食用之外，也常會作為糕點製作的原料。

將水果或堅果浸泡在蜂蜜等液體中以保存的方法可以追溯到埃及時代。這種製法隨著十字軍的傳播而傳入，據說在十四世紀左右，也開始在法國製作。

現在，製造各色糖漬水果的包括：卡莉頌杏仁糖（Calisson）必不可少的甜瓜或水果蛋糕中使用的櫻桃，其他如草莓、桔子（Citrus reticulata）、無花果等所有顏色鮮豔的水果也都被做成糖漬水果。南法生產的無花果體積較小、果肉緊實，糖漬後也很耐放，另外像桔子這種果皮較硬的水果，商店通常使用手工刺孔工具在表面打孔，以便糖漿滲透。每種水果都有其獨特之處。

特別是呂貝宏（Luberon）的阿普特（Apt）所製作的最受好評。而有名的糖漬甜瓜則是使用肉質結實卡瓦永（Cavaillon）出產的。糖漬水果中有60％會出口到水果蛋糕王國的英國。

糖漬桔子。

將南法13種名產組合起來的聖誕節習俗。
© Office de Tourisme d'Aix-en-Provence / Sophie Spitéri

6.【13種點心 Treize desserts】用13種甜點來慶祝 擺滿特產的 南法聖誕節

在法國，聖誕節時吃著形狀像木柴的蛋糕卷，稱為「聖誕木柴蛋糕 Bûche de Noël」是不可少的傳統。然而，在南法則傳統上會準備「13道甜點 Treize desserts」。

在大盤子的中央擺放稱為「Pomep a L'huile」的布里歐（Brioche）麵包，周圍分別擺上堅果、乾燥水果、糖漬水果、葡萄等新鮮水果、卡莉頌杏仁糖（Calisson）、牛軋糖般的砂糖糕點（Confiserie）等搭配12種南法特產來慶祝。中間的「Pomep a L'huile」象徵耶穌基督，圍著的甜點代表12門徒。

中央的麵包，會因各地而有不同的形狀或名稱。地中海沿岸是「Pomep a L'huile」，阿普特（Apt）以北則是「Gibassié」，以南大多稱為「Fougasse」。順道一提「Fougasse」還有一款同名的其他食物，加入焦脆豬脂的麵包也是這個名稱。最適合搭配普羅旺斯粉紅酒（Vin rosé）享用。

將料理理論化並引導其發展。

7.【喬治・奧古斯特・埃斯科菲耶 Georges Auguste Escoffier】是法國料理及餐廳的偉大革命家

被譽為「廚師之王、王者之廚 Roi des cuisiniers et cuisinier des rois」的奧古斯特・埃斯科菲耶，是十九世紀後半至二十世紀，對法國料理界有著巨大影響的廚師。

他於1846年出生在地中海沿岸的濱海阿爾卑斯省（Alpes-Maritimes），附近一個名叫盧貝新城（Villeneuve-Loubet）的村莊，一個鐵匠的家庭。他曾夢想成為雕塑家，但12歲時在叔父的餐廳實習，展開了料理之路。在尼斯、巴黎工作後，在蒙特卡羅（Monte-Carlo）的飯店與凱撒・里茲（César Ritz）相識。

1890年，他們一起重建了倫敦的『Savoy Hotel薩沃伊飯店』，並在1898年開設了巴黎的『Hôtel Ritz麗思飯店』，之後又在倫敦開了『Carlton卡爾敦飯店』，這些契機之下，各式各樣的企業、飯店看中其經營能力地向他們招手。此外，他們提出了根據當時的生活方式進行餐廳設計的觀念，包括改變傳統的菜餚擺盤和簡化菜單，重新檢討服務模式。同時，他們也在社會上做出貢獻，為窮人提供援助。

埃斯科菲耶出生地也成了博物館。

1903年出版的烹飪書籍『Le Guide Cuilinaire烹飪指南』，直至今日依然是法國廚師們的圭臬。在他成長的村莊裡，有一個名為『Musée Escoffier de l'Art Culinaire埃斯科菲耶烹飪藝術博物館』，還成立了「埃斯科菲耶基金會」，旨在推動法國烹飪的發展和培養廚師。

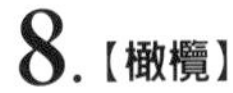

8.【橄欖】一粒支撐南法飲食生活也是和平的象徵

橄欖的花語是「和平」與「智慧」。舊約聖經中諾亞方舟的故事裡，鴿子叼回橄欖樹枝後，象徵洪水已結束，意謂世界和平再度來臨。因此叼著橄欖樹枝的鴿子是和平象徵的意識廣為人知。

被稱為“太陽果實”的橄欖，在擁有適合種植的溫暖氣候及排水極佳土壤的普羅旺斯，據說從3000年前就開始栽植。從此，普羅旺斯一直是法國首屈一指的橄欖及橄欖油產地。

屬於木樨科，與桂花相似的花朵盛開在4～6月，至9月左右則可採收綠色果實。之後隨著季節轉換，顏色也會逐漸變成紅色、紫色、黑色，9～10月中旬採收的橄欖主要用於醋漬或油漬，11月左右採收的熟成果實，則主要作為橄欖油的原料。

有烹飪用、開胃酒用，各種豐富變化的當地橄欖專賣店。

果實會因日照時間，而有綠色、黑色的變化。

燒陶是自中世紀以來持續著的村莊產業。

9.【穆斯提耶陶瓷】

優雅的曲線 來自銀器的靈感 因國王的命令成為經典

穆斯蒂耶爾・聖瑪麗（Moustiers-sainte-marie）是位於上普羅旺斯阿爾卑斯省（Alpesde-Haute-Provence），的「法國最美麗的村莊」之一，也是穆斯提耶陶瓷工坊的所在地。

據說是十六世紀中葉，儘管之後許多工坊因為十九世紀後半英國陶瓷的競爭而關閉，但陶瓷工藝一直延續下來。直到1927年，為了振興村莊，穆斯蒂耶爾陶瓷再度興起。

現今在這裡可以看到洛可可（Rococo）風格的圖樣被稱為佩蘭（Bérain）風格，據說是以路易十四時期的宮廷畫家尚・佩蘭（Jean Perrin）為名而命名。

這些陶瓷作品中有一些設計看起來像銀器，這是因為當時反覆戰爭導致財政困難的路易十四，命令穆斯提耶陶瓷工坊燒製取代銀製餐具的陶器，形狀模仿銀器，圖案則採用花草紋樣製成。

像花一樣的輪廓及柔和的形式，是穆斯提耶陶瓷的特徵。

10.【馬賽魚湯 Bouillabaisse】

地中海的美味 完全濃縮於此的 漁夫餐

普羅旺斯代表性的佳餚，馬賽魚湯（Bouillabaisse）。被認為發源於馬賽（Marseille），但實際上最初是漁民們為了處理無法在市場上販售的次級魚類而製作的料理。

正如其名源自動詞bouillir（煮沸）abaisser（降低），表達了先煮沸然後降低火力的烹飪步驟。食材大多是海岸岩石上的魚類，其中代表性的是石狗公。也會使用其他像海鰻及被稱為Cigale de mer海蝦的小龍蝦、淡菜、小螃蟹等，據說可用於製作的魚貝類多達40種以上。

至少搭配3～4種的魚貝類，可以為湯汁增添深度，湯中添加番紅花用以增色及增加香氣。而搭配的慣例是加上使用大蒜和紅辣椒等調製的魯耶醬（Rouille）以及塗抹蒜香的長棍麵包，就是最經典的食用方法。在餐館等通常會將海鮮食材跟湯各別分開裝盛上桌。

馬賽魚湯裡不可少的番紅花，也稱為藥用番紅花，是將雌蕊曬乾後的調味料，乾燥方法有日曬及烘烤，顏色、香氣與乾燥方式有關。曾經與黃金等值的辛香料，售價高昂。

魚貝的鮮味及番紅花的鮮豔色彩。

在南法隨處可見的小船餅乾(Navette)。

不可或缺的13種點心(Treize desserts)之一。

11.【小船餅乾 Navette】
由糕點傳遞
小舟中搖晃的聖母瑪利亞
是海上男子的守護神

在法國每年2月2日舉辦聖燭節 Chandeleur =「聖母行潔淨禮日 Purification of the Virgin」。這是耶穌基督誕生的第40天,聖母瑪利亞帶著幼子前往耶路撒冷的修道院,接受神父進行潔淨儀式。

在這一天,全法國通常會食用可麗餅,但只有馬賽(Marseille)是例外,食用的是小船餅乾(Navette)。小船餅乾是一種烘烤成像小舟形狀的餅乾,根據十三世紀聖母瑪利亞木雕像,被放在小舟上漂流至馬塞港的傳說製作而成。

馬賽的人們相信,戴著金色王冠而來的聖母瑪利亞雕像是命運的安排,從此將她視為出海男性的守護神。承襲著這個故事而製作了這款象徵小舟形狀的點心。

自1781年創立以來,馬賽的『Four des Navettes』在每年的聖燭節(Chandeleur)這天,附近聖維克多修道院(Abbey of Saint Victor)的主教都會親自前來這家店,進行將小船餅乾由烤箱取出的儀式。

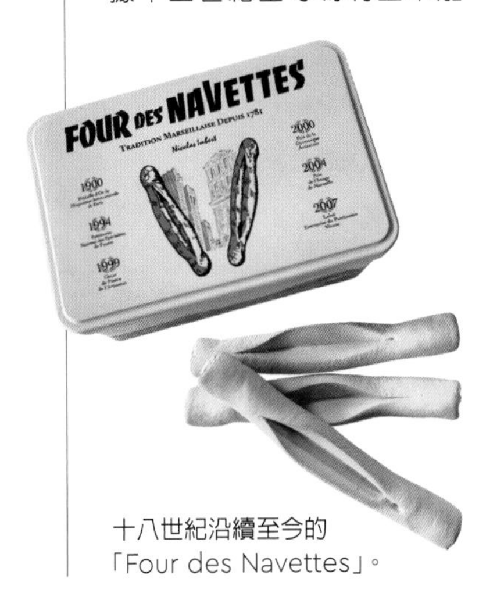

十八世紀沿續至今的「Four des Navettes」。

12.【卡莉頌杏仁糖 Calisson】
集結南法的滋味
形式也
充滿時尚感

卡莉頌杏仁糖(Calisson)是南法特有的糖果(Confiserie),從十七世紀左右開始製作,現在已經成為普羅旺斯-艾克斯(Aix-en-Provence)的特產。

將杏仁果和砂糖摩擦般壓碎混合成杏仁膏(Marzipan,德文)。在法文中杏仁膏是"Pâte d'amandes",並添加了蜜瓜或桔子的糖漬和水果糖漿,最後再裹上糖衣,切成菱形。手工製作的卡莉頌杏仁糖口感柔軟濕潤,特別美味。

「卡莉頌」這個名字有兩種說法。一種說法是,在普羅旺斯受歡迎的君主路易一世與第二任妻子讓娜(Jeanne)的婚禮上(1454年)供應這種糖果,吃這款糖果時讓娜說:「這就像是溫柔的愛撫」故而得名。另一個說法是鼠疫流行至尾聲時,在感恩彌撒中,這種糖果被裝在Calice(=聖杯)中分給人們。

以前製作卡莉頌杏仁糖的機器。

Vin 普羅旺斯的葡萄酒

普羅旺斯的葡萄酒釀造被認為可以追溯到公元前600年，由腓尼基人傳入法國，是法國最早種植葡萄的地區之一。

葡萄園的範圍從蔚藍海岸(Côte d'Azur)的地中海沿岸延伸到內陸，氣候屬於溫暖的海洋型氣候，夏季陽光強烈，冬季則受到密史脫拉風(Mestral)乾冷強風的吹襲。土壤富含石灰質，地勢多變，包括平原、峽谷、岩壁和海岸等，根據不同的土地條件種植不同的葡萄品種。生產較多粉紅酒，約佔法國A.O.C.的42%。此外，有機耕作在該地區的葡萄園中佔比達24%。

有相當歷史的酒桶，懷舊地訴說著法國最古老的葡萄釀造。

代表性的品種，紅酒使用的是希哈(Syrah)、格那希(Grenache)、仙梭(Cinsaut)、慕合懷特(Mourvèdre)，白酒用的是克萊雷特(Clairette)、白玉霓(Ugni Blanc)等。

1. 普羅旺斯丘 (Côtes de Provence)

普羅旺斯的葡萄園佔了整個地區葡萄園的80%。包含聖特羅佩(Saint-Tropez)、坎城(Cannes)、德拉吉尼昂(Draguignan)等都有生產，配合豐富的土壤變化栽植著10種以上的葡萄品種。生產紅、白、粉紅酒，香草氣息豐滿的早飲型白酒，及熟成型紅酒都非常受到歡迎。

受冬季密史脫拉風的影響，被修剪成低矮的呂貝宏山區葡萄園。

2. 邦斗爾(Bandol)

地中海沿岸斜坡的葡萄園，主要栽植的是慕合懷特(Mourvèdre)品種。生產量的73%是粉紅酒，一旦熟成時，香料般的香氣特別明顯、口感十足。

3. 卡西斯(Cassis)

靠近馬賽的港都周邊生產的葡萄酒。據說散發著迷迭香和石楠的香氣，不甜的果香白酒非常有名。

4. 帕萊特（Palette）

在普羅旺斯-艾克斯（Aix-en-Provence）東方山谷間釀造。使用克萊雷特（Clairette）品種的白酒可放置長期熟成。以格那希（Grenache）或慕合懷特（Mourvèdre）釀造出風味札實的紅酒或粉紅酒。

5. 貝雷（Bellet）

葡萄園廣闊的位於日照充沛的尼斯（Nice）山丘。以巴哈格（Braquet）品種為主體的紅酒，散發紅色果實的果香，以侯爾（Rolle）品種為主體的白酒，清新並有著杏仁果和柑橘香氣。

6. 艾克斯丘-普羅旺斯（Coteaux d'Aix-en-Provence）

葡萄園是從普羅旺斯-艾克斯（Aix-en-Provence）的西北延伸至普羅旺斯-萊博（Les Baux-de-Provence）充滿乾燥小石頭的山丘。紅酒濃郁且纖細。粉紅酒也是札實的風味。

7. 普羅旺斯－萊博（Les Baux-de-Provence）

是普羅旺斯最西端的葡萄栽植地。土壤與艾克斯丘-普羅旺斯（Coteaux d'Aix-en-Provence）近似，在粉紅酒生產量多的普羅旺斯，是少見紅酒產量高達60%的地區。

8. 瓦羅瓦丘-普羅旺斯（Coteaux Varois-en-Provenc）

邦斗爾（Bandol）南方廣闊的石灰質台地。以格那希（Grenache）、希哈（Syrah）、慕合懷特（Mourvèdre）為原料，製作出強勁的紅酒是主流，也生產充滿清新感的白酒和粉紅酒。

9. 皮埃爾韋爾（Pierrevert）

是普羅旺斯位置最北的產地。密史脫拉風（Mestral）被阿爾卑斯山脈所遮擋，因此葡萄更容易成熟。1998年登錄A.O.C.認證，是比較新的葡萄酒產區（Appellation）。生產量90%都是早飲型的粉紅酒或紅酒。

Provence 葡萄酒地圖

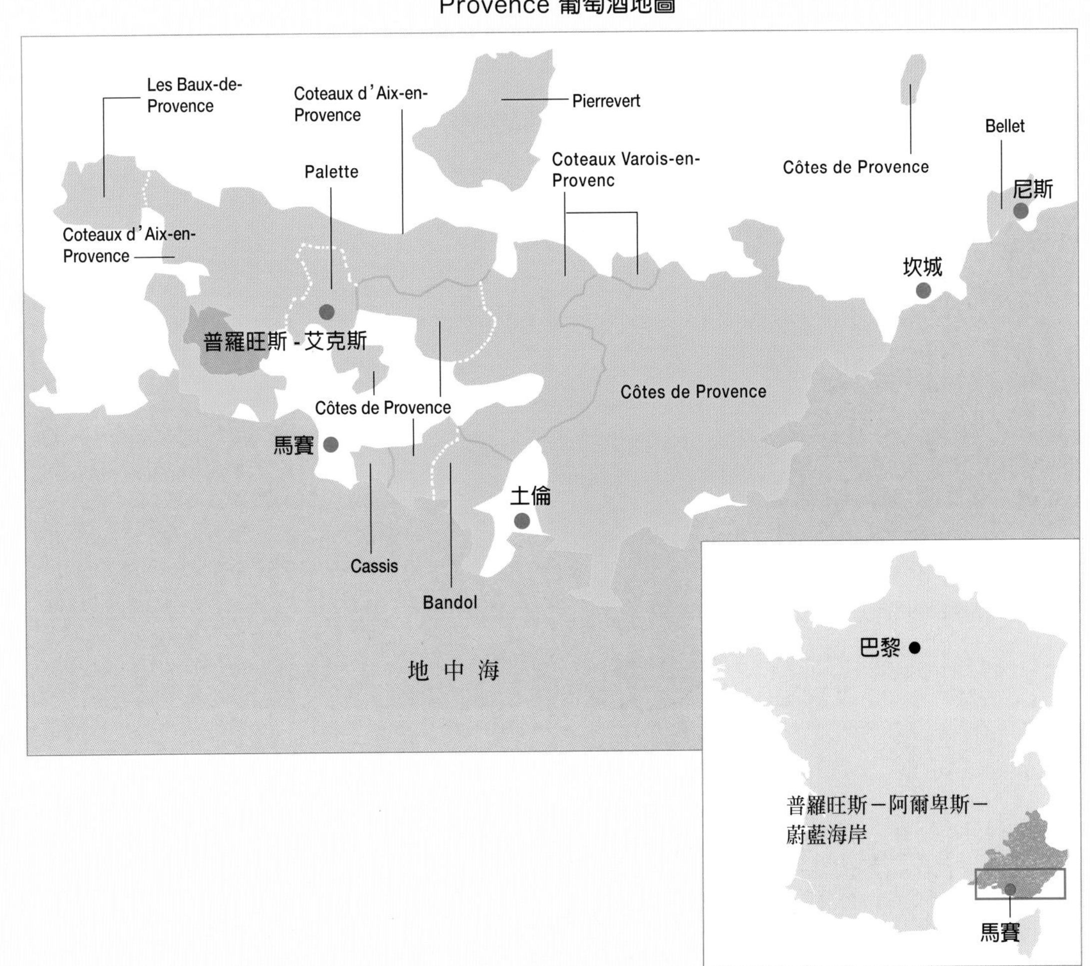

Corse
科西嘉島

科西嘉島

耀眼的陽光和蔚藍的海洋。科西嘉島同時擁有海洋和山脈，被稱為「Île de beauté美麗之島」，是法國人喜愛的度假勝地。這樣的科西嘉島，也以拿破崙的出生地而聞名，在法國擁有獨特的文化。直到1768年之前，它屬於今天的熱那亞（Genova現在義大利的都市），因此飲食文化上可見其受義大利的影響。

雖然海鮮豐富，但科西嘉獨特的灌木也提煉出用於果醬（Confiture）、化妝品或芳香療法（Aromatherapy）中不可或缺的精油。主要的畜牧業是豬隻，市場中並排著加工品的種類令人嘆為觀止。

另外，科西嘉島將栗樹稱為「麵包樹」，是寶貴的食物資源。儘管這一傳統至今仍然存在，但由於現代化而砍伐栗子樹，使得栗子的產量逐年減少。

科西嘉島曾經是獨立運動蓬勃發展的地方，所以人們可能會認為他們很排外，但科西嘉人是非常友善的，一旦熟識就會熱情地對待你。這與日本人有一些共通之處，因為都來自島國。

Mer Méditerranée
地中海

科西嘉島風味雞肉飯 Poulet au riz

曾經有過被義大利佔領時期的科西嘉島，也常可見到義大利麵、燉飯等，受義大利飲食文化影響的料理，這道料理也是其中之一，由住在山間的居民傳承下來。在沒有栽植小麥的科西嘉島，添加被認為是貴重食材的栗子就是特色。帶骨雞肉可釋出美味的高湯。

材料（6人份）

雞翅	6隻
大蒜	1瓣（切碎）
洋蔥	1/2個（切成薄片）
洋菇	1盒（去蒂拭去髒污）
番茄糊	1大匙
白酒	70ml
米	180g
水	230g
月桂葉	1片
栗子（烤栗子、水煮栗子等）	適量
橄欖油	2大匙
鹽、胡椒	各適量
巴西利	適量

製作方法

1. 在鍋中加熱橄欖油，用大火香煎至雞翅表面固定。

2. 先取出雞肉，丟棄多餘的油脂，加入大蒜、洋蔥，用中火拌炒，至洋蔥變軟後，加入洋菇拌炒。放回雞翅，依序加入番茄糊、白酒混拌，使酒精揮發。

3. 加入米、水、月桂葉，放入鹽、胡椒，用大火煮至沸騰，轉為小火蓋上鍋蓋，避免米粒沾黏在鍋底地不時混拌，約煮20分鐘。

4. 用鹽、胡椒調味，加入栗子煮至溫熱。

5. 盛盤，撒放切碎的巴西利。

聳立在科爾泰（Corte）村的城堡，通稱「鷹巢」，周邊是栗子的產地。

博尼法喬風味茄子 Aubergines farcies à la bonifacienne

科西嘉島南端的港都，有著陡峭白色岩石的絕妙景色，這一道是科西嘉島最具代表性觀光地－博尼法喬（Bonifacio）的傳統料理，是將挖出的茄肉再重新利用的家庭料理。曾經是博尼法喬人在節日或野餐時，前一天晚上媽媽會準備好的便當菜。

材料（2人份）

茄子	3條
吐司（8片切的厚度）	1/2片
牛奶	100ml
生火腿	30g（切碎）
雞蛋	1/2（攪散）
橄欖油	適量
葛瑞爾乳酪（Gruyère）	30g（磨碎）

番茄醬汁

整顆番茄（水煮）	200g
大蒜	1/2瓣（切碎）
洋蔥	1大匙（切碎）
橄欖油	1大匙
鹽、胡椒	各適量

製作方法

1. 切去茄子蒂頭，用熱水燙煮約5分鐘，冷卻。

2. 吐司切碎浸泡牛奶。

3. 茄子縱向對半分切，用湯匙挖去茄肉，將茄肉切碎。

4. 切好的茄子、瀝去水份的吐司、生火腿放入小鍋中加熱，使水份蒸發。

5. 待**4**降溫後，與雞蛋混拌。

6. 將**5**填入挖空的茄子中，在平底鍋中加熱橄欖油，用大火從茄子皮開始煎。翻面將填入食材的那一面煎至固定。

7. 製作番茄醬汁。在鍋中放入橄欖油和大蒜，以小火加熱，至散發香氣後加入洋蔥拌炒，加入番茄略略熬煮，加入鹽、胡椒。

8. 將番茄醬汁舖在耐熱皿中，排放**6**，撒上乳酪以高溫（230～250℃）的烤箱，烘烤至呈色。

被海浪侵蝕石灰岩地形的博尼法喬絕景。

菲亞多那蛋糕 Fiadone

使用科西嘉產布羅秋山羊乳酪（Brocciu）的糕點。新鮮產品上市時間，從冬季至初夏，只有這個時期才會製作。在回程的機場，有個在科西嘉島認識的媽媽，特地用特百惠的保鮮盒裝了親手製作的菲亞多那蛋糕給我，是我在科西嘉島忘不了的回憶。

材料（直徑15cm的模型1個）

布羅秋山羊乳酪（Brocciu） 若沒有時，可用瑞可達乳酪 Ricotta或 新鮮乳酪 fromage blanc替代 （瀝乾水份的狀態）	250g
細砂糖	70g
蛋黃	2個
磨碎的檸檬皮	1個
蘭姆酒	10ml
蛋白	2個
低筋麵粉	1大匙

製作方法

準備

- 模型底部鋪放烤盤紙，側面刷塗奶油（材料表外）。
- 過篩低筋麵粉。

1. 在缽盆中放入乳酪和3/4用量的細砂糖，混拌。

2. 加入蛋黃、過篩的低筋麵粉、檸檬皮和蘭姆酒混拌。

3. 在另外的缽盆中，用蛋白和其餘的細砂糖，確實打發製作蛋白霜。

4. 在**2**中加入**3**粗略混拌，倒入模型中，用180°C的烤箱烘烤25分鐘。

5. 降溫後脫膜，再置於冷藏室內冷卻。

6. 依個人喜好飾以糖漬水果。

在當地販售的菲亞多那蛋糕，作成像塔般的成品。

栗粉蛋糕 Biscuit de Châtaigne

義大利人曾經為了拯救科西嘉島的飢荒而種植的栗樹，之後被稱為「麵包樹」，栗子是科西嘉島的重要食糧。剝除外殼乾燥後，再烤焙製作成粉末，將此與麵粉混合製作糕點和麵包。添加栗粉的蛋糕也會出現在飯店的早餐中。

材料（直徑20cm的塔模1個）

奶油	100g
蜂蜜	50g
全蛋	2個
蛋黃	2個
栗子粉	50g
低筋麵粉	40g
蛋白	2個

製作方法

準備

- 過篩低筋麵粉。
- 在模型中薄薄地刷塗奶油，撒高筋麵粉，撢落多餘的粉類（皆材料表外）。

1. 在小鍋中放入奶油和蜂蜜加熱，待奶油融化後離火，降溫。

2. 將全蛋和蛋黃放入缽盆中打散，加入**1**混拌。

3. 加入栗子粉和低筋麵粉混拌。

4. 在另外的缽盆中確實打發蛋白，加入**3**中大動作混拌。

5. 倒入模型以200°C的烤箱烘烤20分鐘。

科西嘉島的栗子粉，因栗樹減少現今價格高昂。

用栗子粉製作的糕點質樸的美味。

1.【栗子】

曾經等同貨幣
從麵包到啤酒都能換到
是科西嘉人的糧食

“栗子＝Marron”的印象，但實際上用於食用的栗子不是Marron而是Châtaigne。Marron是七葉樹(Marronnier)的果實，因此實際上無法食用，但也不知從什麼時候開始，食用栗子也被稱為Marron了。

科西嘉島的溫暖氣候非常適合栗子的種植，從古代就有栗樹生長。據說栗子的種類超過50種。在無法種植小麥的科西嘉島上，栗子被稱為「麵包樹」，栗粉經過加工後成為主食，曾在中世紀拯救了人們免於飢荒。

此外，栗子也具有與貨幣相等的價值，可以用來交換橄欖油、葡萄酒、乳酪等。然而，由於擴散的栗疫病導致的伐木，以及現代化飲食習慣的改變，栗樹的數量正在減少。

儘管如此，現在仍然以煮熟栗粉製成粗粉糊(Polenta)狀，用於製作麵包、糕點和薄煎餅等各種食品。另外，將栗粉與麥芽混合釀造的《Pietra啤酒》具有豐潤的風味，給人留下深刻的印象。科西嘉島的栗粉於2006年獲得A.O.C.(原產地保護)認證。

2.【香草】

灌木群
隨風飄香
是科西嘉島的珍寶

科西嘉島一方面擁有超過2000米的高峰，另一方面海拔約500米的灌木叢則為這片土地帶來香氣的產物。

雖然灌木的種類繁多，但特別是百里香(Thym)、杜松子(Genièvre)、香薄荷(Sarriette)等的香草類，香桃木(Myrthe＝銀梅花)或是野草莓樹(Arbousier像楊梅般的果實)等，都是當地不可或缺的收益來源。

香草可提取精油，成為化妝品和香水的原料。此外，香桃木或是野草莓樹製作出科西嘉獨特的果醬和蜂蜜，也是很受歡迎的伴手禮。

特別是香桃木除了果醬，還能廣泛地加工製作成為果泥、糖漬、利口酒、調味料等商品。直徑1cm的果實在12月～2月間採收。據說如果讓牛或野豬食用，牛豬的肉質也會隱隱帶著淡淡的果香味。香桃木的風味醋也很適合搭配豬肉料理。

醞釀出香精及果醬。

科西嘉島獨特的水果果醬。

Corse L'historiette column 01

在科西嘉島上有一款以麥芽和栗粉製成的啤酒，名為Pietrra(皮埃特拉)的啤酒，它具有淡淡的甜味和溫和的風味。這款啤酒的創始人是科西嘉島出生的多明尼克·夏雷利(Dominic Chiarelli)先生及妻子阿爾梅爾(Armelle)。經歷了近四年的反覆試作，終於在1996年成功創造出皮埃特拉啤酒，並以位於科西嘉島北部的皮埃特拉塞雷納(Pietraserena)的家鄉為名。

添加了葡萄乾，亡者的麵包（Pain des Morts）。

3.【亡者的麵包 Pain des Morts】
博尼法喬的傳統
萬聖節不可或缺
亡者的麵包

科西嘉島上最迷人的觀光景點之一，位於島最南端的博尼法喬（Bonifacio）。突出於地中海的石灰岩斷崖，彷彿細緻線條彫刻般美麗。在峭壁上建造了一個九世紀的城堡要塞都市。從城鎮出發，有著「阿拉貢國王台階 Escalier du roi d'Aragon」，據說台階是在十五世紀熱那亞統治期間，由阿拉貢國王（Reino de Aragón）阿方索五世（Alfonso V el Magnánimo）在一夜之間建造而成。這道階梯沿著80m的斷崖，以45度的角度延伸，共有185級台階，攀爬時可以俯瞰著湛藍的海洋，是獨特的體驗。

這個地方有一種特色美食稱為「亡者的麵包 Pain des Morts」。這是在11月1日被稱作Toussaint的萬聖節時，製作添加葡萄乾的布里歐（Brioche）麵包。傳說這種麵包過去是給予逝者的祭品而製成。

餵食橡實的豬肉所製成的加工品，風味、香氣和種類都很豐富。

4.【肉類加工食品 Charcuterie】
名產豬是科西嘉島
美食的支柱
無所不在

如果你去科西嘉島的早市，走進豬肉加工食品店（Charcuterie），可能會對它們豐富的種類感到困惑。這是因為根據豬肉的不同部位，製作出了許多不同的產品。

科西嘉島的豬隻，是經過長年交配而育種出當地特有的黑豬，規定必須至少飼養 14 個月才能進行加工。除了肉質優良外，肥肉的豐富度也是製作豬肉加工食品口感的關鍵，而且色澤也十分亮麗。

豬隻飼養在沐浴著夏季陽光的山間，大量餵食橡實和栗子攝取養分，肉質蓄積了美味和香氣，在冬天屠宰。屠宰傳統上定於聖露西亞節（Saint Lucy's Day），即12月13日。聖露西亞是基督教的聖徒，出生於西西里，曾被異教徒拷問，後來成為聖女。拿坡里民謠「桑塔露琪雅 Santa Lucia」，就是描寫了以她名字命名的港口。

以下是科西嘉島主要的肉類加工食品（Charcuterie）。燻製時，主要是用栗木緩慢燻製而成。

1. Lonzu
燻製豬里脊

2. Coppa
鹽漬豬頸肉或上肩胛肉

3. Ficatellu
豬肝臘腸

4. Prisuttu
鹽漬豬腿肉後燻製的生火腿

5. Salume
沙拉米臘腸

6. Panzetta
燻製三層五花肉

數種熟食冷肉混合盛盤。

5.【枸櫞 Cédrat】
預言家諾查丹瑪斯也在食譜書中留下記錄的巨大水果

科西嘉島的檸檬或克萊門汀(Clémentine)等柑橘類的水果產量豐富，其中稱為枸櫞(Cédrat)如巨大檸檬般的水果，也是這個土地上特有的。是在科西嘉島栽植最古老的柑橘類之一，大型的果實重量約有1kg，長度可達25cm。有著厚且苦的表皮，果實反而沒有太多汁水。在當地會將果皮作成糖漬，運用在糕點的製作，或是直接食用。

十六世紀，受到亨利二世(Henri II)王妃－凱薩琳・德・麥地奇(Catherine de Médicis)的招聘，在宮廷中研究果醬及糖漬水果的，就是以預言家而廣為人知的諾查丹瑪斯(Nostradamus)，在他的書中也留下了糖漬枸櫞(Cédrat)的食譜。

此外，十九世紀埃德蒙・羅斯丹(Edmond Rostand)的戲劇「大鼻子情聖 Cyrano de Bergerac」中出現的糕點杏仁塔(Tartelette amandine)，當中也使用了枸櫞。

拿著時飽滿沉重，幾乎是人臉大小。

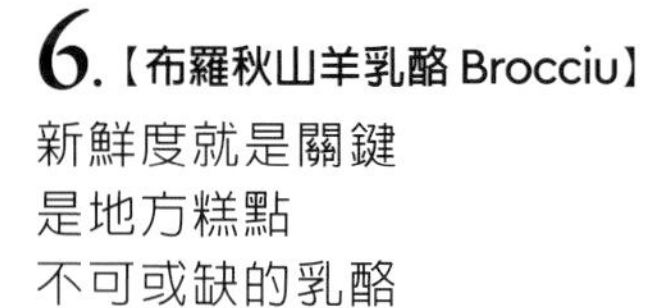

6.【布羅秋山羊乳酪 Brocciu】
新鮮度就是關鍵是地方糕點不可或缺的乳酪

布羅秋山羊乳酪(Brocciu)是科西嘉島最具代表性的乳酪。科西嘉島出身的法蘭西皇帝拿破崙的母親，就十分眷戀這款乳酪，還遠從科西嘉島運送山羊，留下此逸事的記錄。

布羅秋山羊乳酪是山羊或羊，或是以兩者混合的乳清製作。所謂乳清，是乳酪製造作業中釋出含有蛋白質的水份。1983年得到A.O.C.認證，但實際上乳清中可以添加山羊奶或羊乳，又或者同時添加兩種羊奶。

有不需熟成的新鮮乳酪，或需要熟成稱為 Brocciu passu 兩種。因受限於山羊或羊乳的產期，因此能品嚐到新鮮布羅秋山羊乳酪的時間是12～7月為止。大約3週左右就能新鮮食用。這個期間，雖然慢慢的乳清獨特的酸味會變強，但只要加熱就不需在意。

沒有特殊味道的布羅秋山羊乳酪。

布羅秋山羊乳酪是在山間製作，過去很少在新鮮狀態下食用，為了保存使其熟成變硬才是主流，只是現今新鮮類型的需求量反而更多。

布羅秋山羊乳酪的語源，來自「使其凝固」意思的普羅旺斯語Broussa，或是意思為「分開茂密向前進」的動詞Brousser而來，據說原為“破碎凝乳”的字彙。舀起乳清加熱凝固的蛋白質放入容器，瀝去水份。以前的容器是用燈芯草(Juncus effusus)編織製成，現在則是以塑膠籃為主流。

製作出柔軟如豆腐般口感的成品，必須在48小時內運送。

是沒有飼養牛隻地區特有的風味。

瀝去水份新鮮的布羅秋山羊乳酪。

菲亞多那（Fiadone）般的糕點。

新鮮的乳酪，撒上糖或是葡萄渣釀白蘭地（Marc）食用，都十分美味。它也用於烹飪和糕點製作，特別是製作科西嘉島的著名糕點「Fiadone菲亞多那」時不可或缺的乳酪。

7.【橄欖油】大自然生產出妙不可言的金黃綠色果汁

法國的橄欖油生產量相較於義大利等地較少，但其質量卓越，尤其是科西嘉島的橄欖油更被譽為極品。特級初榨橄欖油尤其香氣濃郁，口感鮮爽，猶如果汁般的味道。

在科西嘉島上，橄欖樹自然生長，南科西嘉地區甚至可以見到樹齡超過2000年的橄欖樹。據稱，科西嘉島擁有10多個不同品種的橄欖樹，所提煉的橄欖油產量各有不同。

橄欖油以高品質著稱。

例如雷吉諾河谷（Vallée du Regino）的皮紹利納（Picholine）品種，其橄欖油產量佔果實重量的15%至20%，而巴朗尼（Balagne）的薩賓（Sabine）品種則高達30%，幾乎是前者兩倍的獲取量。因此，皮紹利納品種不僅供應橄欖油，也作為食用果實流通。

果實的收成並不是以人工手摘，而是等待成熟果實自然落下。這些橄欖果實比南法的橄欖果實更小巧、更精緻。

也有仍沿用以前的壓榨機進行製作的生產者。

另外，橄欖的顏色可能有綠色和黑色兩種，這並非品種的差異，而是因日照時間的變化，橄欖的顏色會從綠色轉變為黑色。

結實纍纍的果實在樹上完全成熟，等待其自然落下。

Corse

L'historiette column 02

因為科西嘉島不生產奶油，所以科西嘉島的甜點通常使用橄欖油或布羅秋山羊乳酪（Brocciu）製成。其中代表性的甜點包括用橄欖油製作的餅乾－卡尼斯特雷利（Canistrelli），以柳橙或檸檬添香的布羅秋山羊乳酪製作的烘焙糕點－菲亞多那（Fiadone），在栗葉上烘烤布羅秋山羊乳酪的烘餅（Galette）、法爾克勒拉（Falculella），阿雅克肖（Ajaccio）的傳統糕點－菲亞多那小塔（Fiadone tartlet）、酥皮糕點（Imbrucciata），添加了布羅秋山羊乳酪的法式酥派（Chausson）、布羅秋奶酪（Pastella au brocciu），主要在巴斯提亞（Bastia）製作的栗子粉糕點－栗香蛋糕（Castagnacciu）等，在市場等地可以購得。油炸點心也很受歡迎。

鄰山近海也是科西嘉島的特徵，能享受到兩者的美味。

具有清涼感受的夏季蜂蜜。

8.【蜂蜜】
自然與風景
在各自瓶中
呈現多彩的島嶼風味

科西嘉島的養蜂，據說始於西元前170年左右，由羅馬人傳入，但直到十七世紀左右的詳細情況尚不清楚並沒有明確記載。十八世紀開始，蜜蜂養殖作為一項商業活動逐漸受到重視，但受到蜜蜂蟎感染病的打擊。之後，在約1975年開始，隨著技術的現代化，蜜蜂養殖得到了發展，達到了美食家所追求的高品質。

科西嘉島的蜜蜂主要在南科西喜島的短灌木叢林帶（Maquis＝灌木茂密地帶），和海岸線至山區採集。同樣是從花中產生的蜂蜜，由於季節、地區和天氣等因素的不同，其顏色和風味也會有所差異，但科西嘉蜂蜜的六個代表性品種（Grand Cru）如下：

1. 春季蜂蜜
Miel de printemps

具透明感的金黃色。主要是以克萊門汀（Clémentine小型柑橘）等水果花的蜜為原料，充滿水果風味又有纖細花朵香氣是特徵。5～6月間採集。

2.灌木花蜜
Fleurs du maquis

琥珀色。是生長於灌木叢地帶的石楠（Heath）和薰衣草的花蜜，雖然花香是主體，但也隱約帶著甘草（Réglisse）的香味。5～9月間採集。

3.灌木地結露蜜
Miellat du maquis

深琥珀色，以顏色為標準，越深香氣越強。從生長在海岸線至山區的橡樹及花朵中採集的花蜜。具有蜜思嘉、焦糖等具衝擊性的香氣。5～9月間採集。

4.栗樹蜜 Châtaigneraie

透明的琥珀色。由栗樹或山地絨毛花（Anthyllis）等生長在短灌木叢林帶的植物採集而來。具有強烈具個性的香氣，帶有一些單寧和苦味。7～8月間採集。

5.夏季蜂蜜 Eté

金黃或明亮的琥珀色。山楂、金雀花（Cytisus）和百里香等的花蜜。柔和的風味，香氣佳、餘韻短滋味清爽。8～9月在山間採集。

6.冬季蜂蜜
Automne-hiver

明亮的琥珀色。是生長在灌木叢地帶的菱葉常春藤（Hedera rhombea）、杜松等的花蜜。香氣雖然不強烈，但後味可以感覺到微微的苦味。11～2月間採集。

因養蜂者們對土地的愛而生，由多種植物採擷出多樣化的蜂蜜。

9.【源自拿破崙的食品】
這個那個都源自拿破崙
意外熟悉
英雄的成就

十九世紀出生於科西嘉島，並成為法蘭西皇帝的拿破崙一世及其侄子拿破崙三世，與現今我們生活中熟悉的三種食品的開發有所關聯。那就是甜菜糖、罐頭，還有乳瑪琳。

1. 甜菜糖

1806年拿破崙在耶拿戰役(Bataille d'Iéna)征服歐洲，唯一留下的英國也屈服之際，他發布了大陸封鎖令。然而，但這樣的舉動，同時也斷絕了法國砂糖的流通。因此，實業家本傑明・杜雷塞爾(Benjamin Delessert)提出了從甜菜製作砂糖的提議。拿破崙對其授予法國國家榮譽軍團勳章(L'ordre national de la légion d'honneur)，以獎勵他對產業的發展。

因需要進而開發食品的拿破崙。

拿破崙出生地阿雅克肖，可參觀。

2. 罐頭

發明了將食物放入罐中煮沸這種滅菌方法的是一位名叫尼古拉・阿佩爾(Nicolas Appert)的糕點師傅。拿破崙一世對其發明給予極高的評價，也獎勵罐頭食品的生產。但因阿佩爾並未對此取得專利，因此技術傳至外國，使得罐頭食品成為世界性的產物。順便提一下，阿佩爾的侄子雷蒙・夏瓦利耶(Raymond Chevallier-Appert)就是開發以壓力鍋進行高壓殺菌法而廣為人知的人物。

3. 乳瑪琳(人造奶油)

乳瑪琳是為了供應長時間出海的船隊成員而開發的，以替代不耐保存的奶油。1869年，在拿破崙三世的主導下，舉辦了一場比賽，評選出比奶油更耐久且價格更便宜的油脂食品。伊波利特・梅日-穆利埃(Hippolyte Mège-Mouriès)就在這場比賽中提出了乳瑪琳(人造奶油)的構想。當時是液狀，據說是以希臘語「如珍珠般」含意的“Margarite”來命名。1910年製作出能控製融點的產品，也用在糕點、餐食麵包以外的產品，像是維也納麵包(Viennoiserie)上。使用乳瑪琳的可頌和使用奶油的成品也有分辨方法。使用乳瑪琳的是新月形，而使用奶油的是直線形。

10.【摩爾人 Moors】
旗幟上反映著歷史
科西嘉島獨立的
勇士英姿

只要造訪法國各地，都能看見反映出地方歷史的旗幟。科西嘉島的旗幟上描繪著的是被亞拉岡王國(Reino de Aragón)征服的摩爾人(Moors)。侵略了科西嘉島和薩丁尼亞島(Sardegna)等地中海沿岸的他們，在處決時被蒙上眼睛。隨後，對科西嘉島獨立做出貢獻的帕斯夸萊・保利(Pascal Paoli)引入了揭開眼睛露出臉孔的摩爾人旗幟。這些充滿光明的眼睛，似乎注視著科西嘉島的未來。

摩爾人凝視的就是科西嘉島的未來。

Vin 科西嘉島的葡萄酒

科西嘉島的葡萄園自古以來就存在，可以追溯到希臘時代，但葡萄酒的產量一直很少。隨著1960年代阿爾及利亞獨立後移民到科西嘉島的人們開始從事葡萄酒產業，使得葡萄酒得以大量生產。起初品質並不理想，但到了1980年逐漸改善。

位於海拔300米以上高地的葡萄園，夏季氣溫高，冬季平均氣溫為攝氏3度，季節差異極大，海風為葡萄種植創造了適宜的條件。土壤種類多樣，包括花崗岩、黏土石灰和泥灰土壤，其中一半的產量用於製作粉紅酒(Vin rosé)。

相同地形卻有多樣風貌的科西嘉葡萄酒。

科西嘉島的葡萄園多數栽植被稱為西亞卡雷羅(Sciacarello)和涅露秋(Nielluccio)的紅酒用品種，涅露秋(Nielluccio)在義大利稱為山吉歐維榭(Sangiovese)。

科西嘉島至1768年為止都是熱內亞的領地，據說引進了義大利的葡萄品種。以下有四款是科西嘉島A.O.C.認證的葡萄酒。

1. 巴替摩尼歐(Patrimonio)

科西嘉島最早取得A.O.C.認證，是栽植涅露秋(Nielluccio)品種的地區。生產的葡萄酒是強勁又圓融的紅酒。也有使用維蒙蒂諾(Vermentino)品種製作的不甜白酒。

2. 阿雅克肖(Ajaccio)

生產水果香氣的紅酒及粉紅酒。品種是只有科西嘉島才有的西亞卡雷羅(Sciacarello)。白酒是使用維蒙蒂諾(Vermentino)和白玉霓(Ugni Blanc)，生產的是香氣令人印象深刻的清新葡萄酒。

3. Vin Corse＋地區名

認證在「Vin Corse科西嘉酒」之後，冠以地區名稱的葡萄酒。有以下五個地區。

1. 薩爾泰納科西嘉酒 (Vin Corse Sartène)

以西亞卡雷羅(Sciacarello)、格那希(Grenache)、神索(Cinsault)釀造的紅酒，是香氣強、口味札實的類型。粉紅酒屬早飲類型。

2. 卡維科西嘉酒(Vin Corse Calvi)

生產紅、粉紅、白酒。紅酒是以涅露秋(Nielluccio)、西亞卡雷羅(Sciacarello)和格那希(Grenache)為主流，風味札實。白酒有纖細的口感。

3. 菲加里科西嘉酒 (Vin Corse Figari)

以涅露秋(Nielluccio)、格那

希(Grenache)等生產出具水果風味纖細的葡萄酒。紅酒是以涅露秋(Nielluccio)、格那希(Grenache)等品種釀造，白酒則是由維蒙蒂諾(Vermentino)釀造。

4. 波爾托－韋基奧科西嘉酒
(Vin Corse Porto-Vecchio)

主流是粉紅酒，約佔生產量的40%。紅、白酒都是舒心好滋味。

5. 角山科西嘉酒
(Vin Corse Coteaux du Cap Corse)

以格那希(Grenache)、涅露秋(Nielluccio)品種釀造出能感受到陽光恩賜的札實紅酒。維蒙蒂諾(Vermentino)則是生產優雅風味的白酒。

4. 科西嘉酒(Vin de Corse)

大規模地生產科西嘉葡萄酒。其中50%以上是由涅露秋(Nielluccio)、西亞卡雷羅(Sciacarello)和格那希(Grenache)品種佔據。白酒則是以維蒙蒂諾(Vermentino)釀造。

5. 科西嘉島蜜思嘉葡萄酒
(Muscat du Cap Corse)

生產在發酵中的葡萄酒內添加少量的酒精，以停止發酵的 Vin de Nature(自然甜葡萄酒)。

粉紅酒佔生產量的二分之一。

Corse 葡萄酒地圖

科西嘉島

分類別索引(個別依筆劃順序)

魚貝料理

肉類、雞蛋料理

蔬菜料理

乳酪料理

湯料理

糕點

魚貝類

肉類

蔬菜類

果實

乳酪、奶油

使用小麥、大麥食品

主要参考文獻

『AOC のチーズたち』(フェルミエ)
『旬をおいしく楽しむ チーズの事典』 本間るみ子（ナツメ社）
『ソムリエ試験対策講座』 杉山明日香（リトルモア）
『『もっとワインが好きになる』 花崎一夫（小学館）
『エスコフィエ』 辻 静雄（同朋舎）
『フランス』 MICHELIN(実業之日本社)
『『フランス料理仏和辞典』(イトー三洋株式会社)
『美しくにフランス』(柴田書店)
『Pays basque』（HACHETTE）
『Corse』（GUIDES BLEUS）
『Bretagne』Alain Michel (CNAC)
『Cuisine des pays de France』Editions du Chene(Hachete-Livre)
『La France des Saveurs』（Gallimard）
『Le goût de la France』Robert Fresson(FLAMMARION)
『Les Bonbons』Catherine Amor(EDITIONS DU CHENE)
『Dictionnaire du Gastronome』Jean Vitaux et Benoît France(puf)
『HISTOIRE GOUMANDE DES GRANDS PLATS biscuit』（casterman）
『HISTOIRE DE LA GASTRONOMIE EN FRACE』Christian Guy(NATHAN)
『LAROUSSE GASTRONOMIQUE』（LAROUSSE）
『A LA TABLE DE GEORGE SAND』CHRISTINE SAND(Flammarion)
『LA GRANDE HISTOIRE DE LA PATISSERIE-CONFISERIE FRANCAIS』（Minerva）

後記

這些富有香味的食物將在舌頭上融化，像是阿讓洋李、越咀嚼越增美味的巴約訥生火腿、普羅旺斯的橄欖因乾燥的風和炙熱的陽光而生、科西嘉特有灌木採集的琥珀色蜂蜜…。不勝枚舉的法國物產，只要試過一次就畢生難忘的滋味。邊探索當地飲食淵源邊撰寫本書，我們深入探究飲食文化後的各種背景，發現人們對家鄉的熱愛和守護。這些努力的結果以A.O.C.法定產區命名認證的形式來呈現，以確保品質。雖然A.O.C.在1992年已統一爲A.O.P.，但A.O.C.在此之前已存在，因此本書重視生產者爭取所付出的心血，堅持在取得的年份上加以註明。

法國的飲食文化在中世紀之前並未有突出的發展，但在文藝復興及法國大革命等時代的扭轉下，受到其他各國的影響，使原來擁有的特產得以開花結果，成爲現今的法國料理。然而，僅限於宮廷和革命後的巴黎。在各地，活用“Terroir風土”爲基礎的食物傳承下來。值得關注的是當地的人們追求更高品質產品的決心和自豪感，在拜訪法國各地時，讓我眞正體會到這個事實，也希望能將這樣的心情忠實反映在本書中。

本次的出版，承蒙溫暖用心、全程守護，誠文堂新光社的中村智樹先生、給我撰寫本書契機的設計者那須彩子小姐、動態拍攝美麗料理照片的攝影師大山裕平先生，在此衷心致上謝意。此外也藉著這個機會，謝謝橫濱君嶋屋的君嶋哲至先生，在葡萄酒方面給予指導、仔細確認乳酪原稿的Fermier本間るみ子小姐，還有在當地協助拍攝的所有朋友們。

希望本書能對大家在尋找新的法國美味之旅中獲得一點點幫助。

大森由紀子

系列名稱／Easy Cook
書名／法國料理與糕點百科圖鑑‧終極版
作者／大森由紀子 Yukiko Omori
出版者／大境文化事業有限公司
發行人／趙天德
總編輯／車東蔚
文 編‧校 對／編輯部
翻譯／胡家齊
美編／R.C. Work Shop
地址／台北市雨聲街77號1樓
TEL／(02)2838-7996
FAX／(02)2836-0028
初版日期／2023年8月
定價／新台幣 1120元
ISBN／9786269650835
書號／E131
讀者專線／(02)2836-0069
www.ecook.com.tw
E-mail／service@ecook.com.tw
劃撥帳號／19260956大境文化事業有限公司

國家圖書館出版品預行編目資料
法國料理與糕點百科圖鑑‧終極版
大森由紀子 Yukiko Omori　著；初版；臺北市
大境文化，2023［112］　352面；
19×26公分(Easy Cook；E131)
ISBN／9786269650835
1.CST：食譜　2.CST：烹飪　3.CST：法國
427.12　　112011427

請連結至以下表單填寫讀者回函，將不定期的收到優惠通知。

設計・裝訂　那須彩子(苺デザイン)
攝影　大山裕平
照片協助(乳酪)　久田惠理
照片　山下郁夫、Benoit Martin、Henri de Rocca-Serra、Miho Uematsu、Harumi Suganuma、Yumiko Tanaka、Shutterstock
乳酪記事監修　本間るみ子
葡萄酒記事監修　君嶋哲至
校正　猪熊良子